Stanley Williams / Fen Montaigne

Der Feuerberg

Wie ich den Ausbruch
des Vulkans Galeras
überlebte

Aus dem amerikanischen Englisch
übertragen von Friedrich Griese

C. Bertelsmann

Die Originalausgabe ist 2001 unter dem Titel »Surviving Galeras«
bei Houghton Mifflin, New York, erschienen.

Umwelthinweis:
Dieses Buch und der Schutzumschlag wurden
auf chlorfrei gebleichtem Papier gedruckt.
Die Einschrumpffolie (zum Schutz vor Verschmutzung)
ist aus umweltschonender und recyclingfähiger PE-Folie.

1. Auflage
© 2001 by Stanley Williams and Fen Montaigne
© der deutschsprachigen Ausgabe 2001
by C. Bertelsmann Verlag, München,
einem Unternehmen der Verlagsgruppe Random House GmbH
Umschlaggestaltung: Design Team München
Satz: Uhl + Massopust, Aalen
Druck und Bindung: GGP Media, Pößneck
Printed in Germany
ISBN 3-570-00540-2
www.bertelsmann-verlag.de

*Dieses Buch widme ich
meinen Freunden, Kollegen und
Vulkanliebhabern, die auf dem Galeras
ihr Leben verloren.*

Wenigstens einmal im Leben sollte jeder Mensch
diese erhabenen Geschöpfe, diese geologischen
Monster, aus der Nähe sehen.

– Maurice Krafft

Als ich die Vulkane zu meinem Fachgebiet erkor,
sagte Shaler: »Sie haben sich für das schwerste
entschieden.« Es war ein missionarisches Fachgebiet,
weil darin Menschen umkamen.

– Thomas A. Jaggar,
My Experiments with Volcanoes

INHALT

PROLOG

Immer wieder wurden meine Kollegen von den Kumuluswolken verschluckt, die über die Andengipfel hinwegzogen und uns in einen kalten Nebel hüllten, in dem wir nur den Schutt zu unseren Füßen sehen konnten. Wir standen in einer Höhe von 4250 Metern auf einem Kegel von vulkanischem Geröll im Südwesten Kolumbiens und untersuchten den Galeras auf irgendwelche Lebenszeichen, zum Beispiel Gase oder Gravitationsänderungen, die uns Aufschluss darüber geben sollten, ob der Vulkan möglicherweise ausbrechen würde.

Gegen Mittag lockerte sich die Bewölkung hin und wieder auf, ließ zu unserer Ermutigung ein Stück blauen Himmels sichtbar werden und gab den Blick frei auf die kahle, imponierende Landschaft des Galeras. Im Mittelpunkt der Szenerie lagen der 140 Meter hohe Kegel und sein rauchender Krater. An drei Seiten war der Kegel von hohen Wänden aus Andesit, einem vulkanischen Gestein, umgeben. Sie bildeten ein nach Westen hin offenes Amphitheater mit einem Durchmesser von zwei Kilometern und wiesen eine Farbpalette auf, die zwischen Graubraun, Kriegsschiffgrau und Beige changierte. Der Steilabbruch, am oberen Rand von abbröckelnden Säulen erstarrter Lava gesäumt, bestand aus Gestein und Geröll. Das alles waren die Überreste eines ehemaligen Vulkans, der vor Jahrtausenden eingestürzt war und dessen Inhalt sich den Berg hinab über eine ausgedehnte Geröllhalde ergossen hatte. Dann und wann erblickte ich im Westen einen bewaldeten Gebirgskamm, der sich über 2700 Meter hinweg bis ins äquatoriale Tiefland hinein absenkte. Er bildete die Flanke eines einstigen Vulkans, der nach einer massiven Eruption vor 580 000 Jahren implodiert war.

Die Landschaft war meilenweit von diesen Spuren einstiger Galeras-Vulkane in unterschiedlichen Zerfalls- und Erosionsstadien geprägt.

Es war ungefähr ein Uhr mittags, als ich mit vier Geologen zusammen am Rand des Kraters stand und in die rauchende Tiefe hinabblickte. Wir hatten, wie bei den Kratern der explosivsten Vulkane, keinen Kessel glühender Lava vor uns, sondern eine Mondlandschaft. Die Mündung von Galeras, rund 270 Meter im Durchmesser und 60 Meter tief, war ein unförmiges, mit Felsblöcken übersätes Loch. Dieses Geröll stammte zum großen Teil aus einer Kuppe von erstarrtem Magma, einem so genannten Lavadom, der sechs Monate zuvor bei einer Eruption auseinander gesprengt worden war. Mit seinem trüben Farbspektrum, das von Dunkelgrau über Braun bis Beige reichte, wirkte der Krater auf den ersten Blick steril. Bei genauerem Hinsehen erkannte man jedoch farbige Einsprengsel, rostfarbene Streifen von Gestein, das unter der Hitze und den Gasen des Kraters zerfiel, und kanariengelbe Flecken von Schwefel, der sich neben einem Gasaustritt, einer so genannten Fumarole, angesammelt hatte. Diese Austritte waren kleine Spalten, an denen Gase unter hohem Druck aus dem Magmakörper unterhalb des Vulkans austraten. Die Gase, die mit einer Mischung von scharfen, beißenden Gerüchen direkt aus dem Chemielabor selbst die unempfindlichste Nase beleidigten, schossen zischend aus den Fumarolen hervor und ließen die Landschaft hinter einem Wirbel von Dämpfen beinahe verschwinden.

Die Fumarolen des Galeras waren an diesem Tag relativ ruhig; das von ihnen ausgehende zischende Geräusch erinnerte an einen Dampfstrahler, mit dem Gebäude gereinigt werden. Steigt man in einen solchen Krater hinunter, reißt das Heulen des Windes, der auf 4300 bis 4900 Meter Höhe weht, augenblicklich ab, und man glaubt sich in die unheimliche Stille des Erdinneren versetzt.

Es sei denn, der Vulkan ist zerrissen von Fumarolen, aus denen heiße Gase unter hohem Druck austreten. Dann glaubt man, hinter einem Düsenflugzeug zu stehen, das gleich abheben wird. Solche Fumarolen sind nicht von gelben Schwefelkristallen umgeben, die sich bei niedrigeren Temperaturen bilden, sondern von einem Badewannenring herausgeschleuderter Minerale in Schwarz, Orange, Blau und Weiß.

Ich teile die Vulkane und ihre Krater in zwei Typen ein, heiße und kalte. Der Galeras gehört zum kalten Typ, dem spezifische Unannehmlichkeiten zu Eigen sind, darunter vor allem die dünne Luft und der häufige Wechsel zwischen Überhitzung und Abkühlung; nachdem man beim Aufstieg heftig geschwitzt hat, beginnt man zu bibbern, wenn man in großer Höhe angekommen ist und die Sonne hinter den Wolken verschwindet. Bei tiefer gelegenen heißen Vulkanen wie denen in Costa Rica und Nicaragua schwitzt man ständig, und wenn man seine Kleider trocknen lässt, werden sie steif vom Salz. In fast allen Kratern wabern saure Gase, die so stark sind, dass die Metallösen an den Bergstiefeln korrodieren können und die Haut sich hinterher anfühlt, als sei sie mit einem Topfreiniger aufgeraut worden.

An jenem Mittag auf Galeras verdeckten immer wieder Dampfwolken meinen Freund Igor Menjailow, einen angesehenen russischen Vulkanologen, der auf einem Steinhaufen saß und ein Glasrohr in eine Fumarole hielt. Aus der Tiefe der Erde strömten durch die Spalte 230 Grad Celsius heiße Gase und sprudelten in eine Lösung in Igors Doppelkammer-Sammelflasche. Diese Proben von Schwefel und Chlor könnten, über eine längere Zeit genommen, die Geheimnisse des Vulkans enthüllen. Befand sich der Magmakörper in einer aufsteigenden Bewegung? Stand eine Eruption unmittelbar bevor? Da Igor zum ersten Mal auf Galeras und zum ersten Mal in Südamerika war, konnte er über diesen Berg noch nicht viel sagen. Doch der Russe, ein kleinwüchsiger, gut aussehender Mann von 56 Jahren, der durch das Anhören von Elvis-Presley-Platten, die er auf dem Schwarzen Markt erwarb, Englisch gelernt hatte, machte einen zufriedenen Eindruck, als er dort saß, eine Zigarette rauchend und sich, den Kopf von den Gaswolken abwendend, lächelnd mit dem kolumbianischen Wissenschaftler Nestor García unterhielt.

Um den Rand des Kraters wanderte, wie ein Phantom hin und wieder aus dem Nebel auftauchend, der englische Vulkanologe Geoff Brown, begleitet von den kolumbianischen Wissenschaftlern Fernando Cuenca und Carlos Trujillo. Brown, ein schlaksiger, freundlicher Mann, der ebenfalls zum ersten Mal auf Galeras war, fühlte dem Vulkan mit einem komplizierten Gerät, einem so genannten Gravimeter, den Puls. Hundertmillionenfach empfindlicher als eine Händlerwaage, misst das Gravimeter die Stärke der Gravitation auf einem Berg, der sich unter dem Druck des aufsteigenden flüssigen Gesteins hebt. Geoff war dabei, das Innere des Galeras zu kartieren, und er hoffte wie Igor zu ermitteln, ob das Magma in Bewegung war oder mit einer baldigen Eruption gerechnet werden konnte. Jeder benutzte andere Methoden, doch wir hatten ein gemeinsames Ziel: die Abläufe in einem Vulkan zu verstehen, Eruptionen vorherzusagen, Menschenleben zu retten. Wir alle wollten Menschenleben retten.

Inzwischen weiß ich, wie trügerisch die Erinnerung sein kann, besonders nach einer Katastrophe wie der Eruption des Galeras. Obwohl ich mir eine schwere Kopfverletzung einhandelte, war es mir doch möglich, den Verlauf der letzten Minuten vor der Eruption zu rekonstruieren. Insgesamt musste ich mich über zwanzig Operationen unterziehen, jeden Morgen beim Aufwachen begrüßte mich Galeras, der mühsame Genesungsvorgang ist noch immer nicht abgeschlossen, und mit der Zeit festigte sich in mir der unerschütterliche Glaube an meine Version der Geschehnisse am Kraterrand, bevor Galeras ausbrach. Mittlerweile bin ich mir jedoch nicht mehr so sicher. Drei meiner Kollegen, die unmittelbar in meiner Nähe standen, erinnern sich an einen anderen Ablauf. Ob sie Recht haben und ihre Erinnerungen wirklich zutreffen? Manches habe ich deutlich im Gedächtnis, anderes nur verschwommen. Hier beschreibe ich jedenfalls, was mir in Erinnerung geblieben ist von den Momenten, kurz bevor der Galeras explodierte. Über die Eruption selbst sind wir uns alle mehr oder weniger einig.

Am 14. Januar 1993 gegen 13.40 Uhr stand ich im Rand des Kraters neben José Arlés Zapata, einem jungen kolumbianischen Vulkanologen. Ein paar Meter entfernt hatten sich drei Touristen eingefunden, die heraufgewandert waren, um zu sehen, was die Wissenschaftler auf dem Vulkan machten. Nicht weit von ihnen stiegen zwei Geologen aus den Vereinigten Staaten und einer aus Ecuador schräg an der Flanke des Vulkans hinab. Als Leiter dieser Expedition auf den Galeras hatte ich diese Wissenschaftler erst wenige Minuten zuvor aufgefordert, mit dem Abstieg vom Vulkan zu beginnen. Ich ziehe es vor, die Arbeit auf Andenvulkanen am frühen Nachmittag zu beenden, weil im weiteren Verlauf des Tages dichte Wolken die Gipfel verhüllen.

Igor Menjailow und Nestor García waren innerhalb des Kraters und ruhten sich aus, nachdem sie ihre letzten Proben genommen hatten. Geoff Brown, Fernando Cuenca und Carlos Trujillo befanden sich am westlichen Kraterrand und führten gerade ihre letzten Gravitationsmessungen durch. Weil Geoff mich über die Entfernung nicht hören konnte, gab ich ihm durch Zeichen zu verstehen, dass es an der Zeit war zu gehen.

An der Innenwand des Kraters polterte ein Stein herunter – das kommt häufig vor und erregte zunächst keine Besorgnis bei mir. Dann stürzte jedoch ein zweiter, danach ein dritter Stein die Kratermündung hinunter, und bald regnete eine Kaskade von Steinen und Blöcken auf den Boden des Vulkans hinab. Das konnte nur ein Erdbeben oder eine Eruption sein. Auf jeden Fall mussten wir fliehen.

»Schnell, raus mit euch!«, rief ich auf Englisch und Spanisch.

Der Vulkan begann zu beben, und ich wandte mich um und lief die mit Geröll übersäte Flanke hinunter. Schon nach wenigen Metern wurde die Luft von einem Geräusch zerrissen, das einem Donnerschlag oder einem Überschallknall ähnelte. Gleich darauf vernahm ich jenes ohrenbetäubende Geräusch, mit dem die Erdkruste aufspringt. Unwillkürlich zog ich die Schultern hoch und zerrte mir den Rucksack über Hals und Kopf. Weit kam ich nicht.

Die Faszination, die Vulkane seit mittlerweile einem Vierteljahrhundert auf mich ausüben, geht auf etwas Universales und Zeitloses zurück. Die Alten, die Lavafontänen aus dem Ätna in Italien oder dem Popocatépetl in Mexiko hervorbrechen sahen, glaubten etwas zu beobachten, das mit der Entstehung des Universums zusammenhing. Der Ort, von dem die aus einem Vulkan hervorschießenden Flammen und das Magma kamen, galt ihnen als ebenso geheimnisvoll wie der Himmel über ihnen. Daher verwundert es nicht, dass die Maya, Azteken und Inka diesem Ungeheuer Jungfrauen in den Rachen warfen – vermochte es doch in Minuten Dörfer, Städte und ganze Kulturen zu zerstören. Sie glaubten, das Monster durch Menschenopfer besänftigen zu können.

Die Griechen sahen in Vulkanen einen direkten Zugang zum Hades. Für die Römer befand sich der Eingang zur Hölle in den nahe dem Vesuv gelegenen Phlegräischen Feldern, wo aus Hunderten von Fumarolen Gase strömten. Vulcanus, der römische Gott des Feuers, wohnte tief im Inneren eines Berges auf Vulcano, einer der Äolischen Inseln. Während er dort in seiner unterirdischen Schmiede für Apollo, Herkules und die anderen Götter Waffen herstellte, brachte er die Erde ins Wanken und löste Eruptionen aus. Die Isländer, deren Insel nichts anderes ist als eine Erhebung von Vulkanen, glaubten, das Tor zur Hölle sei der Krater des wuchtigen Feuerberges Hekla.

Vulkane haben – wie alle großartigen, zerstörerischen Naturerscheinungen – die Menschheit seit jeher angezogen und in Schrecken versetzt. Wir Vulkanologen unterscheiden uns von normalen Menschen dadurch, dass die Anziehung das Entsetzen überwiegt. Im Gegensatz zu den meisten Menschen, die vor ausbrechenden Vulkanen fliehen, suchen wir sie zielstrebig auf.

Seit ich 1978 in Guatemala erstmals einen Vulkan, den Pacaya, bestiegen und in einen Krater mit Dutzenden von zischenden Fumarolen geschaut habe, lässt mich dieses Erlebnis nicht los. Besonders lavaspeiende Vulkane bieten ein beeindruckendes Schauspiel. Bei späteren Besuchen konnte ich beobachten, wie der Pacaya wiederholt Magmamassen von der Größe eines Lastwagens 200 Meter hoch in die Luft schleuderte, die sich anschließend auflösten und in Gestalt Hunderter von baseballgroßen glühenden Stücken zur Erde zurückfielen. Zusammen mit meinen Studenten sah ich aus der Flanke des Pacaya einen drei Meter dicken und 800 Meter langen Lavastrom hervorsickern. In diesen warfen wir Bananenschalen, die sich zischend in Asche verwandelten. An den Brocken, die sich aus dem schwarzen Strom lösten, erkannten wir, dass er aus einer glühenden, orangegelben Masse bestand. Wir ermittelten die Fließgeschwindigkeit mit rund viereinhalb Metern pro Stunde und die Temperatur mit 1775 Grad Celsius. Die Temperatursonde ließ sich nur einführen, wenn der Wind von einem weg wehte; sonst drohte man zu sieden.

Lava ist hübsch anzusehen, aber ausgesprochen gefährlich. Eruptionen werden angetrieben von der Explosionskraft aufgestauter Gase. (Denken Sie an den Korken, der von einer Champagnerflasche fortfliegt.) Die Lava, die dem Kilauea und anderen malerischen Vulkanen auf Hawaii entweicht, ist jedoch relativ flüssig und ihrer Gase beraubt, sodass von ihr keine Explosionsgefahr ausgeht. Die Vulkane mit dickem, teigigem Magma, aus dem Gase nicht so leicht entweichen können, stellen die größte Eruptionsgefahr dar. Auf solchen Bergen ist oft kein Lavastrom zu sehen.

Die subtilere außerirdische Schönheit dieser explosiven Vulkane finde ich ebenso bewegend. Aus Fumarolen schießen Gase hervor. Basaltblöcke so groß wie Kleinwagen sind über die Landschaft verstreut, Spuren früherer Eruptionen. Trotz der öden Umgebung habe ich immer das Gefühl, dass unter mir ein Gang verläuft, der mit der elementaren Energie des Universums verbunden ist und zu den Anfängen unseres Planeten führt. Nirgendwo sonst werden mir die Ohnmacht des Menschen gegenüber der Natur und die Bedeutungslosigkeit des Einzelnen so deutlich bewusst.

Vergnügen bereitet es mir auch, mich an einem Ort aufzuhalten, der mit gutem Grund kaum je von Menschen betreten wird. Die großartige Einsamkeit, in der sich unsere Arbeit vollzieht, wurde mir kürzlich durch eine Reihe von Fotos vor Augen geführt, die David Johnston, ein Kollege vom Geologischen Dienst der Vereinigten Staaten (U.S. Geological Survey), am 17. Mai 1980, einen Tag vor dessen Eruption, bei der Entnahme von Gasproben auf dem Gipfel des Mount Saint Helens machte. Unter dem wachsenden Druck des aufsteigenden Magmas bauchte sich die Nordflanke des Vulkans täglich um bis zu 3,70 Meter aus. Auf Anordnung des Gouverneurs wurde die Umgebung des Vulkans im Umkreis von 13 Kilometern fast vollständig evakuiert. Dennoch landeten Johnston und Harry Glicken, ein anderer junger Vulkanologe, mit einem Hubschrauber auf der schwellenden Haut des Vulkans und entnahmen Gasproben.

Auf dem ersten Bild, einer Luftaufnahme, sieht man die graue Nordseite des Mount Saint Helens, und ein Pfeil deutet auf die Stelle, an der Johnston arbeitete. Auf dem zweiten und dritten Foto, von Glicken mit dem Teleobjektiv aufgenommen, sieht man, ganz winzig, einen Mann in Blue Jeans, der sich über eine Fumarole beugt. Das war Johnston. Ich kann mir vorstellen, mit welch ängstlicher Erregung er in aller Eile seine Proben nahm, um schnell wieder fortzukommen von dem Vulkan, dessen ständig sich wölbende Flanke auf einen baldigen Ausbruch hindeutete. Allein auf dem Gipfel des Berges, ritt er auf dem Rücken eines Ungeheuers.

Am nächsten Morgen war Johnston tot. Während er neun Kilometer vom Gipfel entfernt von einem Beobachtungsposten aus den Vulkan studierte, wurde er von einer Explosion, die der von 500 Atombomben vom Hiroshima-Typ entsprach, eingeäschert und begraben. Glicken kam nicht am Mount Saint Helens um. Er starb elf Jahre später bei einer Eruption in Japan.

Meine Kollegen und ich sind nicht todessehnsüchtig. Die Erfassung eines Berges mit Hilfe von Seismometern und anderen Fernmessgeräten hat große Fortschritte gemacht, aber meiner Meinung nach versteht man einen Vulkan immer noch am besten, indem man ihn erklettert. Ich studiere die vulkanischen Gase und kann daraus entnehmen, wie viel Magma in einem Vulkan aufsteigt und wie explosiv er vermutlich sein wird. Die genauesten Gasproben erhält man, wenn man in den Krater eines Vulkans hinabsteigt und ein Proberohr in die Fumarolen hält, aus denen

Dampf, Kohlendioxid, Schwefeldioxid und andere Verbindungen austreten. Dass das gefährlich ist, belegen meine eigene Erfahrung und der Verlust von einem Dutzend Freunden und Kollegen. Aber das Ziel, das mich in meiner ganzen beruflichen Laufbahn bewegt und auf über hundert Vulkane in zwei Dutzend Ländern geführt hat, ist es wert: unsere Fähigkeit, Eruptionen vorherzusagen, zu verbessern.

All die von mir bewunderten Vulkanologen, seien sie bei Eruptionen umgekommen oder in hohem Alter gestorben, teilen eine gemeinsame Passion: Sie arbeiten gern *auf* Vulkanen. Die meisten Geologen haben etwas von Pathologen, die tote Systeme auf Anzeichen von Katastrophen und gewaltsamen Todesursachen untersuchen. Vulkanologen sind Ärzte in der Notaufnahme. Wir arbeiten im Hier und Jetzt und stürzen uns in die Krisen, die nicht auf sich warten lassen, denn irgendwann wird immer einer der 1500 aktiven Vulkane der Erde lebendig. Wir klettern mühsam auf Vulkane, weil es nichts Besseres gibt, wenn man ihr Verhalten verstehen will. Uns treibt aber auch das erregende Erlebnis, in den Krater hinabzusteigen und einer so gewaltigen Naturkraft gegenüberzutreten. Nirgendwo auf Erden fühle ich mich so lebendig wie auf einem Vulkan.

Unser Wissen über Vulkane hat in dem Vierteljahrhundert, seit ich mit dem Studium der Geologie begann, gewaltig zugenommen, ein Zeichen dafür, wie jung das Fach ist. Die grundlegende Theorie der Plattentektonik wurde erst in den letzten Jahrzehnten vollkommen verstanden und anerkannt. Diese Erkenntnisfortschritte, deren Zeuge ich war und an denen ich in bescheidenem Umfang mitgewirkt habe, ändern jedoch nichts an der Ehrfurcht, die ich angesichts der Macht von Vulkanen und ihrer Rolle bei der Gestaltung unseres Planeten empfinde. Unsere Atmosphäre und unsere Ozeane bildeten sich vor rund 4,4 Milliarden Jahren, als der junge Planet, eine Ansammlung von Sternenstaub, durch primitive Vulkane Gase und Wasser in Form von Dampf auszublasen begann. Unsere Landschaft formte sich im Verlauf der letzten 2,5 Milliarden Jahre, in denen die Platten der Erde zusammenstießen, sich trennten, erneut aufeinander prallten und sich untereinander schoben. Wer die Appalachen entlang fährt, bewegt sich auf den Überresten erloschener Vulkane, die vor über 200 Millionen Jahren aufgehört haben, Magma auszuspucken. Und wer den Yellowstone-Park besucht, befindet sich inmitten von drei Calderen, kreisförmigen Senken, die dadurch entstehen, dass ein Vulkan seinen Inhalt auswirft und dann in sich zusammenfällt. Die drei Eruptionen in der Yellowstone-Senke, die sich zwei Millionen bis 600 000 Jahre vor der Gegenwart ereigneten, warfen an Bims, Felsgestein und Asche ein Mehrtausendfaches dessen aus, was der Mount Saint Helens 1980 ausspie. Bei einer einzigen Yellowstone-Eruption entstand eine Caldera von 50 Kilometer Länge und 80 Kilometer Breite.

Westlich von Yellowstone, im Osten der Bundesstaaten Oregon und Washington, dehnen sich die gewaltigen Basaltcanyons des Columbia River aus. In diesem Becken taten sich vor 16 Millionen Jahren Risse in der Erdkruste auf, und im Verlauf von ein bis zwei Millionen Jahren strömten aus einer Quelle, die hunderte Meilen unter der Erde liegt, Meere von Magma an die Oberfläche. Sich pfannkuchenartig aufschichtend, erreichte der Basalt an manchen Stellen eine Mächtigkeit von fast 3000 Metern. Die Aschen- und Gasmengen, die dabei herausgeschleudert wurden, blockierten die Sonnenstrahlen und führten weltweit einen drastischen Temperatursturz herbei. Doch die »Flutbasalte« des Columbia River waren nichts, verglichen mit zwei früheren Basaltausschüttungen in Indien und Sibirien. Sie haben – die eine vor 248, die andere vor 65 Millionen Jahren – das Erdklima radikal verändert und könnten, vielleicht in Verbindung mit dem Einschlag von Meteoriten, für das Massenaussterben der Dinosaurier und anderer Tiere mitverantwortlich gewesen sein.

Katastrophen solchen Ausmaßes entziehen sich fast dem menschlichen Verständnis. Eher nachvollziehen lassen sich die großen Eruptionen in jüngerer Zeit, die vergleichsweise winzig, in ihrer Zerstörungskraft aber immer noch ehrfurchtgebietend sind. Allein in den letzten 225 Jahren fielen mindestens 220 000 Menschen Vulkanausbrüchen zum Opfer. Die wenigsten davon starben in Lavaströmen, die meisten an Ursachen, auf die man nicht so leicht kommt. 1783 riss auf Island die Erde auf, und aus dem vulkanischen Spalt entwichen monatelang Asche, Lava und Gase. Bei der eigentlichen Eruption kam niemand um, doch das giftige Fluorgas, das aus den Gängen strömte, legte sich wie eine Decke über das Land und tötete die Hälfte des Rinder- und drei Viertel des Schafbestandes des Landes. Es kam zu einer Hungersnot, die 9300 Menschen, ein Fünftel der Bevölkerung Islands, hinwegraffte.

1815 explodierte der Tombara auf der indonesischen Insel Sumbawa – es war vermutlich die gewaltigste Eruption der letzten 10000 Jahre. An den unmittelbaren Folgen starben rund 12000 Menschen, sei es, dass sie durch Gas- und Aschewolken, so genannte pyroklastische Ströme, eingeäschert wurden, sei es, dass sie in riesigen, durch den Vulkan hervorgerufenen Meereswogen, so genannten Tsunamis, ertranken. In der Folgezeit sind auf benachbarten Inseln mindestens 44000, nach manchen Behauptungen sogar 100000 Menschen an Hunger und Krankheit gestorben, weil dicke Ascheschichten die Ernte vernichteten und das Vieh töteten. Vulkanische Aerosole und Stäube in der Stratosphäre ließen weltweit die Temperaturen sinken, sorgten in Neuengland für das »Jahr ohne Sommer« und schufen die eindrucksvollen roten Sonnenuntergänge, die der englische Maler J.M.W. Turner auf Bildern festgehalten hat.

1883 brach, ebenfalls in Indonesien, der Krakatau aus, dessen Explosion sogar auf der 4600 Kilometer entfernten Insel Rodriguez im Indischen Ozean noch zu hören war. Diese Eruption forderte rund 36000 Opfer, die meisten infolge der gewaltigen Tsunamis, die die Küste der Insel Sumatra überschwemmten.

19 Jahre später, im Jahr 1902, brach auf der Insel Martinique der Mont Pelée aus; der von ihm ausgespiene pyroklastische Strom raste mit 160 Stundenkilometern den Berg hinab und brachte in der Stadt Saint-Pierre binnen Minuten 27000 Menschen um.

1985 ließ ein kleinerer Ausbruch des Nevado del Ruiz in Kolumbien einen Teil der Gipfeleiskappe abschmelzen, sodass ein Schlammstrom entstand, der über die Stadt Armero hinwegfegte und im Laufe einiger Stunden 23000 Menschen tötete. Zwei Tage später war ich am Ort des Geschehens, maß die Gase, die dem Nevado entströmten, und flog über die im Schlamm begrabene Stadt hinweg. Wissenschaftler aus Kolumbien und den Vereinigten Staaten hatten vor einer solchen Katastrophe gewarnt, waren aber bei den für den Zivilschutz zuständigen Beamten auf taube Ohren gestoßen.

Nach der Besichtigung von Armero war mir eines klar: Ohne eine verbesserte Eruptionsvorhersage und Fortbildung der vor Ort Verantwortlichen würden irgendwann Zehn-, wenn nicht Hunderttausende einer Eruption zum Opfer fallen. Vor allem in der Dritten Welt hat das Bevölkerungswachstum dazu geführt, dass Menschen sich in der Nähe von aktiven Vulkanen niederlassen. Von Vulkanausbrüchen sind heute potenziell rund 500 Millionen Menschen betroffen. Der berühmte Ausbruch des Vesuv im Jahr 79 tötete mehrere tausend Menschen in Pompeji und Herculaneum. Ein guter Freund von mir, Dr. Peter Baxter, der in der Abschätzung der tödlichen Folgen von Vulkanausbrüchen zu den führenden Experten zählt, sagt, bei einer ähnlichen Eruption kämen heute, wenn Neapel und seine Vororte nicht schnell genug evakuiert würden, innerhalb weniger Minuten mehr als 100000 Menschen ums Leben.

Als ich sechs Jahre nach der Eruption des Galeras erneut am Kraterrand stand, erkannte ich die zersprengte graue Vertiefung, die sich unter mir ausbreitete, kaum wieder. Der Hang, an dem Igor Menjailow und Nestor García gekniet und Gasproben genommen hatten, war verschwunden. Der westliche Rand, auf dem Geoff Brown, Fernando Cuenca und Carlos Trujillo gestanden hatten, war von der Eruption teilweise weggesprengt worden. Teile des südwestlichen Kraterrandes waren eingestürzt. Verändert hatte sich auch die äußere Flanke des Kraters, die ich hinabgerannt war, um mein Leben zu retten: Im unteren Bereich war sie von Felsblöcken übersät, die, aus dem Vulkan herausgeschleudert, bisweilen die Größe von Waschmaschinen erreichten. Tatsächlich ist kaum etwas auf der Erde so wandelbar wie ein Vulkangipfel, denn hochverdichtete Gase sprengen neue Fumarolen auf, und Eruptionen geben dem Boden und den Wänden des Kraters immer wieder ein anderes Gesicht.

Beim Blick in den Krater wurde mir bewusst, dass es sich, geologisch betrachtet, um eine unbedeutende Eruption gehandelt hatte. Während der Dampf aus den Fumarolen an mir vorbeizog und die Westflanke des Galeras hinabwehte, machte ich mir klar, dass die tödliche Eruption nichts als ein Schluckauf gewesen war, ein so geringfügiger Ausbruch, dass er in einigen Jahrzehnten für Geologen nicht mehr erkennbar sein wird. Doch für diejenigen, die es überlebt haben, war die Eruption von überwältigender Wucht. Sie tilgte sechs meiner Kollegen vom Antlitz der Erde. Sie tötete neun Menschen, verletzte weitere sechs und wirkt sich mit ihren Folgen bis heute auf das Leben von Dutzenden aus. Mich hätte sie beinahe das Leben gekostet.

Der Vulkan zieht sich wie eine Bruchlinie durch meine Tage und unterteilt mein Dasein in das Leben vor und das Leben nach dem Galeras.

1

DER GALERAS

Pasto, eine Stadt von 300 000 Einwohnern, liegt etwa 2600 Meter über dem Meer in einem weiten grünen Becken der nördlichen Anden. Die zentrale Plaza ist 13 Kilometer vom Krater des Galeras entfernt, und an klaren Tagen sehen die Bewohner bisweilen Dampf aus dem Vulkan aufsteigen, dessen gedrungene nackte Silhouette über der Stadt aufragt. In der Sprache der hiesigen Indios hieß er seit jeher Urcunina, Feuerberg. Die spanischen Kolonisten fanden jedoch, dass die über dem Vulkan sich bildenden Gaswolken Segeln ähnelten, und der lange, sanfte Abhang erinnerte sie an einen Schiffsrumpf. Sie tauften den Berg im 19. Jahrhundert Galeras, nach dem spanischen Wort *galera* für ein Boot mit großen geblähten Segeln.

Als die Einwohnerzahl von Pasto wuchs, wurden allmählich auch die Flanken von Galeras besiedelt. Heute bildet das Vorfeld des Vulkans auf allen Seiten einen bunten Flickenteppich in den Farben Grün, Braun und Gold, denn man baut dort Mais, Weizen, Kartoffeln und Gemüse an. Vulkanasche sorgt für fruchtbare Böden, und insgesamt scheint der Galeras sich wohltuend auszuwirken. Bisweilen explodiert er, lässt kilometerweit eine schwarze Säule emporschießen und bedeckt Pasto sowie die Städte Consacá, La Florida, Nariño und Jenoy mit feiner grauer Asche. Hin und wieder poltert der Feuerberg auch, und dann rüttelt er so heftig an den verputzten Lehmziegelhäusern der Gegend, dass ängstliche Bewohner lieber im Freien schlafen. Auch wenn sie auf diese

Weise daran erinnert werden, dass sie unterhalb eines Vulkans leben, weisen die Pastusos doch rasch darauf hin, dass der Galeras seit Menschengedenken noch kein Opfer gefordert hat – noch nie, bis die Wissenschaftler den Berg dadurch ärgerten, dass sie mit ihren Geräten in ihm stocherten.

Blickt man auf die grünende Landschaft rings um Galeras, schwant einem nichts Böses. Die tieferen Berglagen, zwischen 1500 und 1800 Metern über dem Meer, sind dicht bestanden mit weiß blühenden Kaffeesträuchern, gelb blühenden Guavenbäumen, roten und violetten Bougainvilleen, Weihnachtssternen, Orangen- und Avocadobäumen sowie Bananenstauden. Viele Straßen, auf denen die Campesinos mit dem Maultier oder zu Fuß umherziehen, sind von kerzengeraden Eukalyptusbäumen gesäumt. Dem Reisenden, der diese kurvenreichen, Schwindel erregenden Straßen entlangfährt, wobei Höhenunterschiede von 600 Metern keine Seltenheit sind, bieten sich weite, bis zum Horizont reichende Ausblicke auf die intensiv bebauten Andenhänge. Hier und da haben noch Flecken dichten Urwalds überlebt, die aber zunehmend abgeholzt werden von den Bauern, die sich nichts dabei denken, auf einem Hang mit einer Neigung von 45 Grad Kaffeesträucher anzupflanzen.

Als Geologe sehe ich eine andere, bedrohlichere Landschaft. Auf der Fahrt vom Flughafen in die Stadt sehe ich die bewaldeten Kämme der erodierten Wände von alten Vulkanen, Spuren von vier früheren Inkarnationen der Galeras, deren älteste vor 1,1 Millionen Jahren entstand. Komme ich in Pasto an, der Hauptstadt der Provinz Nariño, sehe ich unter den Parks und Straßen die Ablagerungen von massiven pyroklastischen Strömen, die sich erst vor 40000 Jahren über dieses Gelände ergossen haben, nach geologischen Maßstäben nur ein Augenblick. Rings um den Galeras finden sich zahlreiche Steinbrüche, in denen an hohen, grauen und gestreiften Wänden Stein und Kies abgebaut werden. In diesen Steinbrüchen und überall dort, wo ein Hang von einer Straße angeschnitten wird, sehe ich die geologischen Dokumente zahlloser Vulkanausbrüche, eine gelb-graue Schichttorte aus Asche, Bims und Lava. Im Westen von Galeras, zum Tal des Rio Azufral hin, geben die Dorfbewohner nicht Acht auf einen von Maisfeldern gesäumten hohen, abgerundeten Hügel, der sich unversehens aus der Landschaft erhebt. Ich dagegen erkenne darin den 150000 Jahre alten Nebenkegel einer längst erloschenen Verkörperung des Galeras.

Die Gefahr, die von einem Vulkan ausgeht, registrieren Geologen entweder dadurch, dass sie seine gegenwärtige Aktivität erkunden, oder dadurch, dass sie die Spuren früherer Ausbrüche in der Landschaft deuten. Schaut man sich den geologischen Stammbaum des Galeras genauer an, so kommt man nicht um das Resultat herum: Dieser Vulkan ist alles andere als harmlos.

Noch etwas sollte zu denken geben: Der Galeras ist der in historischer Zeit aktivste Vulkan Kolumbiens. In den letzten 500 Jahren ist er fast 30 Mal ausgebrochen. Bei der Eruption von 1866 ergoss sich ein 5,6 Kilometer langer und 28 Meter dicker Lavastrom in Richtung Consacá. Mehrfach – so 1580, 1616, 1641 und 1936 – hat der Galeras pyroklastische Ströme ausgespien, tödliche Wolken aus heißer Asche, Gas und vulkanischem Auswurf. Der pyroklastische Strom vom 27. August 1936, den ein Fotograf festgehalten hat, raste mehrere Kilometer weit den Nordwesthang hinunter, auf Pasto zu. Heute leben rings um den Galeras Tausende von Menschen auf den Ablagerungen von 1000 bis 2000 Jahre alten pyroklastischen Strömen. Das Städtchen Jenoy entstand sogar auf den Überresten eines pyroklastischen Stroms, der vor rund 180 Jahren über das Gebiet hinwegging. Sollte sich das Ereignis wiederholen, so würden wahrscheinlich Tausende von Menschen umkommen.

Ich führe die niedrige Sterblichkeitsziffer am Galeras auf glückliche Fügung und geringe Bevölkerungszahlen zurück. Es ist jedoch nicht einfach, Leuten klarzumachen, dass sie im Schatten eines potenziell tödlichen Vulkans leben. Politiker wollen vielfach nichts davon hören – es könnte den Geschäften abträglich sein. Auch Anwohner stecken ihren Kopf gern ebenso tief in den Sand und verlassen sich darauf, dass das aktuelle Verhalten des Vulkans ihnen künftigen Frieden garantiert.

Aber eine solche Garantie gibt es nicht. Die berühmteste Eruption aller Zeiten, die des Vesuv, traf ihre Opfer völlig unerwartet. Die meisten Einwohner von Pompeji, Herculaneum und anderen Städten hatten keine Ahnung, dass der Vesuv überhaupt ein Vulkan war. Er war so lange untätig gewesen, dass in Gipfelnähe dichtes Unterholz wuchs und Wildschweine um seine Mündung lebten. Der Rand des weiten Kraters war dermaßen zugewachsen, dass Spartakus und seine Schar von 78 Gladiatoren sich während ihres Sklavenaufstands im Jahr 73 v. Chr. dorthin zurückzogen und mit Leitern aus Weinreben in den Schlund des Vulkans hinabstiegen.

Anderthalb Jahrhunderte später, am Morgen des 24. August 79 n. Chr., wurde der Vesuv von einer Eruption erschüttert, die eine Säule von Asche und Bims 25 Kilometer hoch in die Stratosphäre schleuderte sowie pyroklastische Ströme und einen erstickenden Aschenregen ausstieß, die noch 16 Kilometer weiter Menschen töteten. Bis zu 5000 Menschen starben; ihre Überreste wurden 1700 Jahre später in Pompeji und Herculaneum teilweise ausgegraben. Da es durch den ungeheuren Aschenfall am helllichten Tag stockdunkel wurde, merkte kaum jemand, dass der schöne, von Weingärten bedeckte Berg die Ursache der Katastrophe war.

»Manche flehten aus Angst vor dem Tode um Tod«, schrieb Plinius der Jüngere, Augenzeuge der Vorgänge am Vesuv und Verfasser der ersten detaillierten Beschreibung einer Eruption. »Viele beteten zu den Göttern, andere wieder erklärten, es gebe nirgends noch Götter, die letzte, ewige Nacht sei über die Erde hereingebrochen.«

Wissenschaftler versammeln sich gern auf Kongressen, und davon macht der Stamm der Männer und Frauen, die sich mit aktiven Vulkanen befassen – weltweit 300 bis 400 Personen –, keine Ausnahme. Rund 50 Vulkanologen im engeren Sinne und ebenso viele Geologen benachbarter Tätigkeitsbereiche flogen zu einer Konferenz, die am Montag, dem 11. Januar 1993, beginnen sollte, nach Pasto. Sie kamen aus 14 Ländern, darunter Island, Japan, Kanada, Ecuador, die Vereinigten Staaten, Guatemala und Kolumbien, weil der Galeras als einer von 15 Vulkanen ausgewählt worden war, die im Rahmen eines UN-Programms, der Internationalen Dekade für Katastrophenvorbeugung, untersucht werden sollten. Die fragliche Dekade waren die Neunzigerjahre des letzten Jahrhunderts, und die Vereinten Nationen, die mit der Amerikanischen Akademie der Wissenschaften zusammenarbeiteten, sahen sich zum Handeln veranlasst durch zwei Naturkatastrophen des Jahres 1985: das Erdbeben von Mexiko-Stadt mit über 20 000 Todesopfern und den Ausbruch des Nevado del Ruiz, der 23 000 Menschen das Leben kostete.

Der Galeras war ein vorzüglicher Kandidat für einen »Dekadenvulkan«: Er war aktiv, er lag in der Nähe eines größeren Bevölkerungszentrums, und er war nicht intensiv erforscht worden. Wir hatten vor, zwei Tage lang in Pasto zu konferieren, am Mittwoch sechs Exkursionen zu unternehmen, darunter einen Forschungsausflug in den Krater, und am Donnerstag und Freitag Roundtable-Gespräche zu führen. Etliche Wissenschaftler, darunter Igor Menjailow und Geoff Brown, wollten nach der Konferenz weiter auf dem Vulkan arbeiten. Es sollten mehrere langfristige Forschungsprojekte über den Galeras gestartet werden, um unser Verständnis des Vulkans zu vertiefen und die von ihm ausgehende Gefahr für die Region einzuschätzen.

Ausländische Touristen und Wissenschaftler hüten sich davor, nach Kolumbien zu gehen, und das mit gutem Grund. Aktivitäten der linken Guerilla, Gräuel seitens rechter paramilitärischer Gruppen, Gewalttaten des Drogenmilieus sowie Morde und Entführungen mit politischem Hintergrund haben im Laufe eines halben Jahrhunderts mehrere hunderttausend Kolumbianer das Leben gekostet und Kolumbien zu einem der gefährlichsten Länder der Welt gemacht. Pasto ist jedoch eine relativ sichere Provinzstadt und hat mehr mit dem nur 60 Kilometer südlich angrenzenden Ecuador zu tun als mit den berüchtigten Städten Cali, Medellín und Bogotá. Ein Großteil der Pastusos ist indianischer Abstammung, mit dem untersetzten Körperbau, dem kupferfarbenen Teint und den scharfen Gesichtszügen ihrer Vettern im Süden. Viele Kolumbianer betrachten die Bevölkerung von Nariño als Hinterwäldler, und diesem Image vermag auch der Umstand nicht abzuhelfen, dass die Pastusos sich gern gegrilltes Meerschweinchen einverleiben, was als anspruchsloses Armeleuteessen gilt. Mit seinen engen, von Häusern im Kolonialstil gesäumten Gassen, seinen baumbestandenen Plätzen und den hoch aufragenden Kirchen ist das vor 500 Jahren gegründete Pasto ein Ort, an dem sich eine Schar Vulkanologen vorzüglich amüsieren kann. Nur Wissenschaftler vom U.S. Geological Survey (USGS) sprangen in letzter Minute ab, weil die amerikanische Regierung ihnen die Reise nach Kolumbien untersagte.

Am Samstag und Sonntag, dem 9. und 10. Januar, trudelten alte Freunde und Kollegen nach und nach in Pasto ein. Zu ihrer Begrüßung und als Leiterin der Konferenz stand mir Marta Lucía Calvache Velasco zur Seite, eine ehemalige Studentin von mir, mit der ich eng befreundet bin. Marta, eine bemerkenswerte zierliche Frau mit kurzem schwarzen Haar und dunkelblauen Augen, stammte aus Pasto und leitete das örtliche geologische Observatorium, das INGEOMINAS, dem geologischen Dienst Kolumbiens, unterstand. Sie schrieb an ihrer Doktorarbeit über die Geschichte der Galeras-Ausbrüche, kannte sich im Gelände bestens aus und durchwanderte die Anden mit einer Leichtigkeit, die ich nur bewundern, aber nie nachahmen konnte. Am Ende der Woche sollte sie das Unternehmen leiten, dem ich mein Leben verdanke.

Zwei gute Freunde aus der Vulkanologengemeinde, Minard »Pete« Hall und seine Frau Patty Mothes, kamen aus Quito herübergefahren. Pete war seit 1972 in Ecuador und hatte an der Gründung des Geophysikalischen Instituts der Nationalen Technischen Universität mitgewirkt. Patty war 1985 nach Ecuador gekommen, hatte einige Jahre später Pete geheiratet und zusammen mit ihm seine Arbeit fortgesetzt: die Erforschung der zahlreichen aktiven Vulkane des Landes und die Verbesserung der ecuadorianischen Prognose- und Evakuierungspläne.

Pete, ein Kind der Sechzigerjahre, war mittlerweile ein zurückhaltender Mann von etwa 50 Jahren mit einem ergrauenden Schnauzbart und schütter werdenden hellbraunen Haaren, die bis über den Kragen herabfielen. Sein Spezialgebiet war die Seismologie, die Deutung der unterirdischen Signale, die von einem Vulkan ausgehen. Patty war eine offene, auf Anhieb sympathische Frau Anfang 40, mit grünen Augen, frischer Gesichtsfarbe und strohblonden Haaren. Sie befasste sich mit der elektronischen Entfernungsmessung, bei der ein Laserstrahl zu einem Spiegel auf einem Vulkan geschickt wird, um festzustellen, ob seine Flanke sich unter steigendem Gasdruck hebt.

Ich kannte Pete und Patty gut und empfand Hochachtung vor beiden. Sie hatten sich ganz den Landessitten angepasst, sprachen ausgezeichnet Spanisch, lebten hauptsächlich von ihrem mageren ecuadorianischen Gehalt, hatten sich selbst ihr Haus gebaut und ließen ihre ecuadorianischen Kollegen uneingeschränkt an ihrem Wissen teilhaben. Die Herablassung, die manche Ausländer gegenüber der Kultur der Einheimischen an den Tag legten, war Pete und Patty fremd, und sie behandelten die Ecuadorianer mit Anstand und Respekt. Wenn wir ins Land hinausfuhren, um Vulkane zu erforschen, hatte Patty für die Leute, denen wir begegneten, immer Zeitungen, Brötchen und andere kleine Geschenke bereit, und stets nahm sie sich ein paar Minuten für ein Schwätzchen.

Am Donnerstag, dem 14. Januar, war sie bei der Bergungsoperation an Martas Seite.

Am Wochenende vor Beginn der Konferenz besuchte ich das geologische Observatorium von Pasto, wo mich zwei sehr geschätzte kolumbianische Kollegen, Nestor García und José Arlés Zapata, freundlich begrüßten. Ich kannte Nestor, einen ehemaligen Judocrack, seit 1985. Vom Fach her Geochemiker, war er ein echter Vulkanliebhaber, aber da er mit der Forschungstätigkeit allein seine Familie nicht ernähren konnte, arbeitete er beim staatlichen Wasserkraftunternehmen und bei einer Brennerei, sodass er sich nur in der Freizeit mit dem Krater befassen konnte. Er hatte zusammen mit Werner Giggenbach, einem der besten Kenner vulkanischer Gase, den Nevado del Ruiz erforscht, und er war mit Igor Menjailows Arbeit vertraut. Bei dem Gespräch im Observatorium äußerte er, dass er sich sehr darauf freue, mit einem so renommierten Mann wie Menjailow ein Team zu bilden.

José Arlés, ein gut aussehender, stets tadellos gekleideter Endzwanziger, war ein aufgehender Stern bei INGEOMINAS. Als eines von einem Dutzend Kindern armer Bauern war er der erste seiner Familie, der mit Intelligenz und Fleiß Gymnasium und Universität geschafft hatte. Ich kannte ihn seit fünf Jahren und hatte mehrmals auf Galeras mit ihm gearbeitet. Er wollte auf unserer Konferenz seinen ersten großen Vortrag halten – einen Überblick über die gegenwärtige Aktivität des Galeras –, und er hatte unverkennbar Lampenfieber. Jedoch auch er verhehlte seine Freude nicht, mit Männern wie Menjailow und Brown zu arbeiten.

An diesem Sonntag landete auf dem winzigen Flughafen von Pasto eine Gruppe Wissenschaftler mit Unmengen wissenschaftlicher Geräte, angeführt von Chuck Connor, einem Freund und ehemaligen Dartmouth-Kommilitonen. Chuck, der als Geophysiker am Southwest Research Institute in San Antonio arbeitete, hatte in Mexiko und Kolumbien die Zirkulation von Gasen innerhalb von Vulkanen erforscht. Nach der Konferenz wollte er mit seiner Gruppe mehrere Wochen lang Gasuntersuchungen auf dem Galeras durchführen. Er wurde begleitet von zwei Männern. Mike Conway, promovierter Forschungsstipendiat an der Florida International University in Miami, war Geologe und hatte sich mit den Vulkanen in Guatemala befasst. Er war ein umgänglicher Mensch von 37 Jahren, sprach gut Spanisch und schien sich in Südamerika wohl zu fühlen. Ich war Mike einmal zuvor begegnet und hatte ihn als sympathisch empfunden. Mit ihm kam Andy Macfarlane, der gerade mit einer Arbeit über Isotopen-Geochemie in Harvard promoviert worden war und jetzt an der Florida International University lehrte. Andy sprach Spanisch und war noch nie auf einem aktiven Vulkan gewesen.

Auf dem Galeras sollte Luis LeMarie zu Chucks Gruppe stoßen, ein ecuadorianischer Geochemiker, der Pete Hall und Patty Mothes zu der Konferenz begleitet hatte. Luis, der in Ecuador und Europa studiert hatte, war ein schmächtiger, bescheidener Professor von 43 Jahren mit einem dunklen, sorgfältig gestutzten Bart. Ich hatte ihn 1988 in Ecuador kennen gelernt, als er zu Gasuntersuchungen in den gewaltigen Krater des Guagua Pichincha hinabstieg, der mit seinen 4780 Metern die ecuadorianische Hauptstadt

Quito überragt. Er hatte zuvor einmal mit José Arlés Zapata auf dem Galeras gearbeitet und freute sich wie José Arlés und Nestor darauf, mit Menjailow den Vulkan erklimmen zu können.

Als die Konferenz am Montag begann, trafen immer noch verspätete Kollegen in Pasto ein. Während wir im Hotel Cuellar, unserem Tagungsort, um 10.30 Uhr eine Kaffeepause einlegten, kreuzte Dr. Peter Baxter, ein alter Freund aus England, auf. Peter, ein zu Späßen aufgelegter und abenteuerlustiger Engländer, war der führende Experte bezüglich der gesundheits- und lebensgefährlichen Wirkungen von Vulkanen. 1980 als Arzt bei den Centers for Disease Control in Atlanta tätig, hatte er sich dieser ausgefallenen Nische der medizinischen Forschung zugewandt, als er sich zum Mount Saint Helens begab, um zu ermitteln, wie Menschen bei seinem Ausbruch ums Leben gekommen waren. Wir lernten uns 1980 am Masaya in Nicaragua kennen, wo Peter die Wirkungen giftiger Gase untersuchte, die dem Vulkan entströmten, die Landschaft entlaubten und die Gesundheit der Anwohner gefährdeten. Seitdem hatten wir verschiedentlich zusammengearbeitet und waren in enger Verbindung geblieben.

Peter wurde begleitet von seinem schlaksigen Landsmann Geoff Brown, der sich besser als irgendjemand sonst darauf verstand, mit einem Gravimeter das Innenleben eines Vulkans zu deuten. Geoff, ein geselliger und charismatischer Mensch, den ich zehn Jahre vorher kennen gelernt hatte, begrüßte mich mit einem kräftigen Händedruck und erklärte, er sei froh, dass wir endlich Gelegenheit hätten, draußen zusammenzuarbeiten. Seit Jahren hatten wir über eine gemeinsame Tätigkeit auf dem Galeras gesprochen, und ich war erfreut, dass er seine gravimetrischen Verfahren auf den Vulkan anwenden wollte, der jetzt mein Forschungsschwerpunkt war. Geoff und Peter freuten sich sichtlich, in Pasto zu sein, wenngleich sie mit der Reise, wie ich später erfuhr, Nebenabsichten verfolgten, darunter ein einwöchiger Arbeitsaufenthalt in Costa Rica und Nicaragua vor Beginn der Konferenz.

»Wir trafen uns in Heathrow und wussten nicht recht, warum wir flogen, denn zu Hause hatten wir alle Hände voll zu tun, und es war so kurz nach Weihnachten«, erzählte Baxter mir später. »In

England war es kalt und bewölkt, aber das vergaßen wir rasch, denn für uns beide war es die erste Reise in die Anden. Wir fanden es ungemein anregend. Als wir auf dem Weg vom Flughafen erstmals den Galeras sahen, waren wir tief beeindruckt.«

Als letzter meiner engen Freunde traf Igor Menjailow ein. Am Dienstagvormittag leitete ich gerade einen Workshop über den Galeras, als Igor – klein, schmächtig und lebhaft – hereinspaziert kam, einen Rucksack über die Schulter gehängt, in der Hand einen zerschlissenen Koffer und eine Zigarette im Mund. Lächelnd begrüßten wir uns, und dann stellte ich ihn der Gruppe vor. Als ich mit meinem Vortrag fertig war, gingen wir auf den Korridor, und Igor umarmte mich heftig, auf typisch russische Art. Er machte einen erschöpften Eindruck, nachdem er fast zwei Tage unterwegs gewesen war – von Moskau nach Kamtschatka und von dort über Havanna und Bogotá nach Pasto. Ich verhalf ihm zu seinem Zimmer, und dann gingen wir in mein Lieblingslokal essen, das »Punto Rojo«, eine rund um die Uhr geöffnete Cafeteria an der zentralen Plaza von Pasto. Wie jedes Mal fragte Igor auch jetzt, was er essen solle, und ich empfahl ihm *ajiaco*, einen Eintopf mit Huhn. Eine Stunde brachten wir damit zu, uns gegenseitig vom Stand unserer Arbeit zu berichten, und zum ersten Mal sprachen wir auch über unsere Familie. Ich informierte ihn über unsere Absicht, den Krater zu besteigen, und er war sehr daran interessiert. Auch für Igor war es die erste Reise in die Anden.

Wieder im Hotel, schlief Igor 18 Stunden lang durch. Tags darauf trafen wir uns erneut zum Essen, diesmal mit zwei kolumbianischen Geophysikern, die in der Sowjetunion studiert hatten und für INGEOMINAS tätig waren, Carlos Corral und Fernando Cuenca. Corral, der im geologischen Dienst eine führende Position innehatte, schien eine Abneigung gegen Amerikaner zu hegen, die man ihm möglicherweise in Russland beigebracht hatte, und wir wechselten während des Essens kaum ein Wort. Cuenca war ein unerfahrener, zurückhaltender Mann in den Zwanzigern, der nur dasaß und seinen älteren Kollegen zuhörte. Cuenca, der mit einer Russin verheiratet war, und Corral begannen, sich mit Igor auf Russisch zu unterhalten. Igor merkte jedoch, dass ich nichts mitbekam, und bestand darauf, dass wir uns in Spanisch verständigten.

Die beiden ersten Konferenztage verliefen zufrieden stellend; in einem Gemisch aus Spanisch und Englisch berichteten meine Kollegen über den Galeras und die Vulkane, die sie in den verschiedensten Ländern der Erde erforschten. Die Sprachbarriere erwies sich als nicht so hinderlich, wie ich befürchtet hatte, weil Patty Mothes, Mike Conway und John Stix, der den Workshop organisieren half, sowohl bei den Vorträgen als auch bei zwanglosen Gesprächen dolmetschten. Die Kollegen fragten mich nach dem Galeras, der wie üblich in Wolken gehüllt war. Ich erklärte ihnen ebenso wie einem kolumbianischen Fernsehreporter, dass der Vulkan anscheinend ruhig sei, wie er es während der letzten sechs Monate gewesen war. Durch das Zusammentreffen zweier zufälliger Ereignisse – das eine ein Werk des Menschen, das andere ein Werk der Natur – sollten wir uns jedoch genau in dem Moment auf dem Galeras befinden, als er sich wieder zu rühren begann.

Beim ersten Zufall ging es um Strom. Wegen unzureichender Kraftwerkskapazität wurden einzelne Stadtviertel von Pasto täglich für einige Stunden von der Versorgung mit Strom abgekoppelt. Die Konferenz hatte schon begonnen, als die Hotelleitung uns mitteilte, dass die nächste Unterbrechung für Donnerstag vorgesehen sei; an diesem Tag wollten wir im Hotel tagen. Ich beriet mich mit Marta Calvache, und wir hielten es für das Beste, die Veranstaltungen im Hotel auf den Mittwoch zu verlegen, an dem wir Strom haben würden, und die Exkursionen auf Donnerstag, den 14. Januar, zu verschieben.

Die zweite unvorhergesehene Wendung betraf den Galeras selbst. Nachdem er 40 Jahre lang geschlummert hatte, erwachte er 1988 mit einer Reihe von schwächeren Erdbeben. Am Rande des Amphitheaters, über dem aktiven Kegel, befand sich ein Polizeiposten, von wo aus die Beamten kleine Explosionen und einen verstärkten Geruch nach Schwefel- und anderen Gasen bemerkten. Während die Erdbebenaktivität nicht nachließ, hustete der Vulkan im März 1989 eine Aschenwolke aus, die sich auf Pasto senkte. Im Mai warf eine Eruption Asche und Steine aus, ließ eine 3000 Meter hohe Rauchfahne aufsteigen und verteilte vulkanischen Staub über die umliegenden Städte.

Die kleineren Eruptionen und Erdbeben gingen weiter, bis diese Aktivität im August 1991 deutlich zunahm und die Wissenschaftler auf den Seismographen des Observatoriums eine erhöhte Anzahl von *tornillos*, schraubenförmigen Signalen, entdeckten. Tag für Tag strömten jetzt rund 900 Tonnen Schwefeldioxid aus dem Vulkan, eine erheblich größere Menge als bisher, was darauf hindeutete, dass mehr Magma aus dem Erdinneren aufstieg. Im November beobachteten kolumbianische Wissenschaftler, dass ein erstarrter Lavadom aus dem Vulkan hervorgepresst wurde. Der Dom, holzkohlengrau mit rostfarbenen Einfärbungen, erreichte schließlich eine Höhe von 46 Metern bei einem doppelt so großen Durchmesser. Anschließend wurde der Galeras für einige Monate ruhiger, doch dann konnte der Vulkan dem wachsenden Druck nicht länger standhalten. Am 16. Juli 1992 wurde der Dom auseinander gesprengt, vier Meter große Blöcke wurden über das ganze Amphitheater verstreut, und über dem Galeras stand eine fast sechs Kilometer hohe Aschensäule.

Danach wurde der Vulkan ruhiger, als er es vier Jahre lang gewesen war. Als sechs Monate später unsere Konferenz in Pasto begann, war die seismische Aktivität auf einen extrem niedrigen Wert gesunken, und der Vulkan stieß täglich die winzige Menge von 90 Tonnen Schwefeldioxid aus. Ein schwaches Zucken von Seismizität hinterließ dann und wann einen *tornillo* auf den schwarzen, rauchbedeckten Seismographentrommeln im geologischen Observatorium.

Damals konnten meine Kollegen und ich die Bedeutung dieses schraubenähnlichen Signals nicht richtig erfassen. Als wir am 12. und 13. Januar die Seismographen prüften, wirkte der Galeras ruhig oder doch so ruhig, wie ein aktiver Vulkan sein kann. Aber er täuschte uns – er schlief nicht. Er war verstopft, und die geringen Gasemissionen sowie die schwache Erdbebenaktivität waren Ausdruck eines Vulkans, der sich selbst versiegelt hatte und kurz vor einer Explosion stand.

Der denkwürdigste Vortrag auf der Konferenz war Peter Baxters Darstellung der vielfältigen Varianten, in denen Vulkane Menschen töten, unterstrichen von grauenhaften Dias. Im Nahbereich, erklärte Peter, können Vulkane durch Wolken oder Bomben töten, die sie ausstoßen, in der Ferne durch die Tsunamis, die Riesenwellen, die sie auslösen. Sie können sofort töten durch ihre pyroklastischen Ströme, aber auch Monate später, indem sie mittels Aschenregen Ernten vernichten und eine Hungersnot verursachen. Die Sterblichkeitszahlen früherer Eruptionen versetzen selbst Vulkanologen in Erstaunen: So starben 30 Prozent an Hungersnöten und Epidemien infolge der Ausbrüche, 27 Prozent in pyroklastischen Strömen, 17 Prozent in Schlammströmen, die durch vulkanische Aktivität ausgelöst wurden, und weitere 17 Prozent in vulkanischen Tsunamis.

Peters Dias waren in höchstem Maße erschreckend, besonders die von den Opfern pyroklastischer Ströme. Er zeigte Gipsabgüsse von den Toten Pompejis und Fotos von den gerösteten Leichen derer, die einer *Nuée ardente* des Mont Pelée und des Mount Lamington in Papua-Neuguinea zum Opfer gefallen waren; im letzteren Fall waren es 2942 Menschen, die 1951 durch eine Eruption umkamen. Im Medizinerjargon waren die Leichen »karbonisiert«, doch auf Laien wirkten sie, als seien sie gegrillt worden. Die Glutwolken aus Asche und Gas, die Temperaturen von 600 Grad Celsius erreichen können, hatten die Haare weggebrannt, die Gliedmaßen zu Stümpfen schrumpfen lassen, Lippen und Nasen zu unerkennbaren Fleischresten verkohlt und das Körperfett schmelzen lassen. Opfer, die niedrigeren Temperaturen ausgesetzt gewesen waren, wirkten mit ihrer ausgedörrten, zu einem schaurigen Gelborange verfärbten Haut wie mumifiziert.

Peter zeigte andere Bilder von augenblicklich verbrannten Leichen, teils stehend, teils liegend, die in einer eigentümlichen Haltung erstarrt waren. Das ist, wie Peter erklärte, der so genannte Boxereffekt. Extrem hohe Temperaturen lösen starke Muskelkrämpfe und -kontraktionen aus und lassen den Verstorbenen in einer Kampfhaltung erstarren. Auch kann das rasche Verkohlen die Muskeln augenblicklich gerinnen lassen und eine Totenstarre durch Hitzeeinwirkung herbeiführen. Am Mont Pelée fand man Leichen in sitzender oder gehender Haltung. Nach der Eruption des Vulkans Taal auf den Philippinen im Jahr 1911 fand ein Arzt ein Opfer eines pyroklastischen Stroms, das sich noch immer einen Schirm über den Kopf hielt.

Zu dem täuschenden Eindruck, als seien die Opfer durch Verbrennung umgekommen, erklärte Baxter, die Autopsien am Mount Saint Helens hätten gezeigt, dass die meisten nach dem Einatmen der feinen Asche an Pfropfen aus Schleim und vulkanischem Staub erstickten. Wären sie nicht schon erstickt gewesen, hätten die Verbrennungen schließlich ihren Tod herbeigeführt. Auf jeden Fall war allen klar, dass der Tod in einem pyroklastischen Strom ein qualvoller Weg war, seinem Schöpfer zu begegnen. Baxter erwähnte jedoch, dass auch Chancen bestehen, einen pyroklastischen Strom zu überleben: Man kann sich in einem hermetisch verschlossenen Gebäude verbarrikadieren, und wenn man im Freien überrascht wird, sollte man sich in eine Vertiefung schmiegen, seinen Körper bedecken und versuchen, den Atem so lange anzuhalten, bis das Schlimmste der *Nuée ardente* vorüber ist.

Am stärksten erschütterten uns die Dias von den Opfern des Unzen-Ausbruchs in Japan im Jahr 1991, bei dem 43 Personen in einem pyroklastischen Strom umkamen. Unter den Toten waren der amerikanische Vulkanologe Harry Glicken sowie Maurice und Katia Krafft aus Frankreich, zwei leidenschaftliche Vulkanliebhaber, die durch ihre Fotos von ausbrechenden Vulkanen in aller Welt international berühmt waren. Ihr Tod traf die Vulkanologengemeinschaft wie ein Schock. Als wir den Galeras bestiegen, standen uns diese Bilder immer noch lebhaft vor Augen.

Einen Tag vor der geplanten Bergtour stand José Arlés Zapata vor den versammelten Vulkanologen und hielt unter leichten Anzeichen von Nervosität seinen ersten Vortrag auf einem internationalen Symposium. Er sprach über die an den Gasemissionen erkennbare Reaktivierung des Galeras, und er machte seine Sache gut. Am Abend rief er seine Frau an, um von seinem Vortrag zu berichten. Es sei aufregend, so viele ausländische Vulkanologen kennen zu lernen, sagte er, und er freue sich darauf, am nächsten

Tag mit Igor Menjailow auf dem Galeras zusammenzuarbeiten. Er sei voller Optimismus gewesen, sagte seine Frau später.

Wie auf Konferenzen üblich, fanden die wichtigsten Gespräche auf Korridoren und in Restaurants statt. Baxter erinnerte sich noch Jahre später an seine Frühstücksdiskussionen mit Gudmundur E. Sigvaldason, einem hoch gewachsenen, schlanken Isländer, der Direktor des Nordischen Vulkanologischen Instituts war. Es ging um die Fähigkeit der Vulkanologie, Eruptionen zu prognostizieren.

»Ich sagte zu Sigvaldason: ›Sie können diesen Vulkan ebenso wenig vorhersagen, wie ich vorhersagen kann, ob jemand morgen tot umfallen wird‹«, erinnerte sich Baxter. »Ich verarsche die Vulkanologen gern, weil sie von Vulkanen noch weniger verstehen als wir vom menschlichen Körper. Der menschliche Körper und Vulkane lassen sich gut miteinander vergleichen. Die Vulkanologen und die Mediziner sind beide bemüht, herauszubekommen, was *drinnen* vor sich geht. Die Methoden der Vulkanologen sind jedoch sehr viel unzulänglicher als unsere. Wenn sie sagen: ›Diesen Vulkan halten wir für sicher‹, halte ich meistens dagegen: ›Das wisst ihr doch im Grunde gar nicht. Dieser Vulkan könnte morgen losgehen, und ihr wärt nicht im Stande, es vorherzusagen.‹«

Am Abend vor unserer Exkursion ging ich mit Baxter, Geoff Brown, Pete Hall und Patty Mothes zum Essen ins »Sausalito«, das beste Restaurant von Pasto, das berühmt ist für seine geräucherten und gebratenen Forellen, die in Teichen an den Hängen des Galeras gehalten werden. Patty hatte noch nicht die Bekanntschaft von Geoff gemacht und war von seiner freundlichen Art und seinem umfassenden Wissen über Gravimetrie und Vulkane beeindruckt. »Er war, fand ich, wirklich ein feiner Mann«, sagte sie später.

Wir kamen auf den für den nächsten Tag geplanten Ausflug zu sprechen und erörterten kurz die Gefahren. Brown erzählte, er habe erst drei Wochen zuvor mit seiner Familie darüber gesprochen und eingeräumt, dass es gefährlich sei, auf Vulkanen zu arbeiten. Doch lieber würde er auf einem Vulkan sterben als bei einem Verkehrsunfall auf einer englischen Landstraße.

Am nächsten Morgen stand ich um fünf Uhr auf und rüstete mich für die Exkursion zum Krater. Ich befestigte Geologenhammer, Messer und Kompass an einem breiten braunen Gürtel, den ich mir umschnallen würde. Ich zog eine baumwollene Trekkinghose an, ein Hemd mit Rollkragen, ein Lederhemd und eine Vliesjacke, die mir mein Student Tobias Fischer lieh, nachdem meine mir in der Vorwoche in Pasto gestohlen worden war. Ich trug feste lederne Wanderstiefel, die bei dem Geröll und den spitzen Steinen auf dem Galeras unumgänglich sind. In meinen blauen Rucksack steckte ich eine Goretex-Regenjacke, eine Regenhose, Vlieshandschuhe, Lederhandschuhe für das Kraxeln auf den Felsen, eine superleichte Thermodecke, ein paar Schokoriegel und Wasser, Sonnenschutzcreme, ein Exkursions-Notizbuch und – vielleicht das Wichtigste – eine Taschenlampe. Auf einem Vulkan sollte man immer für den schlimmsten Fall gerüstet sein, und das kann bedeuten, dass man sich verirrt und eine Nacht in 4300 Meter Höhe verbringen muss.

Vor dem Verlassen des Hotels versuchte ich den Geschäftsführer ausfindig zu machen, um 10000 Dollar in bar – Spesengelder für die Konferenz – in einem Safe aufbewahren zu lassen. Da er nicht aufzutreiben war, stopfte ich mir das Bündel Hundert-Dollar-Scheine schließlich in eine Hosentasche.

Als um sechs Uhr die Sonne aufging, türmten sich Wolken über dem Gipfel des Galeras, und ich überlegte, dass wir die Exkursion würden absagen müssen, wenn das Wetter sich noch mehr verschlechterte. Falls wir doch aufbrachen, wollte ich so schnell wie möglich aus der Stadt heraus und auf den Berg. Vormittags ist das Wetter meistens klarer, denn um Mittag erwärmt sich die Erde – der Galeras liegt nur ein Grad nördlich des Äquators –, und oft hüllen dichte Wolken die Berge ein, sodass man höchstens ein paar Meter weit sehen kann. Eine Vulkanlandschaft ist bereits eine eintönige, graue Welt, und wenn sie dann noch in Wolken gehüllt ist, kann man sehr leicht die Orientierung verlieren, sich verirren oder abstürzen.

Am Aufstieg zum Krater hatten 40 Leute teilnehmen wollen, aber ich hatte die Zahl auf 15 Personen beschränkt, und das waren fast nur Experten, die entweder an diesem Tag Untersuchungen auf dem Vulkan durchführen oder die Topographie erkunden wollten, um ihre Forschungen nach Abschluss der Konferenz vorzubereiten. Für sechs Exkursionen rings um den Galeras hatten sich über 75 Teilnehmer gemeldet. Außer der Gruppe, die zum Krater hoch wollte, war eine unterwegs, die in den Nachbarstädten Evakuierungs- und Krisenpläne prüfte, eine weitere widmete sich der seismischen Überwachung des Vulkans, und mehrere andere untersuchten pyroklastische Strom- und Lawinenablagerungen von Vorgängern des Galeras. Wir wollten uns um sieben Uhr vor dem Hotel Cuellar treffen, uns auf mehrere alte Toyota Land Cruiser und Minibusse verteilen und dann losfahren. Außer der Gruppe, die für die Erklimmung des Kraters vorgesehen war, planten noch rund zwei Dutzend Leute, zur Wand des Amphitheaters hinaufzufahren, um sich dort einen Eindruck des Galeras zu verschaffen und dann wieder herunterzufahren und mit ihren Exkursionen zu beginnen.

Wir starteten natürlich mit Verspätung. Gegen acht verließen wir Pasto in Richtung Westen, vor uns das beeindruckende Massiv des Galeras. Die Temperatur lag unter zehn Grad, und dichte Wolken trieben langsam über die Berggipfel. Bald fuhren wir durch die Mais- und Kartoffelfelder am Fuß des Vulkans. Wir kamen an weiß verputzten Bauernhäusern vorbei, durchquerten Eukalyptusbestände, und dann ging es auf einer Schotterstraße, die immer schlechter wurde, im Zickzack an der Ostflanke der Caldera hinauf. Die Landschaft war typisch für den Páramo, das karge Ökosystem in den Hochlagen der Anden. An den tieferen Hängen wuchsen hier und da noch Pinien und Zedern, doch je höher wir kamen, desto kümmerlicher wurde die Vegetation. Rund 600 Meter unterhalb des Gipfels begann ein Nationalpark, in dem der Berghang dicht mit *frailejon (Espeletia wedellii)* bestanden ist, einer Sukkulente mit silbrig-grünen, samtigen Blättern und leuchtend gelben Blüten. Dieses Gewächs, das überall in den Anden vorkommt, soll seinen Namen den Wandermönchen verdanken, den *frailes*, die einst durch die Gegend zogen und deren Soutanen den kapuzenförmigen Blättern der Pflanze ähnelten.

Unbehelligt, wie sie es im Park waren, wurden die *frailejones* drei
Meter hoch.

Zwischen den *frailejon*-Beständen wuchsen kurze Gräser sowie
violett, orange und gelb blühende Wildblumen. Gelegentlich flog
eine große Taube auf, während unser Konvoi sich auf der steinigen Straße mühsam den Berg hinaufquälte.

Marta und ich, jeder in einem anderen Jeep, erläuterten die Eruptionsgeschichte des Galeras anhand der Zeichen, die sie in der
Landschaft hinterlassen hatte: dunkelgraue, 30 Meter mächtige La-
vaströme, die vor mehreren hunderttausend Jahren entstanden wa-
ren, und jüngere Geröllschichten, darunter ungewöhnlich gelbe
Ablagerungen mit einer Mächtigkeit von einigen Zoll bis zu meh-
reren Fuß, eingeschlossen zwischen den eher typischen hellgrauen
Ablagerungen von pyroklastischen Strömen. Dank der in den
Schichten eingelagerten verkohlten Zweige war es oft möglich, mit
Hilfe des C-14-Datierungsverfahrens den exakten Zeitpunkt der
Eruptionen zu bestimmen. In Gipfelnähe waren viele der pyroklas-
tischen Ströme nur 1000 bis 2000 Jahre alt.

Bevor wir in die Wolken hineinfuhren, warf ich einen letzten
Blick auf das 1500 Meter unter uns liegende Pasto, eine von Bergen umschlossene Ansammlung flacher, weißer und beigefarbe-
ner Häuser, über deren roten Ziegeldächern dünne Rauchfahnen
aus den Schornsteinen drangen.

In der Nähe des Gipfels passierte unsere Karawane einen Wald
von Fernseh- und Rundfunkantennen, und nachdem wir durch
tiefe, schlammige Löcher gerumpelt waren, erreichten wir schließlich die Spitze des Berges. Genau genommen standen wir auf dem
Rand des alten Vulkans, der vor über 5000 Jahren eingestürzt war.
Auf einer schroffen Klippe aus dunkelgrauem Andesit stand ein
kleines, weiß verputztes Gebäude, ein Polizeiposten, der die staatlichen Fernmeldetürme vor linken Guerilleros schützen sollte, die
zwar noch nie die Antennen angegriffen hatten, aber doch weniger als 50 Kilometer von Pasto entfernt operierten. Stacheldraht
säumte die Straße in der Nähe des Postens, und Schilder warnten
vor einem Minenfeld, das sich über die steilen Flanken des Amphitheaters erstreckte.

Die aus einem Dutzend Jeeps bestehende Karawane erreichte den Gipfel gegen 9.30 Uhr. In kühle Wolken gehüllt, die die Sicht gelegentlich auf 15 Meter begrenzte, liefen mehrere Dutzend Wissenschaftler mit rund 15 Fahrern und Arbeitern vom geologischen Observatorium in Pasto um den Polizeiposten herum und wanderten den Rand entlang in der Hoffnung, einen Blick in den Krater zu erhaschen. Die Temperatur war nahe null Grad. Patty Mothes entdeckte am Boden ein kleines Fleckchen Eis. Die Stimmung war entspannt, aber gedämpft, teils wegen des trüben Wetters, teils wegen des Umstands, dass das Besteigen eines aktiven Vulkans meist eine gewisse Ruhe mit sich bringt.

Ein kolumbianischer Fernsehreporter trat auf Patty zu, die in der Nähe des Polizeipostens stand. Mit ihrem blauen Parka, einem breitrandigen dunkelblauen Regenhut und einem pinkfarbenen Kopftuch, das sie sich über die Ohren gezogen hatte, ähnelte sie mehr der Leiterin eines englischen Blumenzüchterinnenclubs als einer Vulkanologin.

»Halten Sie einen Ausbruch in den nächsten fünf Jahren für möglich?«, fragte der Reporter.

»Genau deshalb sind wir hier – um die Aktivität des Vulkans und das Muster dieser Aktivität zu verstehen«, antwortete sie in hervorragendem Spanisch. »Kein Vulkanologe kann Ihnen sagen, ob der Vulkan nächste Woche oder in den nächsten fünf Jahren ausbrechen wird … Gegenwärtig deuten die Zeichen, die wir vom Vulkan erhalten, darauf hin, dass er ruhig ist. INGEOMINAS hat alle seismischen Instrumente, und sie geben keinen Hinweis, dass er in den nächsten Tagen wieder aktiv wird. Aber in der Nähe eines Vulkans muss man immer auf der Hut sein.«

Der Reporter gab sich damit nicht zufrieden. Er war auf eine Prognose aus: »Besteht nicht eine gewisse Gefahr, dass er ausbrechen wird?«

»Schon, aber ich kann nicht sagen, ob er ausbrechen wird«, erwiderte Patty. »Im Moment emittiert der Vulkan nicht viel Gase, und die seismische Aktivität ist nicht groß. Aber ein Wissenschaftler muss genau auf die Veränderungen achten, die von einem Tag auf den anderen eintreten.«

Am Rand des alten Vulkans stehend, bemühte Marta Calvache sich nach Kräften, einer kleinen Zuhörergruppe den Grundriss des Galeras zu erklären. Doch das Wetter spielte nicht mit und gab nur gelegentlich den Blick auf die graue Flanke des Kraters frei. Marta, die einen gelben Parka trug, konnte bloß in das neblige Nichts hinein auf unsichtbare Landmarken deuten.

Da ich viele Male auf dem Vulkan gewesen war, kannte ich seine Topographie. Das hufeisenförmige Amphitheater misst über 1600 Meter und ist nach Westen hin offen. In seiner Mitte erhebt sich der gegenwärtige Kegel mit einem Durchmesser von 460 Metern. Das Zentrum des Kegels wird vom Krater gebildet, dessen Radius 270 Meter beträgt, der 60 Meter tief ist und sich 140 Meter über den Boden des Amphitheaters erhebt.

Beim Polizeiposten stehend, blickt man auf den aktiven Vulkan hinunter, dessen Kraterrand sich etwa 90 Meter unterhalb der Kante der Amphitheaterwand befindet. Vom Posten bis zum Krater sind es etwa 800 Meter, und um dorthin zu gelangen, steigt man die steile Wand des alten Vulkans hinunter, die oben aus Schichten erstarrter grauer Lava und unten aus Geröll besteht. Dann durchquert man den Boden des Amphitheaters rund 50 Meter, bis man zum Kegel kommt, einem Geröllhang mit einer Neigung von 45 Grad. Auf dem Boden des Amphitheaters liegt ein altes, zerbrochenes Fußballtor aus Holz, dort angebracht von Polizisten und Soldaten, die vor Zeiten auf dem unzweifelhaft gefährlichsten Fußballplatz der Welt gespielt haben.

16 Leute, darunter Igor Menjailow und Geoff Brown, prüften ihr Gerät und traten an den Rand des Abhangs über dem Galeras. Drei weitere Wissenschaftler sollten mit uns gehen, waren aber nicht da. Chuck Connor, der Leiter der Gruppe, die die physikalische Beschaffenheit der Ausgasung des Galeras untersuchte, lag grippekrank im Hotel. Es ist nahezu sicher, dass seine Abwesenheit ihm und dreien seiner Kollegen das Leben rettete, denn er wäre mit seinem Team ohne Zweifel im Krater gewesen.

Werner Giggenbach, ein Deutscher, der in Neuseeland lebt und zu den führenden Fachleuten für vulkanische Gase gehört, fiel dadurch aus, dass kolumbianische Beamte ihm das Flugticket vermasselten. Auch er wäre wahrscheinlich im Krater gewesen. Während ich mit José Arlés Zapata und Nestor García zusammenstand und darauf wartete, dass unsere Gruppe sich für den Abstieg zum Kegel einfand, gaben die beiden ihrer großen Enttäuschung darüber Ausdruck, dass Giggenbach nicht dabei sein konnte.

Yuji Sano, ein mir eng befreundeter, hoch angesehener junger Geochemiker aus Japan, hatte prosaischere Probleme. Er hatte seine Wanderstiefel in Tokio gelassen und erschien an diesem Morgen in Tennisschuhen am Rand des Amphitheaters, in der Hoffnung, mit uns zum Krater zu gehen. Doch nach einem Blick auf seine Füße sagte ich ihm, dass daraus nichts würde; selbst mit guten Stiefeln ist der Abstieg über den steilen Hang eine haarige Sache. Yuji war verlegen und entschuldigte sich vielmals, um sich dann widerstrebend einer anderen Exkursionsgruppe anzuschließen. Am späten Nachmittag sollte Yuji wohlbehalten nach Pasto zurückkehren.

Nicht weit von ihm standen zwei Männer, die fest entschlossen waren, für das Los Alamos National Laboratory der Vereinigten Staaten die magmatischen Fluide des Galeras zu untersuchen. Der eine, Andy Adams, war Amerikaner, der andere, Alfredo Roldan, Guatemalteke. Beide trugen Schutzhelme, wie es die staatlichen Richtlinien vorsahen, und Adams hatte einen feuerbeständigen Overall an. Von den übrigen Teilnehmern hatte niemand Schutzkleidung angelegt, was Adams merkwürdig fand. Doch wir alle hatten die Risiken abgewogen und befunden, dass gute Stiefel und warme Kleidung genügten.

»Ich weiß noch, wie die Leute mich in meinem Overall und mit meinem Schutzhelm anschauten und ich den Eindruck hatte, als dächten sie: ›Wer ist dieser Kerl, der sich so aufgetakelt hat?‹«, berichtete Adams später. »Wir waren die Einzigen, die an die Sicherheit dachten, bevor wir hineingingen. Wir sprachen darüber, was wir im Fall einer Eruption tun würden. Es ist eine Schande, dass sonst niemand auch nur einen Gedanken darauf verschwendet hat.«

Während wir uns an der Kante des Amphitheaters fertig machten, erschienen drei Wanderer, ein Verwaltungsbeamter einer Universität, sein Sohn im Teenageralter und dessen bester Freund, die einen Tagesausflug auf den Vulkan von Pasto unternommen hatten.

Kurz vor dem Abstieg zum Vulkan gaben Geoff Brown und der kolumbianische Wissenschaftler Fernando Cuenca dem Fernsehreporter Interviews. Die Aufnahmen zeigen Brown, wie er sich in einem offenen Parka und einem Pullover mit rundem Ausschnitt über sein Gravimeter beugt, einen weißen Kasten von der Größe einer Autobatterie. Das empfindliche Gerät ruhte auf einer runden Metallscheibe, hatte oben drei schwarze Knöpfe, und an der Seite kam ein schwarzes Kabel heraus. Brown, dem die schütteren grauen Haare über die Stirn wehten, stand auf dem nebligen Berggipfel und bemühte sich, seine Tätigkeit in gebrochenem Spanisch zu erläutern.

»Könnte es einen Ausbruch auf dem Galeras geben, und wann wäre das?«, fragte der Reporter.

»Ich weiß es nicht«, antwortete Brown. »Um das vorhersagen zu können, muss man den Vulkan sehr viel besser kennen. Im Moment lässt sich eine Eruption nicht vorhersagen – vielleicht in zehn oder hundert Jahren.«

Cuenca, ein gut aussehender, schlanker junger Mann mit tiefschwarzem Haar und rosarotem Pullover, half Brown, das Gravimeter im Rucksack zu verstauen. Dann traten sie auf den Abhang zu.

Patty schaute uns an, verabschiedete sich und fügte noch hinzu: »Passt gut auf euch auf.« Sie war es gewöhnt, in Ecuador auf weit größeren Vulkanen zu arbeiten, und hielt den Galeras für harmlos. Sorge machte ihr nur, dass die meisten von uns keinen Schutzhelm trugen und den einen oder anderen beim Abstieg über den steilen Hang ein Stein am Kopf treffen könnte.

José Arlés Zapata folgte, bevor wir losgingen, seinem gewohnten Ritual, bekreuzigte sich und sagte: »Möge Gott uns beistehen.« Und: »Hoffentlich werden wir schnell mit unserer Arbeit fertig.«

Gegen zehn Uhr begannen wir, in der Wand des Amphitheaters hinabzusteigen. Die meisten hielten sich während der ersten 50 Meter an einem dicken gelben Nylonseil fest; nur die behänden und geübten einheimischen Geologen schafften es ohne diese Kletterhilfe. Ich war gut gelaunt und froh, nach drei Sitzungstagen endlich mit meinen Kollegen auf dem Vulkan zu sein.

Die Bewölkung war noch immer dicht und von dem gelben Seil nach einigen Metern in dem grauen Nebel nichts mehr zu sehen. Ich hatte mich so oft diesen Steilhang hinabgehangelt, dass es mir nichts ausmachte. Einen Neuling aber konnte schon Unruhe befallen, wenn er in dem Nebel über dem Abgrund stand und nach unten blickte.

Es war, sagte ein Freund, als träte man vom Rand der Erde herunter.

2

RÄTSEL

Es war ein schwarzer Stein von der Größe eines Softballs, mit dem ich in die Vulkanologie eingeführt wurde. Nachdem ich einmal das College und einmal die Universität abgebrochen, geheiratet und einige Jahre lang Wohn- und Lagerhäuser gebaut hatte, saß ich, 22 Jahre alt, in Professor Hank Woodards Mineralogiekurs am Beloit College in Wisconsin, als der Professor den schwarzen Stein hochhielt.

»Kann jemand sagen, was das ist?«, fragte Dr. Woodard.

Verständnislose Blicke. Dann riet jemand: »Lava?«

Nein, erwiderte er, aber es habe etwas mit Vulkanen zu tun. Dieses eckige Bruchstück habe sogar das Verständnis der Wissenschaft von Vulkanausbrüchen grundlegend verändert.

Der Stein stammte von den Hängen des Mont Pelée auf der Karibikinsel Martinique. Am 8. Mai 1902 spie der Mont Pelée in der tödlichsten Eruption des 20. Jahrhunderts einen pyroklastischen Strom aus – *Nuée ardente*, »Glutwolke«, sagen die Franzosen –, der mit 160 Kilometern pro Stunde und Temperaturen von bis zu 800 Grad Celsius den Berghang hinunterdonnerte. Zeugen beschrieben den Strom als eine wogende, Hunderte von Metern hohe glühende Lawine, die Blitze aussandte und zischend Felsen zermalmte. Die dunkle Wolke verschlang die Stadt Saint-Pierre, und in Minutenschnelle waren 27 000 Menschen, fast die gesamte Bevölkerung der Stadt, entweder tot oder tödlich verletzt. Sie waren von der *Nuée ardente* augenblicklich »karbonisiert« worden, an den dichten Wolken heißer Asche erstickt oder verbrannt, als die Stadt in Flammen aufging.

Von den Menschen, die sich in der direkten Bahn des pyroklastischen Stroms befanden, kamen nur zwei mit dem Leben davon. Einer war ein Häftling, der in einer steinbunkerartigen Einzelzelle saß. Dieser Mann, der 25-jährige Louis-Auguste Sylbaris, reiste später mit dem Zirkus Barnum and Bailey durch Amerika, auf Plakaten angepriesen als DAS EINZIGE LEBEWESEN, DAS IN DER »STUMMEN STADT DES TODES« ÜBERLEBTE, WO 40 000 [SIC] MENSCHEN VON EINEM EINZIGEN FEUERSTOSS DES SCHRECKLICHEN VULKANAUSBRUCHS DES MONT PELÉE ERSTICKT, VERBRANNT ODER BEGRABEN WURDEN.

Tatsächlich überlebten außerdem rund 70 Menschen am Rande der *Nuée ardente* die Katastrophe, aber »ein einziger Überlebender« gab für Reporter und Presseagenten natürlich mehr her. Die Plötzlichkeit und Gründlichkeit, mit der die Eruption eine ganze Stadt auslöschte, die weltweit abgedruckten Fotos der verkohlten und eingeebneten Ruinen von Saint-Pierre und die grauenhaften Schilderungen dem Tode entronnener Augenzeugen im Hafen der Stadt fesselten die Phantasie der Welt auf Jahrzehnte hinaus. Die Opfer des pyroklastischen Stroms hatten einen qualvollen Tod erlitten. Verhältnismäßig gut waren noch diejenigen dran, die binnen Sekunden oder Minuten verbrannten oder rasch erstickten. Pech hatten jene, die mit großflächigen Verbrennungen oder mit versengten Kehlen, Luftröhren und Lungen stundenlang leiden mussten. Unfähig zu trinken, hatten sie einen quälenden Durst zu ertragen. Einem heutigen Beobachter kommt Hiroshima in den Sinn.

Zwei Monate später ankerten zwei Vulkanologen von der Londoner Royal Society, John S. Flett und Tempest Anderson, in dem erwähnten Hafen, als abermals ein mehr als drei Kilometer breiter und gut 1500 Meter hoher pyroklastischer Strom den Mont Pelée herabgeschossen kam. Die beiden Männer waren die ersten Wissenschaftler, die eine *Nuée ardente* direkt beobachteten.

Plötzlich erhellte ein greller, gelber oder rötlicher Schein die ganze Wolkenmasse, die den Gipfel verhüllte. Er ähnelte den Lichtern einer Großstadt am Horizont oder dem Leuchten über großen Hochöfen. Dann ertönte ein anhaltendes zorniges Grollen aus dem Berg, nicht eine scharfe Detonation … sondern ein langes, tiefes, polterndes Geräusch, wie das mürrische Brummen eines zornigen wilden Tieres.

Dann brach aus dem Spalt am Berghang im Nu eine rot glühende Lawine hervor und ergoss sich über die Abhänge bis ins Meer. Sie war matt rot und enthielt hellere Streifen, die wir für große Steine hielten, da sie Schweife gelber Funken abzusondern schienen … Ihre Geschwindigkeit war enorm … Sie ähnelte in jeder Hinsicht vollkommen einer alpinen Schneelawine, ausgenommen die Temperatur der jeweiligen Massen. Die rote Glut verblasste innerhalb von ein bis zwei Minuten, und statt ihrer sahen wir jetzt, über das Meer hinwegrasend, eine große, gerundete siedende Wolke, schwarz und von Blitzen erfüllt … Das bleiche Mondlicht, das auf sie fiel, zeigte, dass sie kugelförmig war, mit einer sich ausbauchenden Oberfläche, bedeckt mit runden, hervorquellenden Massen, die mit furchtbarer Energie anschwollen und sich vermehrten. Sie raste über das Wasser hinweg, direkt auf uns zu, brodelnd und dauernd ihre Gestalt ändernd … Die Wolke selbst war schwarz wie die Nacht, dicht und geballt, und die flackernden Blitze verliehen ihr ein unbeschreiblich giftiges Aussehen.

Nachdem sie über die menschenleere Stadt hinweggefegt war, kam die *Nuée ardente* kurz vor Andersons und Fletts Schiff zum Stehen, sodass sie verschont blieben.

Aufgrund vorliegender Beschreibungen erkannten die Wissenschaftler, dass sie das gleiche Phänomen beobachtet hatten, das Saint-Pierre zerstört hatte. Aus dem, was sie mit eigenen Augen gesehen hatten, leiteten Anderson und Flett korrekt die Entstehung der *Nuée ardente* her: Von Gasen, die sich unter seinem Dom stauten, unter ungeheuren Druck gesetzt, war der Vulkan ausgebrochen und hatte so viel Wärme und Energie abgegeben, dass schaumiges Magma in Bims und winzige Aschenpartikel zersprengt wurde. »Es ist Lava«, schrieben die beiden, »die durch die

Ausdehnung der in ihr enthaltenen Gase in Stücke gesprengt wird.«

Die leichteren und gasförmigen Elemente, die mit der *Nuée ardente* den Berg hinabrasten, setzten ihren Weg fort, während die schwereren Teilchen sich verlangsamten, herabregneten und, immer noch superheiß, zu der lavaähnlichen Glasur an den Flanken des Mont Pelée verschmolzen. Anderson und Flett sowie der renommierte französische Geologe Alfred Lacroix untersuchten diese dunklen Ablagerungen, die den Vulkan und die Stadt bedeckten. Wissenschaftler hatten diese Gesteine – kantige, dicht zusammengeschmolzene Stücke – auf dem Vesuv, dem Krakatau und Dutzenden anderer Vulkane gesehen und angenommen, dass sie aus Lavaströmen stammten. Es ist unglaublich, aber vor den Eruptionen des Mont Pelée war niemand darauf gekommen, dass die allgegenwärtigen Gesteine Überreste pyroklastischer Ströme waren. (Das Wort ist griechisch-lateinischer Herkunft; *pyro* bedeutet »Feuer«, *klastisch* »zerbrochen«.) Nach der Katastrophe von Saint-Pierre war klar: All diese Ablagerungen auf Vulkanen der gesamten Erde und die ganze Zerstörung waren die Folge von *Nuées ardentes*, siedend heißen, schnell wandernden »Lawinen« aus Gas, Asche, Bims und heißen Lavablöcken.

Das war, sagte Professor Woodard, das Geheimnis, das der Mont Pelée der Wissenschaft enthüllte, und es enthüllte sich, wie so viele Fortschritte in der Vulkanologie, im unmittelbaren Gefolge einer Katastrophe. Während wir Studenten ein Bruchstück dieser Entdeckung in der Hand wogen, staunte ich darüber, dass Wissenschaftler wie Anderson und Flett erst durch direkte Beobachtung des pyroklastischen Stroms seine Geheimnisse zu ergründen vermochten. Ich war entschlossen, mir solche Dinge mit meinen eigenen Augen anzusehen.

»Das ist es, was ich werden möchte!«, kritzelte ich in mein Notizbuch. »Ich will Vulkanologe werden!«

Mein Führer durch diese aufkommende Wissenschaft war ein alternder, schmerbäuchiger, profaner, ständig wissbegieriger und unermüdlicher Professor am Dartmouth College namens Dick

Stoiber. Berühmt für seine glänzenden Geologievorlesungen und seine Neigung, mit Studenten auf Vulkane zu klettern, war er 65 Jahre alt, als ich schriftlich bei ihm anfragte, ob ich bei ihm studieren könne. Er antwortete in seiner krakeligen Schrift: »Noch bin ich nicht gestorben, und ich habe es in der nächsten Zeit auch nicht vor; warum kommen Sie nicht und arbeiten mit mir?«

Zwei Jahrzehnte lang arbeiteten Stoiber und ich eng zusammen, und wir begaben uns auf 25 Exkursionen in aller Herren Länder. Wir verbrachten eine Nacht am Kraterrand des Momotombo in Nicaragua und drehten uns, weil die durch das Geröll aufsteigende Hitze uns gewaltig ins Schwitzen brachte, ständig von einer Seite auf die andere. In den Achtzigerjahren, als Nicaragua, Guatemala und El Salvador von Bürgerkriegen heimgesucht wurden, überlebten wir auch Gefahren, die weniger natürlichen Ursprungs waren: Autozusammenstöße und Angriffe von halbwüchsigen Rebellen. Wir studierten Mount Saint Helens und Krakatau und Sakurajima in Japan, wo man den weißhaarigen Stoiber mit seinem weißen Schnurrbart verehrte und unter dem Namen »Chicken San« kannte, weil er Ähnlichkeit mit Colonel Sanders von Kentucky Fried Chicken hatte.

Stoiber besaß einen rastlosen und unkonventionellen Intellekt, wie eine seiner glänzendsten Ideen bewies. Er hatte erfahren, dass die Schwerindustrie ein Gerät mit der Bezeichnung COSPEC (abgekürzt für Korrelations-Spektrometer) benutzte, um die Schwefeldioxid-Emissionen von Schmelzhütten und Kraftwerken zu messen. Und so stellte Stoiber eine Frage, auf die bisher noch kein Wissenschaftler gekommen war. Schwefeldioxid (SO_2) ist eines der wichtigsten Gase, die von Vulkanen ausgestoßen werden – sollte man das COSPEC daher nicht auf die Dämpfe richten, die einem Krater entweichen? Er tat es, und es klappte. Damit erhielt die Wissenschaft ein Instrument, um angenähert abzuschätzen, wie viele Tonnen SO_2 ein Vulkan täglich von sich gibt. Es gilt die Regel: Je mehr Gas, desto aktiver ist das Magma. Stoiber und ich benutzten das COSPEC auf Dutzenden von Vulkanen, und wir führten Wissenschaftler der Dritten Welt in die Anwendung dieses einfachen, relativ billigen Geräts ein.

Solche Eingebungen hatte Stoiber schon immer gehabt, und weil er sich darüber im Klaren war, wie wenig die Wissenschaft noch immer über das Innenleben der Erde wusste, bezeichnete er sie als »Märchen«. Manche entpuppten sich auch als solche, doch andere, wie etwa die Idee mit dem Korrelations-Spektrometer, waren genial.

Als ich auf den Abschluss meines Studiums zusteuerte, stand für mich fest, dass ich mein Leben der Erforschung aktiver Vulkane widmen würde. Dick legte jedoch Wert auf eine gediegene geologische Untersuchung, und so stellte er mir für meine Magisterarbeit die Aufgabe, anhand ihrer Ablagerungen die gewaltige Eruption des Vulkans Santa María in Guatemala im Jahr 1902 zu rekonstruieren. Er flog mit mir im Januar 1978 nach Guatemala – für mich war es die erste Reise in eine vulkanisch aktive Region – und machte mich auf eine augenfällige Tatsache aufmerksam: Das ganze Land ist ein riesiges vulkanisches Territorium. Die meisten Häuser und Felder stehen oder liegen auf den Ablagerungen pyroklastischer Ströme beziehungsweise auf den Flanken aktiver oder ruhender Vulkane. Als wir in Guatemala-Stadt landeten, sahen wir in der Ferne Pacaya, der regelmäßig harmlose strombolianische Eruptionen verzeichnet, benannt nach der bei Sizilien gelegenen Insel Stromboli mit dem gleichnamigen Vulkan, der fast unaufhörlich kleinere Lavamengen ausspeit. (Stromboli gilt seit der Römerzeit als »Leuchtturm des Mittelmeers«.) Etwas weiter entfernt war der Fuego, dahinter lag der Atitlánsee, ein phantastisches Gewässer von 16 Kilometer Durchmesser und 300 Meter Tiefe, das die Caldera einer gewaltigen Eruption vor 75000 Jahren füllt. Um den See erheben sich die sehr viel jüngeren Vulkane Atitlán, Tolima und San Pedro, deren Hänge im oberen Teil mit dunkelgrauem Geröll aus Asche und Lava, im fruchtbaren unteren Teil von Feldern und Wäldern bedeckt sind. Stoiber, gewohnt, unter die Oberfläche der blühenden Landschaft zu blicken, bemerkte, dass heute einem Ausbruch wie jenem des Atitlán unter Umständen 90 Prozent der 12,4 Millionen Einwohner von Guatemala zum Opfer fallen könnten.

1979 verbrachte ich zweieinhalb Monate in Guatemala und

Südmexiko, zum großen Teil auf Händen und Knien beim Sichten der Hinterlassenschaften des Santa María. Der Vulkan galt als erloschen, bis er am 25. Oktober 1902 brüllend zum Leben erwachte. Bei einer der mächtigsten Eruptionen des Jahrhunderts spie er eine Menge von Bims und Asche aus, die, wie ich nachwies, zehnmal so groß war wie die des Ausbruchs des Mount Saint Helens im Jahr 1980. Die Zahl der Opfer wurde nie genau ermittelt, doch kamen beim Ausbruch von Santa María mindestens mehrere tausend Menschen um; viele wurden in den Trümmern ihrer Häuser begraben, deren Dächer unter dem Gewicht der Asche einstürzten. Die Explosion erzeugte eine Aschensäule, die 35 Kilometer hoch aufragte, tagelang den Himmel über Guatemala verdunkelte und eine Fläche von 110000 Quadratkilometern – ein Gebiet so groß wie das des US-Bundesstaats Virginia – mit Bims, Asche und anderen Trümmern bedeckte.

Spuren der Eruption waren für jedermann erkennbar, sie lagen direkt unter den Feldern und Wäldern Westguatemalas. Eine Bimsschicht – Bims ist das leichte, poröse Gestein, das sich bildet, wenn schaumiges, gasreiches Magma explodiert – ließ sich problemlos anhand ihrer schneeweißen Färbung und ihrer Textur ausmachen. An den Flanken von Santa María bis zu zwei Meter dick, wurde die Schicht aus Bims, Asche und Gesteinsfragmenten bis zu einer Entfernung von mehreren hundert Kilometern immer dünner. Indem ich die Dicke und Ausdehnung der Ablagerungen sowie den Durchmesser der Bimsbrocken und älterer Gesteinsfragmente ermittelte, konnte ich eine detaillierte Karte der Verteilung der Ablagerungen erstellen. Daraufhin berechnete ich die Energie und Dauer der Eruption sowie das Gesamtvolumen der von Santa María ausgeworfenen Materialien. Die Eruption hatte eine klassische plinianische Säule erzeugt, benannt nach Plinius dem Jüngeren, der als Erster die hoch aufragende, pinienförmige Eruptionssäule über dem Vesuv im Jahre 79 n. Chr. beschrieb. Bei einer plinianischen Eruption stoßen anhaltende Explosionen einen Strom von Auswurfmaterial mit einer Geschwindigkeit von bis zu 1080 Kilometern pro Stunde aus, die superheiße Säule ragt bis zu 42 Kilometer empor und fällt schließlich zusammen. Es ist, als würden Bims, Asche und Gas mit einem Hochdruckschlauch in den Himmel geschickt.

Es war eine durchaus nicht zu verachtende akademische Übung, im Dreck zu graben und die Beweise einer wenig erforschten Eruption zusammenzutragen, aber ich sehnte mich danach, auf aktiven Vulkanen zu arbeiten. Wenige Monate später erhielt ich meine Gelegenheit, am Mount Saint Helens. Und als ich von dort fortging – einer unserer Kollegen war umgekommen, und die wissenschaftliche Gemeinde war vom Ausmaß der Eruption gänzlich überrumpelt worden –, hatte ich eine Menge über die Eigenheiten von Vulkanen und die kläglichen Grenzen unseres Wissens gelernt.

Vor dem Ausbruch war der Mount Saint Helens ein Vulkan von erhabener Gestalt. Im Westen des Staates Washington in der Kaskadenkette gelegen, erinnerte dieser 2950 Meter hohe ebenmäßige, schneebedeckte Kegel, der sich über immergrünen Wäldern erhob, an den Fudschijama. Wie dieser zum pazifischen »Feuergürtel« gehörend, hatte der Mount Saint Helens 123 Jahre lang geschlafen. 1979 hatte der U.S. Geological Survey (USGS), dem die frühere Aktivität des Saint Helens durchaus bekannt war, allerdings gewarnt, dass er von allen Vulkanen der Kaskadenkette am ehesten vor Ende des Jahrhunderts ausbrechen würde.

Am 27. März 1980 entwich dem Mount Saint Helens die erste der kleineren Eruptionen, die in den katastrophalen Ausbruch vom 18. Mai mündeten. Es war gegen 13 Uhr, als Stoiber und ich in Dartmouth von der ersten Eruption hörten. Am Nachmittag wurde Dick vom USGS telefonisch gebeten, an der Beobachtung des Vulkans mitzuwirken. Abends saßen wir beide in einer Maschine, die uns von Boston nach Portland, Oregon, brachte, zusammen mit 14 Kisten voller Geräte, denn wir wollten mit dem Korrelations-Spektrometer das aus dem Vulkan strömende Schwefeldioxid messen.

Am 29. März bekamen Dick und ich den Vulkan erstmals zu Gesicht, aus einer Maschine, die NBC News gemietet hatte. Die Eruptionen, mittlerweile im Stundentakt, schleuderten graue Aschensäulen 1600 Meter hoch in den Himmel. Der Mount Saint Helens war imposant, und als Erstes fiel mir auf, dass der jungfräuliche Schnee, der seine Flanken bedeckte, durch wiederholte Beschichtungen mit Asche verschmutzt worden war. Während wir das Massiv umkreisten, legte sich mir der Anblick dieses zum Leben erwachenden Vulkans auf den Magen.

Wir steckten das Zweieinhalb-Fuß-Korrelations-Spektrometer durch das Fenster und richteten sein Teleskop himmelwärts auf Gas- und Aschenwolken. Wir wollten eine einfache Frage klären. Handelte es sich bei dieser ganzen Aktivität bloß um ein weiteres Beispiel für das, was Stoiber »das Rauschen der Natur« nannte, bei dem der Vulkan grummelte und Dampf abließ, ein nennenswerter Ausbruch aber nicht zu erwarten war? Oder bereitete sich eine große Explosion vor? Stoiber äußerte angesichts all der neuen Aktivität die Vermutung, dass sich eine wachsende Magmakammer unter dem Vulkan befand und große Mengen Schwefeldioxid freisetzen würde. Das Gerät zeigte jedoch fast nichts an. War es defekt? Machten wir etwas falsch? Oder waren wir die ersten Wissenschaftler, die eine solche Eruption beobachteten, bei der fast keine Gase freigesetzt wurden?

In den folgenden Tagen suchten wir den Vulkan zwölfmal auf. Dieser wurde am 30. März von kleinen Eruptionen erschüttert. An diesem Tag waren 70 Flugzeuge mit Reportern, Geologen und Touristen rings um den Mount Saint Helens unterwegs, darunter wir mit unserem Korrelations-Spektrometer. Das Ergebnis blieb sich gleich: Es wurde praktisch kein SO_2 freigesetzt. Stoiber und ich kamen zu einem unausweichlichen Schluss: Unter dem Vulkan befand sich ohne Zweifel eine Magmakammer – der USGS registrierte tiefe, kaum merkliche »harmonische Beben« unter dem Mount Saint Helens, ein Hinweis auf die Bewegung von Magma –, doch beruhten die laufenden Eruptionen nicht auf explodierendem Magma. Sie waren rein phreatisch, von Dampf getrieben; das in einen Vulkan einsickernde Grundwasser kommt mit dem heißen Inneren in Berührung und verursacht kleine Explosionen. Es ist, wie wenn Wasser auf eine heiße Herdplatte tropft.

Nach 16 Tagen am Mount Saint Helens kehrten Stoiber und ich

nach Dartmouth zurück und gelangten in einem Artikel für *Science* zu dem Resultat, dass es sich um phreatische Eruptionen handelte. Wir fügten jedoch eine Warnung an. Die letzte nennenswerte Eruption eines Kaskadenvulkans – es war der Lassen Peak in Kalifornien im Jahr 1914 – hatte mit einer Reihe von phreatischen Eruptionen begonnen, sich aber schließlich zu einem sehr viel gefährlicheren magmatischen Ausbruch gesteigert. Das könne beim Mount Saint Helens ebenfalls passieren.

David Johnston war ein hagerer, agiler Mann von 33 Jahren und als Vulkanologe beim USGS tätig. Er wollte als Gasspezialist den Vulkan mit unserem Korrelations-Spektrometer beobachten, und wir überließen es ihm, als wir nach Dartmouth zurückkehrten. Als wir zufällig mit ihm zusammentrafen, hatte er gerade einen Tadel seiner Vorgesetzten einstecken müssen, weil er mit Fernsehreportern zum Mount Saint Helens geflogen war und ihnen die Wahrheit über die Gefahr gesagt hatte. Dem Berg, sagte er, sei ein gewaltiger explosiver Ausbruch zuzutrauen, der meilenweit Zerstörung anrichten könne. Er könne nur jedem raten, sich möglichst rasch in Sicherheit zu bringen.

»Es ist äußerst gefährlich, sich hier aufzuhalten«, erklärte Johnston dem *Portland Oregonian*. »Wenn er jetzt ausbrechen würde, kämen wir um. Wir stehen neben einem Pulverfass, und die Lunte brennt. Wir wissen bloß nicht, wie lang die Lunte ist.«

Der junge Geologe redete keinesfalls leichtfertig daher. In seiner Doktorarbeit hatte er sich mit der Magmenentwicklung unter dem Vulkan Saint Augustine in Alaska befasst, die 1976 zu einer gewaltigen Eruption führte. Was er über die Gefahren einer solchen Explosion schrieb, konnte man als Warnung vor den Kräften deuten, die ihn am Mount Saint Helens das Leben kosten sollten.

»Sehr heiße und schnelle Druckwellen reichen weit über die Grenzen der erkennbaren Ablagerungen hinaus«, sagte er. »Allein auf Grund von Ablagerungen definierte Risikozonen bringen dieses erhöhte Druckwellenrisiko, das sich bei Augustine über viele Kilometer vor der Küste erstreckt, nicht zum Ausdruck.«

Johnston wusste auch über den Vulkan Besymianny auf der russischen Halbinsel Kamtschatka Bescheid. Am 30. März 1956 war eine instabile Flanke des 3085 Meter hohen Besymianny eingebrochen und hatte eine horizontale »gerichtete Explosion« ausgelöst, die die Spitze des Berges wegsprengte, einen Krater von 1,9 Kilometer Durchmesser entstehen ließ, eine Eruptionssäule von 34 Kilometer Höhe verursachte, die gesamte Fläche im Umkreis von 24 Kilometern verwüstete und fast vier Kubikkilometer an rauchender Asche und Trümmern ausspie, die sich über eine Fläche von 500 Quadratkilometern verteilten, stellenweise mit einer Mächtigkeit von 50 Metern. Bei dem Ausbruch kam nur deshalb niemand um, weil der Besymianny in einem menschenleeren Gebiet lag. Johnston wurde klar, dass eine solche Explosion sich auch am Mount Saint Helens ereignen konnte.

Johnston war einer der enthusiastischsten Vulkanologen, die ich je kennen gelernt habe. Wie die Besten unseres Faches war er bestrebt, *auf* Vulkanen zu arbeiten. Er war sich der Gefahren durchaus bewusst, nur machte er sich nicht ständig Gedanken darüber. Es gibt solche, die sich auf Vulkanen wohl fühlen, und andere, die dauernd daran denken, was passieren könnte – die finden dann rasch einen anderen Wirkungsbereich.

Johnston, in meinem Heimatstaat Illinois geboren und aufgewachsen, wurde an der University of Washington promoviert und war in den späten Siebzigerjahren lange auf Vulkanen in Alaska und im pazifischen Nordwesten der Vereinigten Staaten tätig. Im Sommer 1979 war er mit Wes Hildreth, einem Kollegen vom USGS, fast zwei Monate im einsamen »Tal der zehntausend Dämpfe« in Alaska, wo sich im Jahr 1912 eine der gewaltigsten Eruptionen des 20. Jahrhunderts ereignet hatte. Die »zehntausend Dämpfe« beziehen sich auf die unzähligen Fumarolen, von denen das ausgedehnte Trümmerfeld durchlöchert ist, das von der Explosion des Novarupta-Vulkans zurückblieb, die 25-mal soviel Bims und Asche auswarf wie der Mount Saint Helens im Jahr 1980. Hildreth und Johnston untersuchten die Ablagerungen von Aschenfall und pyroklastischen Strömen, die sich im oberen Tal des Ukah River über 19 Kilometer erstreckten, und sie nahmen am Mount Mageik, der zum selben Vulkankomplex gehört, Gasproben.

Das USGS-Team hatte vor, aus den Fumarolen im Krater Gasproben zu sammeln. Angeseilt bestiegen die Geologen den Gletscher des 2160 Meter hohen Vulkans. Am Kraterrand angekommen, starrten sie hinunter auf einen dampfenden See, der von dem Schwefel, den Mageik emittierte, gelb geworden war. Kraftvolle Fumarolen am Seeboden und rings um den See erzeugten Wellen, und das Getöse des ausströmenden Gases war ohrenbetäubend. Sie wollten zum Boden des Kraters absteigen und am Rand des stark sauren Sees Gasproben nehmen, fürchteten aber, an einer tödlichen Konzentration von Schwefel- und Kohlendioxid zu ersticken. Johnston erklärte sich bereit, sich als Erster in den Krater hinabzuwagen.

»Dave war für uns das, was früher der Kanarienvogel für die Kohlekumpel war«, erinnerte sich Hildreth. »Er ließ sich an einem Seil hinab, und als er nicht ohnmächtig wurde, gingen wir alle hinunter. Es war gefahrlos, weil sich wegen des Windes keine tödliche Gaskonzentration bilden konnte.«

Dave Johnston war auch als erster Vulkanologe auf dem Mount Saint Helens, nachdem der Vulkan erwacht war, und maß die Gase an Fumarolen in Gipfelnähe. Im April flog ein anderer von Stoibers Studenten hin, um Johnston zu zeigen, wie man das Korrelations-Spektrometer benutzt, und im folgenden Monat beobachtete er den Vulkan mit Hilfe des Geräts. Nach wie vor trat Schwefeldioxid nur in geringfügigen Mengen auf.

Stoiber und ich verfolgten von Dartmouth aus genau, was sich am Mount Saint Helens tat. Die Aufwölbung an der oberen nördlichen Flanke des Vulkans, die erstmals Ende März bemerkt worden war, wuchs weiter. Dixy Lee Ray, der Gouverneur von Washington, erklärte am 3. April den Notstand und beschränkte den Zutritt zu einem Gebiet im Umkreis von 13 Kilometern um den Krater. Als die Eruptionstätigkeit Ende April, Anfang Mai nachließ, beschwerten sich Holzfäller, Urlauber und andere über die Aussperrung aus der »Roten Zone«. Doch die Geologen hatten längst erkannt, dass etwas Schlimmes im Anzug war; nur ein Narr konnte den anschwellenden Buckel ignorieren, der Ende

April einen Durchmesser von 2,4 Kilometern erreichte und rund 90 Meter hoch war.

Die ganze Zeit über nahm Johnston weiterhin Gasproben und behielt den Vulkan im Auge. Er befand sich auf einem USGS-Beobachtungsposten mit der Bezeichnung Coldwater II, der neun Kilometer nördlich vom Mount Saint Helens auf dem Coldwater Ridge lag. 460 Meter über dem Talgrund errichtet, galt der Posten zunächst als ein sicherer Standort; bis zu einer solchen Höhe, so die Überlegung des USGS, würden pyroklastische Ströme nicht reichen. Als die Nordflanke sich jedoch weiter aufwölbte, kamen den Wissenschaftlern Bedenken, dass neun Kilometer ein zu geringer Abstand sein könnten, falls der Berg explodierte. Der USGS hatte sogar vor, ein gepanzertes Fahrzeug nach Coldwater II zu verlegen, das Johnston und anderen Geologen im Falle eines Ausbruchs Schutz bieten sollte.

Johnston beteiligte sich an der Diskussion über die Sicherheit von Coldwater II. Einige brachten den russischen Vulkan Besymianny ins Gespräch. Johnston hielt eine Eruption vom Besymianny-Typ beim Mount Saint Helens für möglich, und der gleichen Ansicht war Jack Hyde, Geologieprofessor am Tacoma Community College.

»Mein Instinkt sagt mir, dass in Kürze etwas Dramatisches passieren wird, falls die Aufwölbung weiterhin wächst«, erklärte Hyde der *Tacoma News Tribune* zwölf Tage vor dem Ausbruch. »Es könnte plötzlich kommen, ohne dass magmatische Gase entweichen. 1956 hat die Druckwelle der Explosion eines sowjetischen Vulkans noch in einer Entfernung von 24 Kilometern Bäume umgeblasen.«

Dann wies er darauf hin, dass die Wissenschaftler, die von Orten wie Coldwater II aus den Mount Saint Helens beobachten, möglicherweise das Schicksal herausfordern. »Ich hoffe, dass sie sich nicht in der direkten Linie befinden«, sagte er. »Es ist, wie wenn man in die Mündung einer geladenen Waffe blickt.«

Eine Woche später verließ Johnston Coldwater II, wo er in einem Wohnwagen lebte, und übergab den Posten an seinen Außenmitarbeiter Harry Glicken, einen jungen Mann, der zeitweise für den USGS tätig war. Am Tag vor der Eruption flogen Johnston und Glicken mit dem Hubschrauber auf den Gipfel des Mount Saint Helens, wo Glicken mit dem Teleobjektiv eine Reihe von Fotos schoss, die Johnston bei seiner Arbeit an einer Fumarole auf der schwellenden Flanke zeigen.

Am Abend jenes Tages – es war der 17. Mai – löste Johnston Glicken auf Coldwater II ab. Am nächsten Morgen, einem kühlen, klaren Sonntag, war er früh auf. Um 8.32 Uhr wurde der Vulkan von einem Erdbeben der Stärke 5,2 auf der Richter-Skala erschüttert, das die anschwellende, instabile Nordflanke zerstörte. In einem gewaltigen Bergsturz brach eine ganze Seite des Vulkans weg. Befreit von dem lastenden Druck der Erdmassen, explodierte der nun an die Oberfläche getretene Magmakörper mit unermesslicher Gewalt. Fotos, die aus 18 Kilometer Entfernung aufgenommen wurden, zeigen, wie der Berg abrutscht, woraufhin sich eine dunkelgraue Wolke so rasch – mit 450 Kilometern pro Stunde – ausbreitet, dass im Nu der ganze Horizont verdunkelt ist. Johnston mag das Erdbeben auf seinem einsamen Posten gespürt haben. Vielleicht hat er beobachtet, wie der Vulkan ausbrach und sich ausdehnte, um ihn zu verschlingen. Er schaffte es noch, der USGS-Leitstelle in Vancouver, Washington, über Sprechfunk zuzurufen: »Vancouver! Vancouver! Es ist soweit!«

Ein freiwilliger Beobachter, der sich vom Vulkan aus drei Kilometer hinter Johnston befand, sah, wie der Geologe von der Wolke verschlungen wurde, und erkannte seinen eigenen baldigen Tod. »Die ganze Nordseite gibt nach!«, meldete Gerald Martin über Sprechfunk. »Der Wohnwagen und das Auto südlich von mir sind eingehüllt. Die USGS-Leute gehen kaputt, und mich erwischt's auch gleich!«

Von Johnston fand man keine Spur mehr. Vom Coldwater Ridge blieb praktisch nichts mehr übrig, er wurde ausradiert von einer Explosion, die Bäume mit einem Stammdurchmesser von zwei Metern hinwegfegte und das Erdreich bis aufs Grundgestein abtrug. Ähnlich wie am Besymianny erstreckte sich eine 600 Quadratkilometer große Verwüstungszone bis zu 24 Kilometer nach Norden. Die Eruption sprengte die oberen 400 Meter des Berges weg und machte aus dem schneebedeckten Gipfel einen öden grauen Stumpf. Neun Stunden lang stand eine bis zu 25 Kilometer hohe Eruptionssäule über dem Vulkan und bedeckte die zentralen und westlichen Gebiete des Staates Washington zentimeterhoch mit Asche. Insgesamt kamen 58 Menschen um.

In einem keilförmigen Gebiet von 20 Kilometer Breite und 32 Kilometer Länge wurden durch die Druckwelle der Eruption Bäume entwurzelt. In der Windwurfzone hielten sich 65 Personen auf – Holzfäller, Camper und Wanderer –, von denen 46 starben. Tödlich verletzt wurden außerdem zehn Personen, die sich knapp außerhalb der Verwüstungszone befanden. Von 23 der beim Ausbruch gestorbenen Menschen fand man keine Leiche.

An 25 Opfern wurde eine Autopsie vorgenommen. Aus diesen Untersuchungen und aus Gesprächen mit Überlebenden wird deutlich, dass viele der Opfer erstickten. Von den 25 Untersuchten starben 17 durch Ersticken, fünf an Verbrennungen und drei an Kopfverletzungen durch herabfallende Bäume oder Steine. Die meisten der Erstickten starben schnell, denn die dichten Aschenwolken, die ihre Kehlen, Luftröhren und Lungen füllten, bildeten Pfropfen aus Schleim und Asche, die das Atmen unmöglich machten. Ein Ärzteteam berichtete im *New England Journal of Medicine*: »Wenn einer in die Aschenwolke geriet, dauerte es wohl nur Minuten, bis er erstickte.« Andere quälten sich bis zu 16 Tage, bis ihre Lungen der Hitze und Asche erlagen.

Vier Holzfäller waren 19 Kilometer vom Gipfel entfernt an der Arbeit, als der Vulkan explodierte. Sie hörten das Donnern der pyroklastischen Woge, die durch den Wald auf sie zukam. Als sie sie erreichte, warf sie sie zu Boden und hüllte sie in sengende Hitze und Dunkelheit. Auch sie hatten das Gefühl, an der Asche zu ersticken. Die Männer, alle in den Dreißigern, erlitten Verbrennungen, die zwischen einem Drittel und der Hälfte ihrer Hautoberfläche betrafen. Als die Woge vorüber war und es wieder hell wurde, kämpften sie sich zu einem mit Asche bedeckten Bach durch, in den sie eintauchten, um den Schmerz der Verbrennungen zu lindern. Dann brachen sie auf, um den Wald zu verlassen, aber ein Erdrutsch versperrte ihnen den Weg. Bald fanden sie eine Quelle, und sie tranken pausenlos, konnten aber ihren höllischen Durst nicht stillen. Zwei der Männer blieben an der Quelle, wurden von einem Hubschrauber geborgen und erreichten zehn Stunden nach ihrer Verletzung das Zentrum für Brandverletzungen des Staates Oregon in Portland.

Die beiden anderen versuchten, zu Fuß weiterzukommen. Einer konnte schließlich nicht mehr gehen und starb; Wochen später entdeckte man seine Leiche. Rettungsmannschaften stießen auf den anderen und brachten ihn 13 Stunden nach dem Ausbruch in das Zentrum für Brandverletzungen.

Die Holzfäller hatten an Armen und Beinen sowie am Rücken Verbrennungen dritten Grades. Auch Zungen und Kehlen waren versengt. Ein Sechsunddreißigjähriger überlebte bemerkenswerterweise nach mehreren Hauttransplantationen; er bedurfte keiner Beatmung. Die beiden anderen hatten Atemprobleme, und binnen Stunden nach ihrer Einlieferung führte man ihnen Beatmungsschläuche ein, durch die Sauerstoff in ihre verbrannten Lungen geblasen wurde. Der eine hielt zehn Tage durch, bevor er starb, der andere 16 Tage. Ihre äußeren Verbrennungen hätten sie gut überleben können, doch die Schädigung der Lungen führte zu Infektionen und dem Atemnotsyndrom. Ihre Lungen funktionierten nicht mehr richtig und versagten schließlich.

Die Verheerungen am Mount Saint Helens, die Sachschäden von einer Milliarde Dollar einschlossen, waren die Folge einer Eruption, die nach geologischen Maßstäben kümmerlich war. Ein Ausbruch dieser Größenordnung kommt irgendwo auf der Erde alle zehn Jahre vor. Die kataklysmischen Eruptionen, die das Antlitz der Erde formten, das Klima beeinflussten und möglicherweise ein Massenaussterben nach sich zogen, waren hundert- bis tausendfach stärker als der Ausbruch, der Amerika monatelang in Atem hielt.

Am Tag nach der Eruption waren Stoiber und ich morgens um fünf Uhr wieder in Portland. Mehrere Tage widmeten wir uns dort der Untersuchung der Asche, die über dem Zentralbereich des Staates Washington niedergegangen war. Die Vulkanologen waren schockiert, nicht nur, weil sie einen der Ihren verloren hatten, sondern auch wegen der ungeheuren Gewalt der Eruption. Wir hatten zwar befürchtet, dass »ein Sektor einbricht«, aber dass eine derart starke horizontale Druckwelle entstehen könnte, hielt kaum einer für möglich.

In der Folgezeit mischten sich in unsere Trauer ein schlechtes Gewissen und der Zorn darüber, dass wir nicht fähig gewesen waren, ein Ereignis von diesem Kaliber vorherzusagen. Bei der Untersuchung der riesigen Schuttlawine und der sekundären Schlammströme, die häusergroße Bruchstücke des Berges meilenweit forttrugen, waren die Vulkanologen überrascht, auf eine ähnliche Schuttverteilung zu treffen, wie sie sie überall in der Welt dort angetroffen hatten, wo eine instabile Flanke eines Vulkans zerbröckelt war und eine riesige Explosion ausgelöst hatte. Ob am Besymianny in Kamtschatka, am Bandai in Japan, am Colima in Mexiko, am Galunggung in Indonesien – die geologischen Indizien waren die gleichen wie nun am Mount Saint Helens.

Als junger Vulkanologe war ich davon fasziniert, wie schwierig es war, das Verhalten einer so elementaren, verborgenen und verheerenden Naturkraft vorherzusagen. Die Vorgänge in einem Vulkan zu entschlüsseln glich dem Versuch, ein kompliziertes dreidimensionales Puzzle zusammenzusetzen, von dem man nur ein Viertel der Teile besaß, sodass man die Leerstellen mit seinen besten Annahmen ausfüllen musste.

Seismische Aktivität unter dem Mount Saint Helens hatte uns verraten, dass Magma in Bewegung war. Anhand der Zusammensetzung der Gase über dem Mount Saint Helens konnten wir ermitteln, dass Dampf die Eruptionen antrieb, nicht Magma. Und an der Oberfläche hatten wir beobachtet, dass die Flanke des Vulkans sich ausdehnte, ja, wir hatten sogar die bedrohliche Schnelligkeit ihres Wachstums gemessen. Doch keiner kam auf die Idee, das alles zusammenzufügen: dass Magma sich bewegte, dass der Vulkan verstopft war und dass ihm eine wuchtige Explosion bevorstand, die noch in einer Entfernung von 24 Kilometern Menschen töten würde. Wären wir darauf gekommen, würden Dave Johnston und 57 andere Menschen heute noch leben. Auch hier bestätigte sich die Erfahrung der Vulkanologen: Der Erkenntnisfortschritt folgt auf die Katastrophe.

Als wir über zehn Jahre später, im Januar 1993, den Hang zum Galeras hinabzusteigen begannen, dachte ich nicht eine Sekunde an den Mount Saint Helens. Ich hätte es vielleicht tun sollen. Wir waren auf einem anderen Kontinent, auf einem kleineren Vulkan, mehrere tausend Kilometer weiter südlich auf dem pazifischen »Feuergürtel«, und wieder waren explosive Gase unter einem Gesteinsdom fest versiegelt und verrieten kaum etwas von ihrem steigenden Druck.

Wieder einmal sollten meine Kollegen und ich genarrt werden.

3

KOLLEGEN

Durch das dicke Bergsteigerseil gesichert, hatten einige aus unserer Gruppe schon begonnen, sich vorsichtig in der Wand des Amphitheaters hinabzulassen. Ich stand mit José Arlés Zapata, dem jungen Geologen von INGEOMINAS, oben am Rand und wartete, bis ich an der Reihe war. Kurz vor zehn fragte José per Funk beim geologischen Observatorium in Pasto nach, ob sich an der seismischen Aktivität des Galeras etwas geändert habe. Alles war ruhig.

Die Temperatur betrug etwa fünf Grad Celsius, es ging ein leichter Wind, und der Nebel war noch immer so dicht, dass wir den Krater nicht sehen konnten. Psychologisch mag der Abstieg durch den steilen oberen Teil des Abhangs bei Nebel einfacher sein, denn Unerfahrene oder zaghafte Naturen könnten Bedenken bekommen, wenn sie sehen, wie steil es bergab geht. Auf Grund der Sicherung durch das Seil ist das Risiko eines Absturzes jedoch gering. Die einzige echte Gefahr besteht darin, dass einem ein Stein auf den Kopf fällt, den jemand, der über einem ist, losgetreten hat. Nach der Eruption haben einige Kollegen mir einen Vorwurf daraus gemacht, dass ich nicht von allen verlangt habe, sich mit Schutzhelmen und feuerbeständigen Overalls auszustatten. Theoretisch und nachträglich ist das eine gute Überlegung. Damals trug jedoch kaum ein Geologe bei der Arbeit auf aktiven Vulkanen Schutzkleidung. Ich bestand nur auf festen Stiefeln und warmer Bekleidung und dachte im Übrigen nicht daran, eine Kleidervorschrift durchzusetzen. Wir waren alle vom Fach. Ich bin mir ziemlich sicher, dass nicht ein einziges Menschenleben gerettet worden wäre, wenn ich alle gezwungen hätte, Schutzkleidung anzulegen.

Die Wand des Amphitheaters ist 140 Meter hoch und besteht im oberen Drittel aus Andesitgestein mit einem Gefälle von 60 Grad, das anschließend in einen weniger steilen Hang von 45 Grad übergeht, der mit Felsblöcken und Gesteinsschlacke, loser Lavaasche, bedeckt ist. Hat man diesen relativ mühelos im Zickzack hinter sich gelassen, steht man am Fuß des Hanges, in einem Graben zwischen der Wand des Amphitheaters und dem Kegel des aktiven Vulkans. Dieser etwa 45 Meter breite Graben ist mit vulkanischem Auswurfmaterial von Erbsengröße bis zur Größe eines Kleinwagens übersät. Die Grabenoberfläche ist zernarbt von Einschlagskratern bis zu einem Durchmesser von drei Metern, verursacht durch Felsblöcke, die bei jüngeren Eruptionen des Galeras herausgeschleudert wurden. So sehr einen dies an die Macht des Vulkans gemahnt – hier kann man doch einmal Atem schöpfen und ein Schwätzchen halten, bevor man zum gefährlicheren Teil aufbricht, dem Kegel, wo man nur rasch seine Messungen durchführen will und sich dann wieder auf den Rückweg macht.

Unsere Gruppe war in vier Teams eingeteilt. Die erste sollte unter Führung von Igor Menjailow im Krater und an seinem Rand Gasproben nehmen. Die zweite, unter Leitung von Geoff Brown, maß an verschiedenen Stellen des Kegels und am Kraterrand die Gravitation. Die dritte, geführt von Mike Conway von der Florida International University hatte vor, Spezialthermometer, so genannte Thermoelemente, in Fumarolen einzuführen, um die Temperatur und die Physik vulkanischer Gase zu ermitteln. Die vierte, angeführt von Andy Adams aus Los Alamos, erkundete den Galeras, um später seine magmatischen Fluide zu erforschen. All diese Projekte hatten ein gemeinsames Ziel: den Puls des Vulkans zu messen, damit wir, in Kenntnis der Bewegungen des Magmas und der Gase, das künftige Verhalten des Galeras besser vorhersagen konnten. Die Leitung dieser Exkursion zum Krater lag in meinen Händen.

Die Gruppe war mit 15 Mitgliedern größer, als ich es gewünscht hatte, und wir kamen nur langsam vorwärts. Wir hätten uns mehr beeilen sollen, meinte mein Freund Mike Conway im Nachhinein. »Wir waren jedenfalls nicht vorbereitet«, sagte er. »Wir haben uns irgendwie dilettantisch verhalten. Wir hätten bessere Vorsichtsmaßnahmen ergreifen müssen. Wir waren alle zu nachlässig.«

Darin kann ich ihm nicht zustimmen. Was uns am schnelleren Vorwärtskommen hinderte, war unsere Größe, aber so unbekümmert, dass wir tatenlos verweilt oder Zeit mit müßigem Geschwätz vertan hätten, war keiner. Jedes Mal, wenn ich einen Vulkan betrete, tickt in meinem Kopf eine Uhr. Nicht, dass ich die Sekunden bis zu einer befürchteten Eruption zähle – ich bin mir nur bewusst, dass Vulkane unberechenbar sind und dass man sich am besten so rasch wie möglich wieder verzieht.

Mein Gefühl, dass man sich beeilen muss, geht teilweise auf eigene Erfahrung zurück. Es ist mir schon passiert, dass ich beim Abstieg in einen Krater oder beim Klettern in der Wand einer Caldera plötzlich vom Nebel überrascht wurde, und dann kann es sehr leicht geschehen, dass man die Orientierung verliert oder über eine Klippe stolpert. Was mich jedoch besonders vorsichtig werden ließ, war die bittere Erfahrung meines Mentors Dick Stoiber.

1975 kletterte Dick mit seinem begabtesten Studenten in Dartmouth, Gary Malone, auf den relativ harmlosen, 926 Meter hohen Vulkan Stromboli, um dessen ständige Lavafontänen zu beobachten. Malone, 27 Jahre alt, war in einer Kleinstadt im Süden von Illinois als Sohn des Sicherheitsingenieurs eines Kohlebergwerks aufgewachsen. Dick schätzte ihn wegen seiner Herkunft aus bescheidenen Verhältnissen, seines Enthusiasmus und seiner Begabung.

Stoiber und Malone stiegen am Spätnachmittag zum Krater hinauf und blieben oben, nachdem es dunkel geworden war, gefesselt vom Schauspiel der emporschießenden Lavakaskaden. Sie könnten, hatte Dick sich gedacht, bei Dämmerung absteigen oder bei Nacht mit ihren Taschenlampen auf einem ausgetretenen Pfad zurückgehen. Es begann zu regnen, und weil sie nicht eine elende Nacht auf dem Vulkan verbringen wollten, traten sie kurz nach Mitternacht den Rückweg an. Stoiber hatte seine Taschenlampe verloren, und die von Malone war durch den Regen beschädigt worden, dennoch tasteten sie sich vorsichtig weiter. Bei dem Regen und der Dunkelheit irrten sie vom Hauptweg ab und gerieten auf einen Nebenweg, unter sich die Lichter am Fuß des Berges.

Malone, der auf dem schmalen Pfad kurz vor Stoiber ging, fiel über eine Klippe rund zwölf Meter tief. Stoiber, der ihn auf einmal nicht mehr sah, hörte ihn schließlich rufen: »Dick! Dick! Keinen Schritt weiter! Ich bin gestürzt.«

Stoiber kroch auf die Stimme zu, merkte, dass da ein Steilhang war, und hielt inne. Er glaube, er habe sich ein Bein gebrochen, sagte Malone, ansonsten sei er in Ordnung. Und er warnte Dick, vor Tagesanbruch keinen Schritt mehr zu tun.

Sie sprachen miteinander bis 4.45 Uhr, als sich am Himmel über dem Mittelmeer das erste Licht zeigte. »Ich hole dich raus, so schnell ich kann«, versprach Stoiber, als er aufbrach, in der Meinung, Malones Verletzungen seien ernsthaft, aber nicht tödlich. Bei zunehmendem Tageslicht erkannte der Professor, wo Malone lag, und bahnte sich seinen Weg durch die Landschaft, erst langsam und dann immer schneller laufend. Nach einer knappen Stunde erreichte er den Fuß des Vulkans und benachrichtigte die Polizei. Man stellte eine Suchmannschaft auf, die Malone bergen ging, während der vierundsechzigjährige Stoiber, der völlig erschöpft war, zurückblieb, um sich auszuruhen. Einige Stunden später kamen sie zurück, mit einem Toten auf der Bahre. Malone war an inneren Blutungen gestorben.

»Ich war vollkommen fertig«, sagte Stoiber. Er reiste mit der Leiche ins südliche Illinois, wo Gary begraben wurde.

Verschiedene kleine Fehlkalkulationen hatten Malones Schicksal besiegelt, doch den Ausschlag gab der Entschluss, länger als nötig auf dem Vulkan zu verweilen. Und so hatte ich es, als wir uns um 10.15 Uhr im Graben des Galeras versammelten, um Atem zu schöpfen, eilig, die Gruppe auf den Kegel zu führen und mit der

Arbeit zu beginnen, denn ich wusste, dass es wie immer ein Wettlauf gegen die Uhr und gegen das Wetter sein würde. Igor, ein schlanker Mann von 1,70 Meter mit hellblauen Augen und grauem Haar, war erst zwei Tage zuvor in Pasto eingetroffen und entsprechend müde, aber er freute sich darauf, endlich auf einem südamerikanischen Vulkan arbeiten zu können. In einer roten Regenjacke und Khakihosen, auf dem Kopf eine schwarz-weiße Baseballmütze, hatte er wie gewohnt eine Zigarette im Mund, und dennoch schien er von uns allen am wenigsten aus der Puste zu sein. Ich war wie immer von seinem unermüdlichen Tempo beeindruckt.

Der Kraterrand, 90 Meter über uns, war in Nebel gehüllt.

Während wir uns auf einem Pfad, der sich durch das Geröll diagonal zum Kegel hochzog, der ersten Fumarole näherten, sprachen Igor und ich über seine Tochter Irina, von der er hoffte, sie werde bei mir an der Arizona State University studieren können. Ich behielt dabei die Oberfläche des Kegels im Auge, auf der Suche nach Anhaltspunkten für neue Gesteine, die aus der Eruption vom Juli 1992 stammten. Doch Igor hatte als Vulkanologe nur die Gase im Sinn; die Geologie schien ihn nicht zu interessieren, während wir uns stetig höher arbeiteten.

Ich löste mich für eine Minute von Igor, um mit José Arlés Zapata und Nestor García zu sprechen. »Er macht einen sehr netten Eindruck«, sagte Nestor, erstaunt, dass ein solch berühmter Vulkanologe dermaßen freundlich und bescheiden sein konnte. Während wir mühsam den Kegel hinaufstapften, rasselte Nestor die Daten herunter, an denen die bekanntesten Aufsätze von Igor in wissenschaftlichen Zeitschriften veröffentlicht worden waren. Er und José Arlés sprachen von ihnen, als handle es sich um heilige Schriften.

Die erste Fumarole, Deformes, hörten wir schon, bevor wir sie sahen. An der Südwestflanke des Galeras in etwa drei Vierteln der Höhe des Kegels gelegen, besteht Deformes aus einem Komplex von Löchern, deren Durchmesser bis zu 90 Zentimeter beträgt und durch die Gase aus dem Erdinneren entweichen. Das tosende Geräusch liegt irgendwo zwischen dem Brausen des Meeres und dem Heulen eines Düsenmotors.

Dann rochen wir Deformes, als seine sauren Dämpfe uns ins Gesicht schlugen. Schließlich erblickten wir die Fumarole, aus deren Öffnungen dichte Dampfsäulen hervorschossen, die über dem Vulkan Wolken bildeten, die sich rasch auflösten und den Westhang hinuntertrieben. Die Gesteine um die Fumarole waren mit leuchtend gelben Schwefelablagerungen überkrustet. Die Gase von Deformes hatten den schlackebedeckten Hang in Windrichtung über mindestens 40 Meter hinweg in ein verblassendes Gelb gefärbt, das in ein schwaches Gelbgrau auslief.

Der letzte Angriff, den Deformes auf unsere Sinne unternahm, galt unseren Geschmacksknospen, denn unser Mund füllte sich mit dem bitteren Geschmack abgebrannter Streichhölzer.

Es dürfte elf Uhr gewesen sein, als wir Deformes erreichten; allerdings hat fast jeder eine andere Erinnerung an diesen Tag, besonders was die Uhrzeiten und die Abfolge der Ereignisse betrifft. Während die meisten der Ansicht sind, wir seien direkt auf Deformes zumarschiert, stellt es sich für Andy Macfarlane unterschiedlich dar; er ist zuerst zum Rand des Kraters geklettert, um einen Blick hineinzuwerfen, und dann zu Deformes hinuntergegangen. Ich bin dagegen überzeugt, dass wir zuerst an Igors Hauptziel, eben Deformes, Halt gemacht haben, wo der Russe die Entnahme von Gasproben leitete. Geoff Brown machte sich, nachdem er kurz pausiert hatte, um die Fumarole zu betrachten, in Begleitung der Kolumbianer Fernando Cuenca und Carlos Trujillo auf den Weg zum Kraterrand. Dort holte er sein Gravimeter hervor und begann, rings um den Vulkan Messungen durchzuführen.

Mit einer Temperatur von etwa 230 Grad Celsius zischten dichte Dampfströme aus Deformes hervor, und wechselnde Winde trieben die giftigen Gase bald hier-, bald dorthin. Eine Hand voll von uns schaute zu, wie Igor eine neue Doppelkammer-Sammelflasche hervorholte, von der er hoffte, sie werde die Qualität seiner Proben weiter verbessern. Andere, zum Beispiel Luis LeMarie aus Ecuador, schickten sich an, ihrerseits Gasproben zu nehmen, als Igor am Hauptaustritt der Fumarole Deformes fertig war. Deformes hatte zwar Nebenaustritte, aber alle wollten die große

Fumarole anzapfen, der die heißesten und reinsten Gase entströmten.

Die erstickenden Schwaden nötigten die meisten von uns, Gasmasken aufzusetzen – »Es war furchtbar, wenn man in die Gaswolke geriet«, erinnerte sich LeMarie –, aber Igor ließ sich nicht verrückt machen. Ohne Maske, eine Zigarette im Mundwinkel, führte er das Quarzglasrohr, das Temperaturen bis zu 1400 Grad aushielt, in die Mündung der großen Fumarole. Dann kniete er sich hin und tat, was er viele Stunden lang an Dutzenden von Vulkanen getan hatte: Er sah geduldig zu, wie die Gase durch seine Sammelflaschen blubberten und allmählich die Geheimnisse der Erde enthüllten.

Als ich zum ersten Mal mit Igor auf einem Vulkan zusammenarbeitete – 1982 in Nicaragua –, brauchte ich nicht lange, um zu erkennen, dass er ein Wissenschaftler meines Schlages war. Er brachte zwei Kisten Material nach Managua mit. Die eine enthielt seine Geräte zur Entnahme von Gasproben und sonstiges wissenschaftliches Zubehör. Der Inhalt der anderen bestand aus nach eigenem Rezept eingelegten Gurken, Schwarzbrot, Würsten und Wodka. Er ließ jeden großzügig an allem teilhaben, seien es seine neuesten wissenschaftlichen Erkenntnisse, sei es seine *russkaja kolbasa*.

Kennen gelernt hatte ich Igor ein Jahr zuvor auf einer Konferenz in Japan. Stoiber kannte den Russen schon seit zehn Jahren, und mir wurde klar, dass Menjailow ein führender Gasspezialist mit einem erlesenen geochemikalischen Stammbaum war: Beide Eltern waren renommierte sowjetische Vulkanologen, und seine Mutter soll den höchsten Vulkan von Kamtschatka bestiegen haben, als sie mit Igor schwanger war.

Internationale Bedeutung hatte Igor dadurch erlangt, dass er akribisch nachzuweisen vermochte, was Gase uns über das Verhalten von Vulkanen verraten. Wenn seine Untersuchungen alles andere übertrafen, so hatte das einen einfachen Grund: Er brachte den Mut auf, sich stundenlang auf einen Vulkan zu setzen und Gasproben zu sammeln. Er trieb sich gern im Krater umher, und das sah ich gleich auf dem Momotombo, einem malerischen Vulkan, dessen Kegelgestalt sich 1258 Meter über das gestrüppreiche Nordwestufer des Managuasees erhebt. Momotombo ist berühmt für seine reinen heißen Gase; die Wärme aus seinem feurigen Magmakörper speist eine Geothermie-Anlage, die ein Drittel der Stromerzeugung Nicaraguas liefert.

Es war schon beeindruckend zu sehen, wie Igor einen Vulkan erklomm. Momotombo ist nicht hoch, aber seine Flanken sind mit schwarzer Schlacke bedeckt, und zum Krater zu gelangen ist, als ginge man auf Murmeln bergauf. Igor arbeitete sich langsam und unnachgiebig den Berg hinauf, ohne Pausen, ohne Klagen. Als er den Krater mit den Maßen 140 mal 230 Meter erreicht hatte, war Igor in seinem Element. Der Magmakörper des Vulkans liegt sehr dicht unter der Oberfläche, und die von ihm freigesetzten Gase sind daher ungewöhnlich heiß. Im Allgemeinen sind wir zufrieden, wenn wir Gasproben von 300 Grad Celsius erhalten. Wenn wir auf Gase mit 540 Grad stoßen, sind wir sehr froh. Doch auf dem Momotombo drangen die Gase mit erstaunlichen 950 Grad aus den Fumarolen, nicht weit von der Schmelztemperatur von Gesteinen entfernt. Für Gasspezialisten heißt das praktisch, ins Innere der Erde einzudringen.

Stoiber und ich setzten uns, als wir uns zwischen den brausenden Fumarolen herumtrieben, rasch Gasmasken auf. Igor und seine Assistentin Slawa Schapar verzichteten dagegen auf solche Umständlichkeiten. Ich sehe Igor noch vor mir, wie er, das Gesicht von den erstickenden Gasen abgewandt, in dem infernalischen Krater steht, direkt vor der Fumarole, die auf Grund der Hitze hellorange glühte. Sein Quarzglasrohr in das Loch schiebend, sah er zu, wie die Kraft der Gase Schauder durch seine Sammelflasche schickte. Ohne Maske blieb er minutenlang in dem Gasstrom und füllte aufmerksam eine Flasche nach der anderen mit Proben. In der Hölle auf Erden hatte der Russe den Himmel gefunden.

Während der drei Wochen, die ich in Nicaragua mit Igor zusammenarbeitete, kehrten wir noch viermal auf den Momotombo zurück, weil es das Beste war, wenn man eine Reihe von Proben hatte. Eine entscheidende wissenschaftliche Entdeckung machte

Igor auf dem Momotombo nicht, aber er ergänzte seine wachsende Datensammlung um wichtige Details. Sein Ziel war, zu erkennen, wenn Magma in Bewegung gerät, und er verstand sich darauf, die Nachricht zu entschlüsseln, die in den von einem aufsteigenden Magmakörper freigesetzten Gasen enthalten ist. Wenn Magma sich der Oberfläche nähert und dadurch die Wahrscheinlichkeit eines Ausbruchs steigt, ist Wasser das erste und weit überwiegende Gas, das in Form von Dampf entweicht. Dann kommen Kohlendioxid, Schwefeldioxid und Chlorwasserstoff, vermengt mit Spuren anderer Gase wie Fluor. Befindet sich ein Magmakörper in einer Tiefe von, sagen wir, zehn Kilometern, werden im Allgemeinen Schwefel und Chlor in bestimmten, stabilen Mengenverhältnissen freigesetzt. Stellte Igor jedoch steigende Schwefelkonzentrationen bei geringen Chlorkonzentrationen fest und nahm die Diskrepanz kontinuierlich zu, so konnte er mit ziemlicher Sicherheit sagen, dass Magma zur Erdoberfläche empordrang. In Kamtschatka hatte Igor an sechs Vulkanen nachgewiesen, dass die Schwefelkonzentrationen vor Eruptionen anstiegen.

Meine im Krater geschmiedete Freundschaft mit Igor festigte sich an den vielen Abenden, die wir in Managua gemeinsam verbrachten, der Hauptstadt Nicaraguas, das damals von den linken Sandinisten regiert wurde. Igor hatte in den Fünfziger- und Sechzigerjahren durch das Abhören von Elvis-Presley-Platten und die Lektüre unerlaubter westlicher Publikationen Englisch gelernt. Ich half ihm, seine Kenntnisse mit Slang und Flüchen aufzupolieren. Er war ein lernbegieriger Schüler. An einem heißen Abend kehrten wir auf einer unbefestigten Straße vom Momotombo nach Managua zurück. Erschöpft, durstig und schmutzverkrustet hatten wir den halben Weg zurückgelegt, als uns ein russischer Lastwagen überholte und eine Staubwolke aufwirbelte, die unseren Jeep einhüllte. »Fucking truck!«, brüllte der sonst zurückhaltende Igor, strahlend vor Freude, dass er die amerikanische Umgangssprache gemeistert hatte.

Eines Abends speisten wir im besten Restaurant Managuas, wo man im Freien saß und ein exzellentes Steak bekam. Wir hatten zu sechst zwei Flaschen von dem vorzüglichen nicaraguanischen

Rum »Flor de Caña« weggeputzt und machten uns dann über das Rindfleisch her, das Igor »das große Fleisch« zu nennen beliebte. Plötzlich rutschte Dick Stoiber das Steak vom Teller und schlitterte über den Tisch, wobei es die Cola-Rum-Gläser wie Kegel umstürzte. Dick, nicht gerade mit exzellenten Tischmanieren ausgestattet, packte sich einfach das große Fleisch und aß es fertig, aus der Hand.

Igor war nicht zügellos, aber als Russe konnte er trinken, soviel er wollte, er wurde nicht blau. Am Ende des Dinners, zu dem auch eine Flasche Wodka gehörte, waren unsere beiden nicaraguanischen Kollegen der Bewusstlosigkeit nahe. Dick und ich waren ziemlich betrunken, doch Igor schien in bester Form zu sein. Ein paar Tage später feierten wir Igors 45. Geburtstag mit einem Besäufnis, das Igor damit krönte, dass er lauthals Lieder von Elvis Presley sang. Ich weiß noch, wie fasziniert er von den Zauberkerzen auf seinem Geburtstagskuchen war; immer wieder versuchte er sie auszublasen, doch sie flammten erneut auf.

Dann verging ein Jahrzehnt, in dem ich nicht mit Igor zusammentraf. Wir tauschten Briefe und Weihnachtskarten aus und veröffentlichten gemeinsam einen Artikel in einer russischen Zeitschrift für Vulkanologie. Inzwischen war Michail Gorbatschow an die Macht gekommen, hatte die Welt und Russland mit seiner Perestroika verändert und dann die Macht verloren, während die Sowjetunion auseinander brach. Igor und ich sahen uns 1992 in San Francisco wieder und flogen gemeinsam nach Hawaii, zu einer einwöchigen Konferenz über vulkanische Gase. Wir teilten uns ein Zimmer und waren viel zusammen. Igor zeigte sich gleichermaßen beunruhigt und erfreut über die Freiheit und das Chaos im neuen Russland. Er war empört über das Auseinanderbrechen der Sowjetunion und den Zusammenbruch der staatlichen Finanzierung der russischen Forschung, aber er sah auch die Vorteile des neuen Russland, darunter seine Öffnung zur übrigen Welt. Wir sprachen über die Möglichkeit, dass ich endlich nach Kamtschatka reisen könnte. Auf dieser wunderschönen Halbinsel im Fernen Osten Russlands erheben sich einige der aktivsten Vulkane der Erde, aber wegen der vielen Militärstützpunkte hatten

Ausländer dort seit langem keinen Zutritt. Ich betrachtete Igor als einen engen Freund, und ich war begierig darauf, mehr über sein Leben in Russland zu erfahren und auf den Vulkanen zu arbeiten, denen er seine wissenschaftliche Laufbahn gewidmet hatte.

Einen Tag bevor wir Hawaii verließen, gingen wir Souvenirs kaufen. Ich wusste, dass sein Reisebudget kärglich war, und so fragte ich ihn, ob ich ihm ein paar Hawaiihemden und ein Kleid für seine Enkeltochter kaufen dürfe. Er willigte ein, und ich zahlte 32 Dollar für ein paar Geschenke. Als wir das Geschäft verließen, sagte Igor zu mir: »Stan, du hast gerade so viel ausgegeben, wie der Direktor unseres Instituts für Vulkanologie im Monat verdient.«

Igors Geschichte war eine ganz und gar russische Geschichte des Stoizismus, des Mutes, der Höchstleistungen und der Überwindung von Widrigkeiten.

Wie ich sehr viel später bei einem Moskaubesuch erfuhr, entsprach die Legende, dass er im Mutterleib auf dem 4850 Meter hohen Kljutschewskoj-Vulkan gewesen sei, der Wahrheit. 1999 traf ich in Moskau Igors 99-jährige Mutter, Sofia I. Naboko, eine schelmische, rothaarige Frau von lebhaftem Geist und klarem Erinnerungsvermögen. Sie erzählte noch einmal, wie Igor, ein Fötus von drei Monaten, den riesigen Vulkan erstieg.

Sofia war verheiratet mit Alexander A. Menjailow, einem bekannten sowjetischen Vulkanologen. 1936 bot man ihnen eine Stellung in der neuen vulkanologischen Station Kljutschi in der östlichen Zentralregion Kamtschatkas an. Kljutschi war ein entlegenes Dorf, benachbart von drei der aktivsten Vulkane der Halbinsel: Kljutschewskoj, Besymianny und Tolbatschik. Die Station, inmitten der Tundra gelegen, die von Wölfen, Rentieren und Ureinwohnern bewohnt war, bestand aus wenig mehr als einigen Hütten. Im Spätsommer bezog das Paar eine davon, die noch in einem unfertigen Zustand war. Erstes Vorhaben der Eheleute war die Besteigung des Kljutschewskoj.

In mehreren Tagesreisen erreichten Naboko, Menjailow, vier weitere Wissenschaftler und einige Arbeiter, nachdem sie täglich

24 Kilometer zu Pferd zurückgelegt und Flüsse durchwatet hatten, ein Lager, das in einer Höhe von 2900 Metern an der Flanke des Vulkans eingerichtet worden war. Naboko hatte nur ihrem Mann und einem der übrigen Wissenschaftler gesagt, dass sie schwanger war.

Es war Anfang September, und nachdem sie ein, zwei Tage ausgeruht hatte, brach die Gruppe um vier Uhr morgens zum Krater auf, eine Tour von zwölf Stunden über die eisigen Flanken des Vulkans. Der Kljutschewskoj ist ein klassischer Stratovulkan, der in Jahrtausenden dadurch entstanden war, dass sich Schichten aus Lava und Asche überlagerten. Seine wuchtigen symmetrischen Flanken sind mehrere Kilometer lang. Als sie den Gipfel am Nachmittag erreichten, stellten sie fest, dass der Vulkan dichte schwarze Gas- und Aschenwolken ausspie, die sie daran hinderten, in den Krater hinabzusteigen. Sie maßen aber die Temperatur, entnahmen Gasproben von Fumarolen an der Flanke und sammelten Minerale und Steine. Ein etwas überspannter Topograph namens Diakonow vermaß den Krater und fertigte eine grobe Karte von ihm an. Sie hatten vorgehabt, um sechs Uhr mit dem Abstieg zu beginnen, weil sie dann den gefährlichsten Teil des Weges noch im spätsommerlichen Licht des Nordens hinter sich bringen würden. Wenn alles gut ging, würden sie vor Mitternacht wieder im Basislager sein.

Sofia Naboko, damals 27 Jahre alt, war gerade zur ersten Frau geworden, die den Gipfel des Kljutschewskoj erstiegen hatte. Um diesen Anlass zu würdigen, rief Diakonow, der nahe am Kraterrand stand, aus:»Lang lebe die erste Frau auf dem Kljutschewskoj! Lang lebe der Komsomol!« Er war mit seinem Gekasper noch nicht fertig, als er das Gleichgewicht verlor, hinfiel und auf der eisigen Flanke des Vulkans anderthalb Kilometer hinunterrutschte, bis man ihn aus den Augen verlor. Einige Minuten später hörten seine Kollegen ihn von weit unten her rufen. Es war minus 20 Grad, und es blieben ihnen vielleicht noch vier Stunden Tageslicht. Der Gruppe war klar, dass sie jetzt eine unbekannte, tückische Flanke des Kljutschewskoj hinabsteigen musste, um nach dem soeben abgestürzten Narren zu suchen.

»Alles war vereist, die Neigung des Hangs betrug ungefähr 45 Grad, es war schrecklich«, erinnerte sich Naboko. »Wir mussten uns zusammen anseilen. Ich rutschte auf meinem Hintern. Wir waren wütend auf ihn. Es hätte uns selbst das Leben kosten können. Ich sorgte mich um mein Kind. Wenn ich jetzt daran zurückdenke, zittert mir immer noch die Stimme.«

Nach einem qualvollen neunstündigen Abstieg – überwiegend bei Dunkelheit – fanden sie Diakonow vor Morgengrauen. Sein Sturz war schließlich dadurch beendet worden, dass sich das auf den Rücken geschnallte Feldmesser-Stativ zwischen zwei Felsblöcken verklemmt hatte. Wundersamerweise erlitt er nur Prellungen und kleine Schnittwunden.

Als Naboko am Vormittag wieder im Lager eintraf, waren ihre Lippen geschwollen und rissig, die Hände verletzt, der Hosenboden ihrer baumwollenen Bergsteigerhose war weggerissen. Aber Igor ging es gut. Als sie zehn Tage nach dem Aufbruch nach Kljutschi zurückkehrte, wurde sie als Heldin gefeiert und ihr Bild in der *Kamtschatskaja Prawda* abgedruckt. »Unser Heldentum bestand nicht darin, dass wir hinaufgestiegen sind«, sagte Naboko. »Das ist unsere Arbeit. Unser Heldentum bestand darin, dass wir ihn gerettet haben.«

Sechs Monate später, am 14. März 1937, brachte sie in einem kleinen Krankenhaus in dem Dorf, das dem Observatorium benachbart war, Igor zur Welt. Es war ein rauer Ort für einen Neugeborenen. Die Temperaturen sanken auf minus 50 Grad Celsius. Igor wurde mit Muttermilch, Buchweizengrütze, Trockenobst und Gemüse gefüttert. Er schlief in einem Schlitten. Wenn seine Mutter auf Vulkanen unterwegs war, kümmerte sich eine Kinderfrau um ihn.

In der Sowjetunion erreichte der stalinistische Terror 1937 seinen Höhepunkt, und etliche im Dorf wurden von der Geheimpolizei verhaftet, darunter der Postmeister und der Schulleiter. Igors Eltern waren überzeugt, als Nächste abgeholt zu werden, denn wer eine höhere Stellung erlangt hatte, schien für den Gulag ausersehen zu sein. Sie schmiedeten Pläne, von Kljutschi fortzugehen, weil sie hofften, sich in der Anonymität der Hauptstadt

Moskau sicherer zu fühlen. »Wir saßen auf unseren Sachen und rechneten damit, dass sie kamen und uns verhafteten«, erinnerte sich Naboko. Doch die Geheimpolizei ließ sich nicht blicken.

Als Igor acht Monate alt war, reiste die Familie nach Moskau, die Fahrt dauerte per Schiff und Eisenbahn zwei Monate. Als Hitler 1941 die Sowjetunion überfiel, ging Naboko mit ihrem Sohn in den Ural, wo sie einigermaßen sicher war und von der rationierten Kriegsverpflegung lebte. Nach dem Krieg kehrte die Familie für mehrere Jahre zur vulkanologischen Station in Kljutschi zurück. Igor wuchs in der ländlichen Abgeschiedenheit auf. Er war ein ruhiges, nachdenkliches Kind, spielte mit Holzklötzen, die die Arbeiter der Station anfertigten, und war von der dörflichen Tierwelt fasziniert, den Pferden, Kühen, Hühnern und Schweinen. Seine Eltern waren nämlich fort, auf den Vulkanen, die sie im Winter per Hundeschlitten erreichten.

Seine Jugendzeit verbrachte Igor abwechselnd in Kamtschatka und Moskau. Er liebte Kljutschi, und im Sommer zog er oft mit seinen Eltern hinaus in die majestätische Natur Kamtschatkas, eine Erfahrung, die ihm die Arbeit im Gelände lieb werden ließ.

Er schrieb sich zum regulären Studium der Vulkanologie an einem geologischen Institut in Moskau ein. 1958 – er war noch Student – begab er sich zu einer Telefonzelle am Leninski Prospekt. In der Warteschlange lernte er eine hübsche junge Frau mit welligem blonden Haar kennen, die zwei Jahre älter war als er. Sie hieß Ljudmila Pawlowna Nikitina und studierte Chemie und Physik am Institut für Nichteisenmetalle und Gold. Sie verliebten sich ineinander und entdeckten, dass sie beide eine Passion für Elvis und den Jitterbug hatten. Seit Stalins Tod im Jahre 1953 hatte sich die sowjetische Gesellschaft erheblich gelockert, und Leute wie Igor und Ljudmila – er nannte sie »Mila« – konnten, ohne die Hinrichtung oder die Verbannung in den Gulag fürchten zu müssen, eingeschmuggelte Platten von Elvis erwerben und auf privaten Partys abspielen. Igor war ein glänzender Imitator Presleys; er ließ seine Hüften kreisen und wippte mit den Schultern, wenn er »Hound Dog« und »Heartbreak Hotel« sang. Abends machte er sich manchmal à la Elvis zurecht, klatschte sein Haar an und schlüpfte in eng anliegende Hosen, um über die breiten, langweiligen Avenuen von Moskau zu flanieren.

Mit oder ohne Kostüm gab er eine stattliche Figur ab: blondes Haar, blaue Augen und eine edel geschnittene Nase. »Während der ersten drei Jahre habe ich ihn bloß wortlos angeschaut«, erzählte mir seine Frau. 1959 heirateten die beiden und wohnten beengt bei Igors Mutter, die mittlerweile geschieden war. Nach Beendigung seines Studiums fühlte Igor sich von Kamtschatka und Kljutschi angezogen, und diese Sehnsucht wurde noch dadurch verstärkt, dass die beiden es nicht mehr aushielten, ohne eigene Privatsphäre in Moskau zu leben. Als 1962 auf der vulkanologischen Station eine Stelle frei wurde, überredete Igor seine Angetraute, acht Zeitzonen und 8000 Kilometer weiter östlich ein neues Leben zu beginnen. In dem Dorf angekommen, erkannte Ljudmila, dass sie weit mehr bekommen hatte, als sie sich erträumt hatte: raues Landleben, eine Hütte, die aus einem einzigen Raum bestand, und Ratten, die der Katze den Schwanz abnagten.

»Monatelang habe ich ununterbrochen geweint«, erinnerte sie sich.

»Igor wollte unbedingt auf die Station – es war seine Heimat«, sagte Sofia Naboko. »Ljudmila wollte nicht hin. Sie war eine waschechte Moskauerin.«

Schließlich ließ Ljudmila sich von der erhabenen Schönheit Kamtschatkas und seiner Vulkane hinreißen, und sie raffte sich zur Mitarbeit an Igors Forschungsprojekten auf. Vier Monate nach ihrer Ankunft wurde sie schwanger, und 1963 wurde sie von einer Tochter, Irina Igorowna, entbunden, im selben Krankenhaus und bei einigen derselben Ärzte und Schwestern, die 26 Jahre zuvor bei Igors Geburt geholfen hatten. Ein Jahr lang lebte das Kind bei seinen Eltern. Aber es war beschwerlich, unter den primitiven Verhältnissen, wo es nur Lachs und Kaviar im Überfluss gab, ein Kind großzuziehen, und so brachten Igor und Ljudmila die kleine Irina zu Milas Mutter nach Moskau. Irina wurde praktisch von ihrer Großmutter in der Hauptstadt aufgezogen. Ihre Eltern, besonders ihre Mutter, besuchten sie regelmäßig, und als sie sechs war, kehrte sie für ein Jahr und als Elfjährige noch einmal für drei Jahre nach Kamtschatka zurück. Die langen Zeiten der Abwesenheit waren für alle hart, aber die Familie fand sich damit als einer unumgänglichen Bedingung für Igors und Ljudmilas Forschungsarbeit ab.

»Über die Trennungen hat er nie gesprochen«, sagte mir Irina Menjailowa. »Es war nicht seine Art, Gefühle zu äußern. Ich erinnere mich, dass wir zusammen auf der Couch lagen, während er mir Märchen erzählte. Wir guckten zusammen fern, wir spielten vierhändig Klavier. Manchmal spielte ich, und er sang dazu Lieder von Elvis.«

Aus den drei Jahren, die Igor und Ljudmila ursprünglich in Kamtschatka bleiben wollten, wurden drei Jahrzehnte. Sie wohnten sowohl in Kljutschi als auch in der Hauptstadt der Halbinsel, Petropawlowsk-Kamtschatskij, und Igor arbeitete, oft zusammen mit Ljudmila, auf vielen der zahlreichen Vulkane Kamtschatkas. Anfangs begab Igor sich mit einem kleinen Team von Wissenschaftlern viermal jährlich zu Pferde auf monatelange Expeditionen zum Kljutschewskoj, zum Tolbatschik, zum Schewelutsch und anderen Vulkanen. Er erwarb sich rasch den Ruf eines kühnen Forschers, und oft kam er nur mit knapper Not mit dem Leben davon. Einmal, als er im Winter auf dem 3280 Meter hohen Schewelutsch Gasproben nahm, fiel er hintenüber und schlitterte auf dem vereisten Hang des Vulkans 90 Meter hinunter, bis ein Felsblock ihn bremste. Kurz danach, im Jahre 1964, zerstörte ein pyroklastischer Strom die Hütte an der Flanke des Schewelutsch, die Igors Gruppe als Basislager diente.

Als Igor auf dem Besymianny, den 1956 eine gewaltige Eruption vom Typ des Mount Saint Helens erschüttert hatte, Untersuchungen für seine Doktorarbeit durchführte, hielt er sich mit dem Messen der Gase so lange auf, dass er durch die übermäßige Inhalation von Fluor schwer erkrankte. Er und Mila kampierten auf dem Vulkan, wo sie alle paar Tage von einem Mitarbeiter mit Proviant, Wasser und Post versorgt wurden. Der Mann brachte auch Telegramme, mit denen der Leiter der vulkanologischen Station sie aufforderte, den Berg zu verlassen. Sie rührten sich jedoch nicht vom Fleck, bis ihre Arbeit abgeschlossen war.

Bei Gasstudien auf dem Ebeko, der unmittelbar südlich von Kamtschatka auf einer der Kurilen-Inseln liegt, berechnete Igor die Intervalle zwischen den kleinen Eruptionen des Vulkans – ungefähr jede halbe Stunde – und schätzte, wie weit der Steinregen höchstenfalls reichte. Igor, Ljudmila und die anderen Wissenschaftler bezogen unmittelbar außerhalb der Gefahrenzone Position, und wenn der Ausbruch vorüber war, rannten sie los, nahmen Gasproben und brachten sich vor der nächsten Eruption in Sicherheit. Igor wollte sich durch einen ausbrechenden Vulkan nicht um seinen gewohnten Nachmittagsschlaf bringen lassen. Auf dem Ebeko legte er sich nach dem Mittagessen einfach auf die Schlacke und hielt sein Nickerchen, ohne dem periodischen Grollen des Vulkans in nur wenigen hundert Metern Beachtung zu schenken.

Mehrmals steckten Igor, Ljudmila und andere Wissenschaftler tage- oder wochenlang auf Vulkanen fest, wenn starke Bewölkung den Anflug von Hubschraubern verhinderte. Wenn ihnen allmählich der Proviant ausging, ernährten sie sich von vertrocknetem Brot und frisch gesammelten Pilzen und Beeren, in der Hoffnung, dass das Wetter bald aufklarte.

Als Irina 18 Jahre alt war, nahm Igor sein einziges Kind mit auf den Schewelutsch, um Gasproben zu nehmen. Während Ljudmila in einer Hütte an der Flanke des Vulkans zurückblieb, verbrachten Vater und Tochter die Nacht in der Nähe des Kraters, um in aller Frühe mit ihrer Arbeit zu beginnen. Plötzlich räusperte sich der Vulkan und schleuderte eine Wolke von Steinen in die Luft.

»Papa sagte: ›Schau auf die Steine da oben! Sieh, wo sie hinfallen!‹«, sagte Irina, die später Vulkanologin werden sollte. »Ich sah, dass die Steine direkt auf mich fallen würden, und ich rannte weg, stürzte und schrie. Ich hörte einen großen Felsblock direkt neben mir aufschlagen. Ich lag dort eine Weile und wurde mit Steinen wie Hagelkörner eingedeckt. Als ich schließlich aufstand, war mein Vater vor Angst um mich aschfahl im Gesicht. ›Es gibt‹, sagte er, ›eine besondere Fertigkeit, wenn man in einen Steinregen gerät: Man muss schauen, aus welcher Richtung die Steine kommen, und ihnen ausweichen.‹ Meiner Mutter haben wir von diesem Vorfall nichts erzählt.«

Igor liebte an seiner Arbeit die Einsamkeit. Im Freien, nicht im Labor regenerierte er sich. »Er war nicht gerade ungesellig, aber er war gern mit seinen Gedanken allein«, beschrieb ihn Ljudmila. »Er war ein Einzelgänger.«

Seine Kollegen hatten diese Eigenart Menjailows erkannt und respektierten sie. Anatoli Chrenow, der noch ein Student war, als er 1969 mit Igor zu arbeiten begann, verbrachte 17 Tage mit ihm auf dem 2155 Meter hohen Kambalny. Wenn er heute an Menjailow zurückdenkt, kommen ihm zwei Bilder in den Sinn: Igor, der stundenlang neben einer Fumarole sitzt und Gasproben nimmt, und Igor, der am Abend dasitzt, raucht und Radio hört.

Ein anderer Kollege, Viktor Sugrobow, erinnert an den Kontrast zwischen dem kultivierten, sensiblen Menjailow – ein Mann, der gegenüber seinen Untergebenen nie den Vorgesetzten herauskehrte – und der schwierigen und gefährlichen Arbeit, für die er sich entschieden hatte.

Doch Igor war nicht immer so kultiviert, wie Sugrobow glaubte. Er erzählte mir von einem ungewöhnlichen Experiment, das er und ein russischer Kollege während einer Eruption des 3680 Meter hohen Kamtschatka-Vulkans Tolbatschik durchführten. Die beiden Männer wurden mit dem Hubschrauber auf den Vulkan gebracht, und kaum hatte der Helikopter abgehoben, als der Tolbatschik in großen Mengen Asche auszustoßen begann. Sie entfernten sich vom Krater, denn die Asche verdunkelte den Himmel und legte sich rasch wie grauer Schnee über den Berg. Im Gehen erzeugten sie Elmsfeuer – wenn man durch frisch gefallene vulkanische Asche geht, knistern Blitze und leuchtende Farben unter den Füßen. Bald war die von Asche erfüllte Luft dermaßen mit statischer Elektrizität aufgeladen – die ausgestoßenen Gesteinspartikel, die bei der Eruption auseinander gerissen werden, strotzen von Energie –, dass die Männer sich mit den Händen buchstäblich Blitze zuwerfen konnten. Die Eruption ließ nach, und es dauerte nicht lange, bis Igor und sein Kollege die Hose runterließen, um zu urinieren und mit ihrem besten Stück Blitze auszusenden.

Igor war in den Fünfzigern, als er die ihm zustehende wissenschaftliche Bedeutung erlangte. Man übertrug ihm die Leitung eines vulkanologischen Laboratoriums in Kamtschatka, und er reiste durch die Welt, um auf Vulkanen zu arbeiten und an Konferenzen teilzunehmen. Als einer der zwei oder drei Experten von Weltrang für vulkanische Gase kannte er sich wie kein anderer mit dem Schwefel-Chlor-Verhältnis und seiner Nutzung für die Vorhersage von Eruptionen aus.

Anfang der Neunzigerjahre verwünschte er das Chaos nach dem Zusammenbruch der Sowjetunion und das Schisma, das sein Institut spaltete. Er war nicht gerade ein linientreuer Kommunist, doch missbilligte er den Gesinnungswandel seiner Kollegen, die überstürzt die Partei verließen. »Er war viel zu sehr mit seiner Arbeit beschäftigt, um sich mit Politik abzugeben«, sagte Ljudmila. »Doch Verrat konnte er nicht ausstehen. Alle hatten ihre Parteibücher zurückgegeben, und er zahlte immer noch seine Beiträge. Er sagte, er könne solche überstürzten Entscheidungen nicht verstehen.«

In all diesen Umwälzungen blieben die Arbeit und die Familie die Anker in Igors Leben. Mit Ljudmila verband ihn ein äußerst enges Verhältnis, und sie machten vieles gemeinsam. Ljudmila war die robustere von beiden, und sie schirmte ihn vor den Intrigen im Institut ab.

Als Irina heiratete, tanzten Igor und Ljudmila, umringt von den jubelnden Hochzeitsgästen, den Jitterbug. 1987 brachte Irina ein Mädchen zur Welt, Dascha genannt, und Igor war öfter in Moskau und half seiner Tochter, die inzwischen geschieden war, bei der Betreuung ihres Töchterchens. Später hielt sich die Familie am liebsten in der kleinen Datscha in den einsamen Wäldern der Provinz Rjasan auf, 400 Kilometer südlich von Moskau. Igor ging eimerweise Pilze und Beeren sammeln, arbeitete im Kartoffel- und Gemüsegarten, holte Wasser vom Brunnen und hackte Holz für den Ofen.

»Als er nach Kolumbien aufbrach, sagte er, nach seiner Rückkehr wolle er für den Winter in die Datscha ziehen«, sagte Irina.

Beobachtet von einem halben Dutzend Wissenschaftler, nahm Igor, über die Fumarole Deformes gebeugt, fortlaufend Proben mit seiner neuen Doppelkammer-Sammelflasche. Die beiden Kammern enthielten unterschiedliche chemische Lösungen. Das in die Fumarole eingeführte Quarzglasrohr beförderte die magmatischen Gase in die Kammern, wo sie in Lösung sprudelten. Hatten Wissenschaftler vorher mittels einkammriger Sammelflaschen bestimmen können, wie viel Schwefel der Vulkan freisetzte, so vermochte Igors System zu unterscheiden, welche Menge Schwefel in Form von Schwefeldioxid (SO_2) vorlag und welche als Schwefelwasserstoff (H_2S). SO_2 wird eher von heißerem Magma freigesetzt, während das Vorhandensein von H_2S auf ein kühleres Magma hindeutet, das weiter von der Oberfläche entfernt ist. Nach Igors Theorie deutet ein im Verhältnis zu H_2S erhöhter Anteil von SO_2 auf einen heißeren, aktiveren und potenziell gefährlicheren Magmakörper unter dem Vulkan hin.

Assistiert von dem Kolumbianer Nestor García, brachte Igor rund eine Stunde an Deformes zu, von etwa elf bis zwölf Uhr. Zwei weitere Gruppen warteten darauf, an der größten Deformes-Fumarole zu arbeiten. Während er dort stand, entnahm José Arlés Zapata Gase von einem nur wenige Meter entfernten Austritt. Andy Macfarlane und Mike Conway führten an anderen Fumarolen in der Nähe von Deformes mehrere Temperaturmessungen durch und kamen laut Macfarlanes Protokoll auf einen Mittelwert von 200 Grad Celsius.

Als Igor seine Probennahme beendet hatte, entfernte er sich 14 Meter von Deformes und konnte endlich frische Luft atmen. Er schien froh zu sein, an einem neuen Vulkan auf einem neuen Kontinent mit Gasen zu arbeiten, und zufrieden darüber, dass seine neue Sammelflasche problemlos funktionierte.

»Es ist gut«, sagte er zu mir, »sehr gut.«

Winde aus wechselnder Richtung wehten Schwefelgasfahnen bald hierhin, bald dorthin, sodass unsere Gruppe gezwungen war, ständig die Schutzmasken auf- und wieder abzusetzen. Luis LeMarie – sein voller Name war Luis Fernando LeMarie Chavarriga – ging zur Hauptfumarole und entnahm mit einem Titanrohr zwei Proben in getrennten Flaschen. Als das Gas durch die Flasche sprudelte, schüttelte er sie wiederholt, um die Verbindungen in Lösung zu bringen.

»Es war wirklich schwierig, weil die Temperatur der Fumarole sehr hoch war, sehr viel Gas kam und ich keine Schutzmaske hatte«, sagte der zu jener Zeit 43 Jahre alte LeMarie später. »Aber alle waren sehr guter Laune.«

Als Luis nach etwa einer Viertelstunde mit seiner Arbeit fertig war, sprach Nestor ihn an. Sein Sammelgerät habe gut funktioniert, sagte er, und ob er etwas davon ausborgen könne, um im Krater mit Igor Gasproben zu nehmen. Dann sagte er: »Warum kommst du nicht mit? Wir gehen in den Krater, um die letzten Proben zu sammeln.« Luis lehnte ab. Er hatte Gas eingeatmet und wollte sich ausruhen.

Igor und Nestor gingen, ihr Gerät auf dem Rücken, rund 30 Meter auf den Kraterrand zu und schickten sich an, hinunterzusteigen. Macfarlane und Conway stellten derweil ihr Gerät an der Hauptfumarole von Deformes auf und begannen mit der Aufnahme ihrer eigenen Gasproben. In einem Bericht, den er einen Monat später verfasste, schilderte Macfarlane die Szene folgendermaßen:

Als wir mit unserer Probe fertig waren, gingen wir aus dem Gas und schöpften für ein Weilchen Atem. Die Bewölkung riss jetzt ein wenig auf, und wir konnten hinunterblicken in das Tal der [alten] Caldera südlich und westlich von Deformes, wir sahen den langen, steilen Westhang des Kegels und einen Teil der Wand der Caldera. Es war eine beeindruckende Aussicht, und das Wetter war zwar neblig, aber recht angenehm – vielleicht 17 Grad, kein Regen, ein Wetter, bei dem man gut arbeiten kann.

Die Temperatur war wohl niedriger, als Macfarlane schätzte, eher bei zehn Grad, denn wir befanden uns immerhin auf einer Höhe von 4250 Metern. Als die Bewölkung zeitweise aufriss, fiel unser Blick auf den bewaldeten Grat – die Calderawand einer früheren Inkarnation des Galeras –, der zum westlich des Berges sich erstreckenden Tiefland steil abfiel. Macfarlane hatte noch nie auf einem aktiven Vulkan gearbeitet, und er weiß noch, dass ich nach der Probennahme scherzte, er habe an einer Fumarole »Gas gesaugt«; ein Initiationsritus für einen Vulkanologen. Er fragte nach Igor und Nestor, worauf ich ihm erklärte, sie seien auf dem Weg zum Krater. »Das sind richtige Bergziegen«, sagte ich. »Sie kennen sich auf Vulkanen aus.«

Um halb eins oder ein Uhr gingen Macfarlane, Conway, José Arlés Zapata und ich zum südlichen Rand des Galeras-Kraters. Über den Vulkan zogen noch immer Wolken hin, aber wir hatten durchweg eine klare Sicht auf Igor und Nestor, rund 75 Meter unter uns auf dem Kraterboden. Nachdem sie die zerklüftete Wand des Kraters hinuntergeklettert waren, arbeiteten sie an einer Fumarole in der Nähe des Lavadoms, der den Vulkan verstopft hatte. Das Innere des Kraters war überwiegend haifischgrau, mit Einsprengseln von braunen, gelben und rostfarbenen Gesteinen und fumarolischen Mineralen. Teilweise behinderten Gase aus einem halben Dutzend Fumarolen die Sicht. Igor hockte sich hin, um nicht von den 650 Grad heißen Gasen, die brausend den Fumarolen entwichen, eingeäschert zu werden, und ging an die Arbeit. Er lächelte, zufrieden darüber, auf exzellente Materie gestoßen zu sein – reine, heiße Gase direkt aus der Magmasäule.

Wenn man in der befremdlichen Umgebung des Kraters arbeitet – kaum ein Ort auf der Erde kommt einem so unwirtlich vor –, mag man kurz darüber nachdenken, was passieren würde, wenn er ausbricht, aber dann wendet man sich rasch prosaischeren Fragen zu: Wo sind die besten Fumarolen, und wie viel Gas hat sich am Boden des Kraters angesammelt? Den Dampf sieht man, wenn er anderthalb Meter über dem eigenen Kopf kondensiert, aber wovor man sich in Acht nehmen muss, sind die Gase, die das Auge nicht zu erfassen vermag. Ich bin in Kratern schon in Gasansammlungen hineingeraten, die meiner Lunge den Sauerstoff raubten, sodass ich keuchend nach Luft schnappte und entweder vor der unsichtbaren Wolke davonlief oder mich zu Boden warf, wo die Konzentration geringer ist.

Da ständig ein Wind durch den Krater wirbelte, schienen Igor und Nestor sich über die Erstickungsgefahr keine Gedanken zu machen. Ich weiß noch, dass sie ungefähr uns gegenüber am Fuß der Kraterwand waren, doch es entzieht sich meiner Erinnerung, ob sie den Kraterboden durchquerten. Meine Kollegen können sich dessen entsinnen. Macfarlane und LeMarie meinen, Igor in der Nähe der Kratermitte gesehen zu haben. Conway erinnert sich deutlich, dass die beiden den Boden durchquerten, über Teile des erstarrten Lavadoms hinweg, einen kleinen Hügel, der sich am anderen Ende des Kraters gebildet hatte.

»Sie sind bis zum Dom hinuntergegangen«, sagte Conway. »Sie haben den Kraterboden durchquert. Ich erinnere mich, dass sie rauchten, während sie darauf warteten, dass sich Gase [in den Sammelflaschen] sammelten.«

Conway und Macfarlane standen mit Luis und mir am Rand des Kraters und vermaßen das Gelände für die Untersuchung, mit der sie betraut waren. Vorgeschlagen von Chuck Connor, der grippekrank im Hotel lag, und finanziert von der National Science Foundation, sollte dabei ermittelt werden, woher die Gase des Galeras stammten und wie lange sie in dem Vulkan blieben. Im Rahmen der Studien wollte Connors Team an fünf verschiedenen Fumarolen Temperaturen und Drücke messen. Conway und Macfarlane hatten vor, an diesem Nachmittag Thermoelemente in den Fumarolen anzubringen. Aber als sie dann am Rand standen und sahen, wie groß der Krater war und wie weit die Fumarolen auseinander lagen, hatten sie Bedenken, ob sie an diesem Tag anfangen sollten. Ihr Zögern rettete ihnen das Leben.

Was sie innehalten ließ, war der unzureichende Vorrat an Kabeln zum Verbinden ihrer Thermoelemente. Eigentlich war geplant, Fumarolen am Kraterboden und an mehreren Stellen auf dem Kegel, darunter auch Deformes, mit Messinstrumenten zu versehen. Für den Anschluss der Thermoelemente an das Registriergerät, das die Temperaturen aufzeichnen sollte, standen ihnen aber nur etwa 270 Meter Kabel zur Verfügung. Am Rand stehend, hielten Conway und Macfarlane es für das Beste, wenn sie auf die Überwachung der Fumarolen an der Nord- und Nordwestseite des Kegels verzichteten. Stattdessen sollten die Fumarolen auf dem Kraterboden und Deformes überwacht und das Registriergerät im Krater aufgestellt werden. Da jedoch Connor die ganze Sache leitete und nicht vor Ort war, beschlossen sie, die Angelegenheit mit ihm zu besprechen, wenn sie wieder in Pasto sein würden.

Wie Macfarlane später schrieb: »Wir ließen das Gerät in einer flachen Mulde und beschwerten es mit großen Steinen, um zu verhindern, dass es von einem Windstoß umgeworfen wurde. Außerdem gab Stan zu bedenken, dass wir mit dem Rückweg zum Rand der Caldera und der Rückfahrt in die Stadt in zeitliche Bedrängnis kommen könnten, wenn wir jetzt mit einer neuen Untersuchung anfingen. Wenn wir es jetzt aber ließen, könnten wir den Rückweg gelassener antreten. Das bewog mich, es sein zu lassen.«

Conway sagte, auch er sei der Meinung gewesen, nicht in den Vulkan zu gehen, weil es schon relativ spät war. »Wir hätten mindestens mehrere Stunden für die Arbeit benötigt, und das kam für uns nicht in Frage«, erinnerte er sich. »Wenn man den ersten Tag auf einem aktiven Vulkan ist, kann man nicht sagen: ›Lass uns die Arbeit von acht Stunden in zwei bis drei Stunden erledigen.‹«

Macfarlane und Conway sind sich sicher, dass, wäre Chuck Connor mit von der Partie gewesen, die drei und möglicherweise auch LeMarie mit der Arbeit angefangen hätten – und heute tot wären. »Connor ist ein Typ, der gleich zur Sache geht«, sagte Macfarlane später. »Wäre er nicht krank gewesen, so hätten wir uns auf den Boden des Kraters begeben – das steht für mich außerhalb jeglichen Zweifels.«

Gegen halb eins fand ich, dass es an der Zeit war, unsere Arbeit zu beenden und den Vulkan zu verlassen. Das kolumbianische Fernsehteam war schon abgezogen. Andy Adams war offenkundig bereit zum Rückweg. Mit seinem Übergewicht und obendrein in dem heißen Overall steckend, hatte er in der dünnen Luft Atemprobleme, und er war erschöpft. Ich sagte ihm, er solle gehen, und zusammen mit dem guatemaltekischen Geologen Alfredo Roldan stieg er den Kegel hinunter, durchquerte den Graben und kletterte in der Wand des Amphitheaters hinauf.

Igor und Nestor waren noch im Krater, um ihre Arbeit zu beenden. Andy Macfarlane, Mike Conway, Luis LeMarie, José Arlés Zapata und ich standen oben am Rand. Und Geoff Brown wanderte, begleitet von Fernando Cuenca und Carlos Trujillo, auf dem Rand umher und nahm mit seinem Gravimeter Messungen vor. Hin und wieder verschwanden sie in einer vorüberziehenden Wolke.

Unsere Fünfergruppe wollte aufbrechen, und so zogen wir los, gegen den Uhrzeigersinn am Kraterrand entlang. Am südlichen Rand trafen wir auf das Gravimetrie-Team, das uns entgegenkam. Das Gravimeter im Rucksack, marschierte Brown in flottem Tempo vorneweg, und der Wind zauste seine widerspenstigen grauen Haare.

Browns Gravimeter war schon ein tolles Ding. Wie fein es geeicht ist und wie genau es sein kann, mag man einer Geschichte entnehmen, die der mit Geoff eng befreundete Dokumentarfilmer John Simmons erzählte. Geoff, John und Geoffs ehemalige Studentin und engste Mitarbeiterin Hazel Rymer waren dabei, am Vulkan Poás in Costa Rica einen Film zu drehen. An einer Kirche in der Nähe des Vulkans machten sie Halt, und Hazel holte das Gravimeter hervor und stellte es auf eine Stufe der Kirchentreppe. Sie maß die Gravitation zwischen dieser Stufe und dem 6372 Kilometer entfernten Erdmittelpunkt. Dann stellte sie das Gravimeter eine Stufe höher, drehte an einigen Knöpfen und zeigte zu Simmons' Verwunderung, dass das Gerät den Unterschied erfasst hatte. Sie brauchte es sogar nur um zwei Zentimeter anzuheben, um für die Erdanziehung ein anderes Messergebnis zu erhalten.

Anfangs waren viele Geologen und Vulkanologen skeptisch gegenüber dem Einsatz von Browns »Mikrogravitation« bei der Erforschung von Vulkanen. Mit der Zeit gelangte jedoch auch das Establishment der Geologie zu der Einsicht, dass es ein wichtiges Hilfsmittel sei, vergleichbar der Benutzung des Ultraschalls und der Computertomographie bei der Untersuchung des menschlichen Körpers. Ich hielt Browns Untersuchungen für viel versprechend, und wir hatten schon auf verschiedenen wissenschaftlichen Konferenzen über eine Zusammenarbeit auf einem Vulkan gesprochen. Dazu war es niemals gekommen – bis Brown im Januar 1993 in Pasto aufkreuzte und seinen weißen Brotkasten mitbrachte, den er endlich auf dem Galeras einsetzen würde.

Geoff war 1945 in der nordenglischen Grafschaft Yorkshire geboren und dort aufgewachsen. Seiner Herkunft verdankte er das, was die Briten den »Mumm der Leute von Yorkshire« nennen, eine unbeirrbare Entschlossenheit. Diesen Schneid hatte er als Junge durchaus nötig. Er war vier, als sein Vater, ein Chemielehrer, im Alter von 40 Jahren einem Herzanfall erlag. Seither befürchtete auch Geoff, dass er früh sterben könnte, und diese Sorge trieb ihn in späteren Jahren dazu, häufig seinen Puls und seinen Blutdruck zu messen. Seine Mutter, die ihr einziges Kind allein aufziehen musste, betrieb eine Pension, dann gab sie Klavierunterricht, und schließlich wurde sie Lehrerin und Leiterin einer Volksschule. Geoffs Frau Evelyn zufolge liebte sie ihren hübschen, braunäugigen, dunkelhaarigen Sohn abgöttisch.

Geoff begann auf der Oberschule Geologie zu studieren und ging dann an die Universität Manchester, wo er 1966 seinen Bachelor und 1970 seinen Doktor machte. Er und Evelyn lernten sich schon als Studenten kennen, und obwohl sie ihn, der hoch aufgeschossen, schlaksig und schüchtern war, anfangs für einen »mickrigen Waschlappen« hielt, verliebten sie sich bald ineinander. Evelyn fühlte sich von seinem aufrichtigen, freundlichen Wesen, seiner Passion für die Wissenschaft und seiner Intelligenz angezogen. Geoff hatte außerdem eine schöne, angenehme Stimme, die ihm gute Dienste geleistet hätte, wenn er eine andere von ihm erwogene Laufbahn eingeschlagen hätte, das geistliche Amt.

Nachdem sie 1966 geheiratet hatten, bekamen Geoff und Evelyn innerhalb von vier Jahren drei Töchter, Miriam, Ruth und Iona. Sein Graduiertenstipendium und ihr Gehalt als Geologielehrerin reichten nur für ein sehr ärmliches Leben. Ein Jahr lang kümmerte Geoff sich um Miriam, damit seine Frau ihre Stelle wahrnehmen konnte, zu der sie zwei Stunden pendeln musste. Die Mädchen erinnern sich an einen ausgeglichenen, liebevollen Vater, der, als sie noch klein waren, sonntags mit ihnen schwimmen ging, sonst aber ständig zu arbeiten schien.

Als Geologe befasste Geoff sich anfangs mit der Entstehung von Graniten und der Möglichkeit, granitische Gesteine als Quelle für geothermische Energie zu nutzen. 1973 schloss er sich der Open University an, einer unkonventionellen, aber geachteten Institution, an der die Studenten durch Korrespondenz, Computer und Videokurse lernten. Zunächst Teilzeit-Tutor, bekam Geoff 1977 eine Ganztagsstelle als Lehrer, 1982 wurde er Professor und 1983 Leiter des Departments für Erdwissenschaften. Inzwischen hatten sich seine Interessen von den Graniten zur Beobachtung von Vulkanen mittels der Mikrogravitation verschoben. Um mehr über Vulkane zu erfahren und Eruptionen genauer vorhersagen zu können, war nach seiner Überzeugung ein besseres Verständnis ihrer magmatischen »Rohrleitungssysteme« vonnöten.

Er leistete auf diesem Gebiet Bahnbrechendes. Es ist ein fundamentales Naturgesetz, dass alle Körper sich gegenseitig anziehen, ob nun ein Stein und der Erdmittelpunkt oder die Erde und der Mond. Je größer die Masse oder Dichte eines Objekts, desto größer ist die Kraft, mit der es andere Objekte anzieht. Diese Anziehung ist die Gravitationskraft, und zu ihrer Messung haben Wissenschaftler in den letzten Jahrzehnten äußerst empfindliche Instrumente entwickelt, die Gravimeter. Ein Gravimeter ist im Wesentlichen ein Kasten, in dem eine Stahlkugel an einer außerordentlich empfindlichen Quarzfeder aufgehängt ist. Es war Geoff bekannt, dass im Inneren eines Vulkans von einer unterschiedlichen Materialdichte ausgegangen werden kann. Festes Gestein ist dichter als Magma, und Magma mit hohem Gasgehalt ist leichter und weniger dicht als ein Magma, das den größten Teil seiner Gase verloren hat. Mit dem Gravimeter hoffte Geoff das Innere eines Vulkans kartieren zu können. Wenn er rings um den Vulkan an verschiedenen Stellen Messungen vornahm, würde er einen dreidimensionalen Schnappschuss erhalten, der die Lage von Magmakörpern, Gestein und Aschenablagerungen verzeichnete. Wenn man Messwerte, die zu unterschiedlichen Zeiten ermittelt worden waren, miteinander verglich, ließen sich potenziell gefährliche Entwicklungen erkennen, zum Beispiel, ob Magma am Aufsteigen war, ob es seine Form änderte oder ausgaste.

Der erste ernsthafte Einsatzort des Gravimeters war der 2708 Meter hohe Vulkan Poás, der in einer dicht bevölkerten Region Costa Ricas liegt. In Simmons' 1987 für die BBC hergestelltem Dokumentarfilm über Brown und seine Arbeit steht der Wissenschaftler vor dem großen dampfenden Krater von Poás und erläutert, was er vorhat.

»Unter meinen Füßen, ein paar hundert Meter tief, befindet sich glühend heißes geschmolzenes Gestein, das so genannte Magma«, sagte Brown mit seiner einschmeichelnden Stimme. »Ich stehe auf einem der aktivsten Vulkane Costa Ricas. Uns ist bekannt, dass dieser Vulkan in der Vergangenheit von gewaltigen Explosionen erschüttert wurde. Ich kann Ihnen aber nicht sagen, wann es wieder geschehen wird. Das müssen wir jedoch wissen, und deshalb möchten wir praktikable Überwachungsverfahren entwickeln, mit denen wir den Zeitpunkt einer Eruption vorhersagen können. Denn wenn dieser Vulkan explodiert, werden nicht eine Million Bäume leiden wie am Mount Saint Helens, sondern eine Million Menschen, die auf der zentralen Hochebene von Costa Rica leben.«

Zusammen mit Hazel Rymer, die sich in der Zwischenzeit als Forscherin ausgezeichnet hatte, nahm Brown im Vulkan Poás und dessen Umgebung Gravitationsmessungen vor. Sie hatten erwartet, dass die Magmasäule unter dem Krater weniger dicht war als das umgebende Gestein, und stellten erstaunt fest, dass es sich genau umgekehrt verhielt. Die Magmasäule war umsäumt von lose verfestigter Asche aus früheren Eruptionen, deren Dichte und Gravitation geringer war als die der Magmasäule. Als sie den aktiven Vulkan verließen, verfügten sie über Gravitationsmesswerte, die auf das Vorhandensein zweier älterer Calderen hindeuteten, durch die der Magmakörper machtvoll empordrang. Aus ihren Daten gewannen Geoff und Hazel eine ungefähre Vorstellung davon, wo sich der Magmakörper befand und wie er sich im Zeitverlauf veränderte. Viele ihrer Ideen waren intuitiv und stützten sich auf gut begründete Annahmen über das innere System der Gänge und Röhren des Poás.

Nur ein Mensch mit unkonventionellen Ideen konnte das neue Gebiet der Mikrogravitationsforschung erschließen. Ausgefallener Methoden bediente sich Geoff auch in der Lehre. In einem Film über Erdbeben dachten Simmons und Brown sich einen Trick aus, um die Wirkungsweise der Richter-Skala zu demonstrieren. Von der Requisitenabteilung ließen sie sich eine Hütte aus Pappe bauen und in einem Steinbruch in Derbyshire aufstellen. Dann zwängte Brown sich in die Hütte hinter einen kleinen Tisch, auf dem eine Teetasse stand. Um die unterschiedliche Stärke von Erdbeben zu illustrieren, filmte Simmons Mitarbeiter des Aufnahmeteams beim Zünden von Sprengladungen (es waren natürlich keine echten) in unterschiedlichen Entfernungen von der Hütte. Was die Hütte, in der Geoff saß, erschütterte, waren nicht Explosionen, sondern ein Mitarbeiter, der immer heftiger an der Hütte – und damit auch an dem Tisch und der Teetasse – rüttelte.

Im Film wirkte es so, als sei der unerschrockene Brown durch eine in der Nähe hochgehende Dynamitladung gefährdet. Simmons erinnert sich vor allem daran, dass es Brown ein diebisches Vergnügen bereitete, die Mitarbeiter dabei zu beobachten, wie sie sich abmühten, den Trick zu realisieren, weil die Papphütte durch Dauerregen aufzuweichen begann. Viele englische Professoren wären vor einem solch billigen Trick zurückgeschreckt, sagte Simmons. Nicht jedoch Brown, der darin ein vorzügliches Mittel sah, den Zuschauern die Richter-Skala nahe zu bringen.

Andere Freunde, zum Beispiel Peter Baxter, äußerten sich bewundernd über Geoffs Entschlossenheit und Zielstrebigkeit. Bei einer Exkursion auf den Ätna beschloss Brown, mit dem Auto, in dem Baxter und einige andere mitfuhren, eine Abkürzung durchs offene Gelände zu nehmen. Es war kein Geländefahrzeug, und eigentlich hätte Brown damit auf der Straße bleiben sollen, aber er wollte unbedingt querfeldein fahren. Schließlich kam er an eine Stelle, die unpassierbar schien.

»Jeder andere hätte umgedreht und wäre zur Straße zurückgekehrt«, sagte Baxter. »Aber Geoff sagte: ›Nein, wir müssen weiterfahren.‹ Alle stiegen aus und guckten sich die Sache an. Geoff stieg wieder ein und versuchte mehrmals, über die Unebenheit hinwegzukommen. Wir anderen standen draußen und schauten zu. Schließlich brachte er die unebene Stelle mit qualmender Kupplung hinter sich, wir stiegen wieder ein und fuhren weiter. Ich habe damals etwas gelernt. Sie wissen ja, wenn man älter wird, gibt man meistens nach. Ich sagte mir: ›Nein, nein, du darfst nicht nachlassen. Der Kerl hat Recht. Von solchen Dingen lässt man sich nicht aufhalten – irgendwie kommt man durch.‹«

In England war Geoff als Raser berüchtigt. Einmal hätte er fast seinen Führerschein verloren, denn dreimal hatte ihn die Polizei gebührenpflichtig verwarnt, weil er mit über 160 Sachen gefahren war. Es lag nicht daran, dass er die Geschwindigkeit liebte, nein, er packte immer viel zu viel in seinen Tag hinein: Lehre, Forschung, Verwaltungsaufgaben und familiäre Pflichten. In der Angst, wie sein Vater vorzeitig zu sterben, lebte Geoff mit vollem Tempo.

Seine drei Töchter spielten in Schulorchestern, und bei ihren Konzerten kam er immer zu spät. Iona, die heute eine professionelle Geigerin ist, sagte: »Er versuchte, es allen recht zu machen. Er glaubte, er könne überall zugleich sein. Aber bei jedem Konzert verpasste er das erste Stück.«

Trotzdem betrachten seine Töchter ihn in vielerlei Hinsicht als einen idealen Vater: gütig, verständnisvoll, hilfsbereit. Miriam, die Älteste, hat ihn sogar hin und wieder auf Forschungsexpeditionen begleitet. Er war ausgeglichener als Evelyn, und wenn die Mädchen etwas wollten, gingen sie zuerst zu ihm. Als sie erwachsen waren, gab er ihnen Geld für Anzahlungen beim Wohnungs- oder Hauskauf, und anschließend half er ihnen beim Renovieren und Instandsetzen. Außerdem sprach er stundenlang mit ihnen über den einen Bereich seines Lebens, in dem es unruhig zuging: seine Ehe.

Während Geoff in seinem Fach stetige Fortschritte verzeichnete und viel unterwegs war, während aus dem schüchternen Akademiker ein dynamischer, weithin geachteter Wissenschaftler wurde, verblieb Evelyn zu Hause die glanzlose Rolle der Hausfrau.

»Als ich ihn heiratete, war er sehr unsicher«, sagte Evelyn. »Ich brach für ihn das Eis, machte ihn mit den Dingen vertraut, brachte ihn auf den Weg. Zwischen dem späteren Geoff und dem frühen Geoff bestand ein gewaltiger Unterschied. Mit zunehmender Selbstsicherheit wurde er natürlich attraktiv für Frauen, und er fühlte sich zu ihnen hingezogen, woraus allerlei Spannungen erwuchsen.«

Während Geoff und Evelyn sich auseinander lebten, wurde die Arbeit im Ausland für ihn immer mehr zu einer Zuflucht vor den Spannungen daheim.

Geoff und ich standen am Kraterrand und unterhielten uns ein paar Minuten lang. Er, Carlos Trujillo und Fernando Cuenca hatten auf der Süd- und der Ostseite des Kraters eine Hand voll Messungen durchgeführt und gingen im Uhrzeigersinn um den Krater herum, um am nördlichen Rand ein oder zwei Messungen vorzunehmen. Es war 13.15 Uhr, vielleicht etwas später, und ich sagte ihm, unsere Gruppe beende ihre Arbeit, und er solle auch Schluss machen. Er schien in prächtiger Stimmung zu sein. Er erwähnte allerdings, dass sein Apparat merkwürdige Ergebnisse verzeichnet habe: rasche Gravitationsschwankungen. Er vermutete, dass das Gravimeter in Costa Rica, wo er gearbeitet hatte, bevor er zur Konferenz kam, beschädigt worden sei, und er sagte, er werde das später nachprüfen. Besorgt schien er jedoch nicht zu sein, und ich war es auch nicht.

Später habe ich mich gefragt: Hatte Geoffs Gravimeter ein Beben im Vulkan entdeckt, ein Signal, dass der Galeras kurz vor einem Ausbruch stand?

4

DAS INNERE FEUER

Weit vom Kegel entfernt, auf der Außenflanke des Berges, war Marta Calvache dabei, die Schichten, aus denen sich die Geschichte des Galeras ablesen ließ, der Reihe nach aufzudecken. Jede Eruption hatte ihre Handschrift in der Landschaft hinterlassen – Schichten von pyroklastischen Strömen, Aschenfällen und Lava, die sich im Laufe der Jahrhunderte und Jahrtausende aufgetürmt hatten, bis schließlich ein Vulkan daraus wurde. Umringt von zehn Wissenschaftlern aus einem halben Dutzend Ländern, stand Marta auf dem steinernen Camino Real, der »Königlichen Straße«, und geleitete ihre Kollegen auf einer Reise durch die Vergangenheit des Galeras. Sie hatten am Morgen weiter oben auf dem Vulkan angefangen und waren teils zu Fuß, teils mit dem Auto bis halb zwei zu einer Stelle gelangt, die rund 800 Meter unterhalb des 4275 Meter hohen Berggipfels lag. Noch immer in den Wolken, beschränkte sich ihre Aussicht auf einen mit struppigen Büschen und *frailejones* bewachsenen Berghang; Pasto, das sich unter ihnen ausbreitete, konnten sie nicht sehen.

An den Einschnitten, wo der Camino Real und eine neuere Straße aus dem Berghang herausgehauen worden waren, holte Marta ihren schlanken Geologenhammer hervor und kratzte an den gelben und grauen Schichten, die sich über älterem Gestein abgelagert hatten. Die Ablagerungen zerbröselten wie alte luftgetrocknete Lehmziegel, und winzige Stein- und Aschebrocken rieselten zu Boden. Eingelagert in diese Querschnitte des Berges waren geschwärzte Zweige, die vor Tausenden von Jahren verkohlt waren, als pyroklastische Ströme sich über die Flanke ergossen und alles, was ihnen in den Weg kam, einäscherten. In die verfestigten Ascheschichten waren außerdem wie Rosinen im Kuchen kleine Brocken Bimsstein eingeschlossen, die von den pyroklastischen Strömen mitgerissen worden waren.

Für ihre Magister- und ihre Doktorarbeit hatte Marta am Galeras und seinen früheren Verkörperungen herumgestochert und dabei viele neue Beobachtungen und eine echte Entdeckung gemacht. Zwischen den Ablagerungen von klassischen grauen pyroklastischen Strömen war sie auf mächtige gelbe Schichten gestoßen, die man zunächst für Schlamm- oder Schuttlawinen hielt. In monatelanger Arbeit konnte Marta jedoch nachweisen, dass die gelben Ablagerungen entstanden waren, als der Vulkan seinen Ausgang in einer ersten Eruption freigesprengt und alte, zerfallene Gesteine ausgespien hatte. Diese Lagen von verwittertem Gestein, gelb gefärbt von dem hochgradig sauren Wasser, das durch den Berg sickerte, waren Spuren der ersten Hustenanfälle infolge älterer Eruptionen. Im weiteren Verlauf der Eruption hatte der Galeras dann konventionellere pyroklastische Ströme abgesondert, die sich über die gelben Schichten legten. Martas faszinierendste Entdeckung war, dass Räusper-Eruptionen sich wie pyroklastische Ströme verhielten und mit hoher Geschwindigkeit in Bodennähe die Flanke hinabdonnerten, obwohl sie so gut wie nichts von der feinen Asche, die in *Nuées ardentes* vorkommt, enthielten. Das war in der Geologie bis dahin unbekannt: dahinrasende pyroklastische Ströme, die nur Gas und Gesteinsbrocken und praktisch keine glühende Asche aufweisen, der die Ströme normalerweise ihren Fließcharakter verdanken. Marta hatte tatsächlich eine neue Art von pyroklastischem Strom entdeckt.

Nicht selten entwickeln Geologen so etwas wie einen Besitzanspruch auf die Vulkane, auf denen sie arbeiten. Falls man vom Galeras sagen kann, dass er irgendjemandem gehört, dann kommt dafür nur Marta in Frage. Sie hat, 1960 in seinem Schatten geboren, den größten Teil ihrer wissenschaftlichen Laufbahn damit verbracht, diesen Vulkan zu studieren. Sie hat unzählige Male in

dem Krater gearbeitet und seine zahlreichen Wandlungen miterlebt, hat jeden Zentimeter des Amphitheaters und der Außenflanke abgeschritten, hat im gesamten Bereich des Vulkans Fumarolen entstehen und verschwinden gesehen, ist mit jeder Zuckung
seiner seismischen Aktivität vertraut geworden und hat alle
menschlichen Ansiedlungen im Bannkreis des Galeras besucht.
Geologen von INGEOMINAS haben eine der Fumarolen sogar
Calvache genannt, nach Marta. Sie kennt die Launen des Vulkans,
spürt, wann man den Krater bedenkenlos begehen kann und
wann nicht. Ihre gründliche Kenntnis des Galeras, ihre grenzenlose Vertrautheit mit dem Berg und die Sicherheit, mit der sie sich
auf ihm bewegte, sollten mir das Leben retten.

Marta wuchs in Pasto auf, war aber oft auf der Finca der Familie in Cariaco, das auf der anderen Seite des Galeras liegt. Ihr
Vater, ein Bauingenieur, starb, als sie noch klein war, und so musste ihre Mutter sie und ihre drei Geschwister allein aufziehen. Da
der Galeras sich in den Sechziger- und frühen Siebzigerjahren
ruhig verhielt, wurde ihr kaum bewusst, dass der Berg ein Vulkan
war. Auch spielte er bei ihrer Berufswahl seltsamerweise keine
Rolle, jedenfalls keine bewusste Rolle. Sie wandte sich der Geologie zu, weil einige Cousins auf diesem Gebiet bereits tätig waren.
Bis zum Alter von 28 Jahren hatte sie den Krater des Galeras noch
kein einziges Mal betreten. Doch dem Umstand, dass sie in dessen
Umgebung groß wurde, verdankte sie eine Neigung, die ihr noch
gute Dienste erweisen sollte: Sie wanderte gern in den Bergen.

Als sie elf war, zog die Familie nach Bogotá, wo sie die Oberschule besuchte und anschließend ein Studium an der angesehenen Staatsuniversität absolvierte. Danach trat sie in die Dienste
des staatlichen Wasserkraft- Unternehmens in Manizales, bei dem
sie anfangs an einem Plan arbeitete, die geothermische Energie
des nahe gelegenen Nevado del Ruiz anzuzapfen. Ende 1984 regte
sich der Nevado del Ruiz, ein Ereignis mit einschneidenden Folgen für Martas weitere Laufbahn. Im Laufe des folgenden Jahres
ereigneten sich im Vulkan eine Reihe von Erdbeben und kleineren
Eruptionen. In- und ausländischen Wissenschaftlern wurde rasch
klar, dass bei einem größeren Ausbruch des Nevado del Ruiz ein

Teil der Eis- und Schneemassen abschmelzen könnte, die den 5320 Meter hohen Gipfel sommers wie winters bedeckten. Eine solche Eruption würde eine Wasser- und Schlammflut auslösen, die das Tal des Rio Lagunillas hinabrasen und die Stadt Armero bedrohen würde. Genau das war im Jahre 1845 geschehen, als ein *lahar*, ein Schlammstrom, entstand, der unweit Armero 1000 Menschenleben forderte. Jetzt, im Jahr 1985, lebten in der voraussichtlichen Bahn eines solchen *lahar* zehntausende Menschen, die meisten in Armero, 56 Kilometer von dem Vulkan entfernt. Den Bewohnern in der Stadt fiel es schwer, zu begreifen, dass von einem fernen Vulkan, den sie nicht einmal sehen konnten, eine mögliche Gefahr drohte.

Wissenschaftler versuchten die Behörden von der Notwendigkeit eines Evakuierungsplanes zu überzeugen und legten Karten von Gefahrenzonen vor, aus denen hervorging, dass Armero im Falle einer Eruption mit »hundertprozentiger Wahrscheinlichkeit« von einem Schlammstrom heimgesucht würde. Doch Lokalpolitiker und Geschäftsleute warfen den Wissenschaftlern vor, eine Hysterie zu schüren, die dem Handel schaden und die Immobilienpreise drücken könnte. Selbst die Kirche äußerte sich skeptisch; der Erzbischof von Manizales griff die Presse an, sie verbreite einen »vulkanischen Terrorismus«. Marta war derweil immer häufiger im Krater, oft in Begleitung von Nestor García, maß die Gase im Krater und verfolgte den Gasgehalt der heißen Quellen an seinen Flanken. Am 12. November 1985, einen Tag vor der Eruption, unternahmen sie und Nestor den mühsamen Abstieg in den Krater. In der Vulkanologie kommt es entscheidend auf den Zeitpunkt an.

Der Ausbruch vom 13. November 1985 übertraf die schlimmsten Vorstellungen. Gegen neun Uhr abends brachte eine Folge relativ unbedeutender pyroklastischer Ströme weniger als zehn Prozent der Gipfeleiskappe des Nevado del Ruiz zum Schmelzen. Die Wassermassen strömten die Flüsse Lagunillas und Azufrado hinab und bildeten an deren Zusammenfluss oberhalb von Armero einen haushohen, mit Steinen gespickten Schlammstrom. Als der *lahar* um 23.30 Uhr aus dem Canyon bei Armero hervorschoss, war er 30 Meter hoch und mit einer Geschwindigkeit von 56 Kilometern pro Stunde unterwegs. In dem flacheren Gelände vor der Stadt verringerte sich die Mächtigkeit des Schlammstroms auf drei bis viereinhalb Meter, aber er begrub alles unter sich und tötete binnen weniger Stunden 23 000 Menschen, fast die gesamte Bevölkerung der Stadt. Viele Opfer ertranken oder erstickten in dem Schlamm; andere starben an dem Trauma, das der *lahar* ihnen zugefügt hatte. Hätte ein System bestanden, das vor der Eruption und den herandonnernden Schlammmassen warnte, hätten sich die Menschen ohne Hast an den höher gelegenen Hängen des Tales in Sicherheit bringen können.

Bestürzt über die hohe Zahl der Opfer und in Anbetracht dessen, dass über die anderen kolumbianischen Vulkane kaum etwas bekannt war, beschloss Marta, sich der Vulkanologie zu widmen.

Einen Tag nach der Eruption verabschiedete ich mich von meiner Frau und unserer drei Wochen alten Tochter, um nach Armero und zum Nevado del Ruiz zu reisen. Damit begann ein Abschnitt meiner Arbeit, der mich in den folgenden anderthalb Jahrzehnten 25-mal nach Kolumbien führen sollte. Nach einer Überfliegung der zerstörten Stadt kreisten wir mehrmals um den Nevado del Ruiz und maßen mit Hilfe des Korrelations-Spektrometers den SO_2-Gehalt, um zu ermitteln, ob der Vulkan sich verausgabt hatte oder ob mit einem erneuten Ausbruch zu rechnen war. Bei einem Tagesabstecher nach Manizales traf ich mich kurz mit Marta, die mit den Dutzenden ausländischer Geologen zusammenarbeitete, welche zum Studium des Vulkans angereist waren. Ihre Tatkraft und ihr Scharfsinn trugen ihr Respekt ein, sogar in der Machokultur Kolumbiens.

Sechs Wochen später war ich wieder am Nevado del Ruiz und fand dabei heraus, wie zäh Marta sein konnte. Ich wollte das ausgedehnte Netz geothermischer Quellen untersuchen, die aus den Flanken des Vulkans sickerten, in der Hoffnung, aus dem Gasgehalt des Wassers etwas über den Magmakörper zu erfahren. Marta war bereit, mich zu einer sehr ergiebigen Quelle an der Flanke des Nevado zu führen, in etwa 4900 Meter Höhe. Auf dem Weg dorthin mussten wir am frühen Nachmittag feststellen, dass der Schlammstrom infolge der Eruption vom 13. November die unbefestigte Straße blockiert hatte. Wir ließen den Jeep stehen, marschierten in der dünnen Luft acht Kilometer um den Vulkan herum und stiegen dann in einen Canyon ab, nochmals anderthalb Kilometer. Bei Einbruch der Dunkelheit erreichten wir schließlich die Quellen und nahmen Proben von dem Wasser, das mit einer Temperatur von 65 Grad hervorsprudelte.

Dann wanderten wir wieder den Berg hinauf zur Straße, und während wir dem Jeep zustrebten, zogen dichte Wolken auf, knapp unterhalb der Trasse, auf der wir unterwegs waren. Der Vollmond warf ein unheimliches Licht auf die Wolken, die so dicht waren, dass ich das Gefühl hatte, ich könne von der Serpentinenstraße direkt auf diesen grauen Teppich hinaustreten. Es herrschte eine erhabene Stille, nur das Knirschen unserer Stiefel und mein keuchender Atem waren zu hören. Wir schritten dahin und genossen das erhebende Gefühl, allein auf den Höhen der Anden zu sein und auf den Wolken zu wandeln.

Marta legte ein solch flottes Tempo vor, dass ich Mühe hatte, mit ihr Schritt zu halten. Als wir eine halbe Stunde vor Mitternacht beim Jeep ankamen, spürte ich meine Beine nicht mehr und fühlte mich nach unserem Hochgebirgsmarsch von 19 Kilometern dem Zusammenbruch nahe. Marta machte den Eindruck, als wolle sie die gleiche Strecke nochmals bewältigen.

In den folgenden Jahren arbeiteten wir eng zusammen, da ich des Öfteren wiederkam, um auf dem Nevado del Ruiz Forschungen zu betreiben. Marta beschloss, in die USA zu kommen, um an der Louisiana State University, an der ich Lehrbeauftragter war, ihren Magister zu machen. Die Wahl des Vulkans, den sie für die Magisterarbeit untersuchen sollte, war nicht schwer. Er lag vor ihrer Nase, quasi in ihrem Hinterhof, und wartete auf die richtige Vulkanologin: der Galeras.

Den Feuerberg hatte Marta erstmals 1988 betreten. In jenem Jahr war der Vulkan wieder zum Leben erwacht und hatte die

Polizisten in der Station am Hang mit seinem Poltern in Unruhe versetzt. Ein Jahr zuvor war ein anderer Geologe auf dem Galeras gewesen und hatte keine Fumarolen vorgefunden. Deshalb war Marta überrascht, dass Gas aus drei Fumarolen entwich, als sie den Hang des Amphitheaters hinabstieg und auf den Krater kletterte. Jedes Mal wenn sie wiederkam, waren die Fumarolen größer und die Gase heißer.

Der vier Jahrzehnte während Schlaf des Galeras war vorüber.

Um den Galeras zu verstehen, muss man an den Anfang zurückgehen, denn das Feuer, das am 14. Januar 1993 aus dem Vulkan hervorschoss, ist eine Direktverbindung zu dem himmlischen Feuer, aus dem die Sonne, die Erde und unser ganzes Planetensystem entstanden. Ein Lavaspritzer, hat der amerikanische Vulkanologe Thomas A. Jaggar einmal gesagt, ist ein Souvenir der Schöpfung.

Alles fing damit an, dass Wolken aus Staub, Gas und himmlischem Schutt – überwiegend aus explodierten Sternen – sich vor etwa 4,6 Milliarden Jahren zu einer wirbelnden Wolke im All verdichteten. Diese Wolke, auch Nebel genannt, begann zu rotieren und flachte ab zu einer Scheibe. Durch die Schwerkraft wurden ihre Atome ins Zentrum gezogen und bildeten den Kern dessen, was zu unserer Sonne werden sollte, die 99 Prozent der Masse unseres Sonnensystems enthält. Unter hohem Druck und bei Temperaturen von bis zu einer Million Grad machten die Wasserstoffatome eine Kernfusion durch, und dank dieses bis heute anhaltenden Prozesses kann die Sonne Wärme und Licht erzeugen.

Während unsere Sonne entstand, kühlten die wirbelnden Nebel allmählich ab, Teilchen von himmlischer Materie kondensierten, prallten zusammen und bildeten, von der Gravitation angezogen, den Kern der Erde und der übrigen acht Planeten unseres Sonnensystems. Diese wirbelnden Protoplaneten zogen immer mehr Materie an und erreichten schließlich ihre heutige Masse. Der mit natürlichen radioaktiven Elementen gefüllte Kern der Erde begann, wie die Sonne die Wärme zu erzeugen, die noch immer von ihm ausgeht. Dieser Prozess der Planetenentstehung endete vor etwa 4,56 Milliarden Jahren, einem Zeitpunkt, den wir dadurch ermitteln können, dass Überreste von der Entstehung der Erde, nämlich Meteoriten, noch immer durchs All treiben und gelegentlich wie Visitenkarten vom Anfang der Zeit auf die Erde stürzen. Ihr Alter lässt sich anhand der übrig gebliebenen radioaktiven Elemente mit bemerkenswerter Genauigkeit bestimmen.

Als die Erde vor rund 4,5 Milliarden Jahren abzukühlen begann, bildete sich eine Gesteinskruste. (Die ältesten Gesteine der Erde, die in Grönland gefunden wurden, haben genau dieses Alter.) Vor ungefähr 4,2 Milliarden Jahren begann die Erde sich in Schichten aufzuteilen. Die schwereren Elemente wie etwa Eisen sanken zum Mittelpunkt. Weniger dichte Elemente wie Silizium und Aluminium stiegen an die Oberfläche und bildeten Eruptivgestein, das aus abgekühltem, erstarrtem Magma besteht. Das Erdinnere hat bis heute diese differenzierte Struktur bewahrt, mit einem festen inneren Kern, der überwiegend aus Eisen besteht und etwa 4500 Grad heiß ist, einem flüssigen äußeren Kern, der unseren Magnetismus erzeugt, dem Mantel, der größtenteils aus festem Gestein besteht, und der Kruste, die sich zu 95 Prozent aus Eruptivgestein zusammensetzt. Die Entfernung von der Oberfläche zum Mittelpunkt der Erde beträgt 6378 Kilometer. Die Kruste ist mit einer durchschnittlichen Mächtigkeit von nur 40 Kilometern unter Kontinenten vergleichsweise nicht dicker als die Schale eines großen Apfels.

Der Vulkanismus setzte auf der Erde vor mindestens 2,2 Milliarden Jahren ein, was man an den Überresten von extrem flüssigen, heißen Lavaströmen ablesen kann, die sich einst über Südafrika und Australien ergossen. Die im Kern und im Mantel erzeugte Wärme und das fortwährende Schmelzen von Gesteinen setzten gewaltige Gasmengen frei – Dampf (H_2O), Kohlendioxid, Schwefeldioxid, Stickstoff –, die durch vulkanische Gänge an die Oberfläche drangen, welche die primitiven Vorläufer unserer Atmosphäre ausspien. Unsere Ozeane entstanden höchstwahrscheinlich durch die Kondensation dieser Gase. (Nach Ansicht mancher Wissenschaftler sind einschlagende Kometen, die im Wesentlichen riesige Eisbälle sind, für die Entstehung der Meere verantwortlich.) Wenn ich heute in einen Krater steige und Proben jener Gase entnehme, die aus einer Fumarole rauschen, messe ich einen Prozess, der seit mehr als zwei Milliarden Jahren im Gang ist. Tatsächlich geben die Vulkane der Erde bis heute Gas in die Atmosphäre ab, wenn auch weit weniger als früher. Das aus Vulkanen strömende CO_2 macht nur 0,2 Prozent der CO_2-Schadstoffe aus, die der Mensch als Treibhausgase, beispielsweise aus dem Auspuff von Autos, in die Atmosphäre schickt.

Der Vulkanismus beschränkt sich nicht nur auf die Erde. Die Mondoberfläche besteht zu einem Drittel aus Lavaebenen. Der größte Vulkan des Sonnensystems, der Olympus Mons auf dem Mars, hat an der Basis einen Durchmesser von fast 600 Kilometern und eine Höhe von fast 27 Kilometern. Das ist die dreifache Höhe des Mount Everest und die mehrfache des größten Vulkans der Erde, des Mauna Loa auf Hawaii – abgesehen davon, dass der Olympus Mons den gesamten Hawaii-Archipel zudecken könnte. Olympus Mons, der als erloschen gilt, entstand durch den Aufstieg einer Magmasäule aus dem Inneren des Mars, deren Ausströmen an der Oberfläche einen sanft abfallenden so genannten Schildvulkan entstehen ließ. Man nimmt an, dass er aus Basalt besteht, einem vulkanischen Material und häufigsten Gestein in unserem Sonnensystem. Aktive Vulkane kennt man außer auf unserem Planeten nur auf dem Jupitermond Io, der mindestens sieben Vulkane aufweist, die Wolken schwefliger Gase 480 Kilometer weit ins All schleudern.

Das Phänomen, das schließlich den Galeras und die Mehrheit der übrigen Vulkane der Erde hervorbringen sollte, kann auf rund zwei Milliarden Jahre zurückdatiert werden, als die Oberfläche des Globus in treibende Platten auseinander zu brechen begann. Auf der heißen, plastischen Schicht des oberen Mantels, der so genannten Asthenosphäre (griechisch für »schwache Sphäre«), schwimmend, zerbrach die sprödere Kruste in größere Teile. Auf Feldern von beinahe geschmolzenem Gestein lagernd, stießen die Platten aufeinander und rieben sich aneinander, wodurch im Laufe von annähernd zwei Milliarden Jahren immer wieder neue Konfigurationen von Kontinenten und Ozeanen entstanden. Vor rund 300 Millionen Jahren verschmolzen diese treibenden Platten dann zu einer einzigen Landmasse. Es war der deutsche Meteorologe Alfred Wegener, der 1910 den glänzenden Beweis führte, dass die sieben Kontinente der Erde einst vereint waren und dann langsam auseinander drifteten. Er erkannte als Erster, was uns heute allen klar ist: Afrika und Südamerika, Nordamerika und Europa, Australien und die Antarktis passten einst zusammen wie die Teile eines Puzzle. Er nannte die vereinigte Landmasse »Pangäa« (griechisch für »Allerde«) und stützte seine Hypothese auf unbestreitbare Tatsachen: die Ähnlichkeiten von Gesteinen und Fossilien auf verschiedenen Kontinenten. Wegener wusste nicht genau, von welchen Kräften diese Kontinentalverschiebung angetrieben wurde, doch später sollten Geologen die Frage mit der Theorie der Plattentektonik beantworten.

Pangäa zerbrach vor langer Zeit, und heute haben wir sieben durch Meere voneinander getrennte Kontinente, wobei das Ganze auf zwölf großen Platten schwebt. Der Boden, auf dem wir stehen, verschiebt sich stetig, wenn auch unendlich langsam. Das System, das die Plattentektonik und Vulkane antreibt, gleicht einem Förderband, das die Kontinente allmählich voneinander entfernt. Der Anfang des Prozesses liegt ungefähr in der Mitte des Pazifischen und des Atlantischen Ozeans, wo mittelozeanische Rücken längs der Plattengrenzen langsam auseinander driften, sodass sich riesige Lavamengen kontinuierlich auf den Meeresboden ergießen können. (Drei Viertel der Oberfläche des Globus sind vom Meer und seinem Lavaboden bedeckt.) Infolge der Meeresbodenspreizung entfernen sich Paris und New York um ein bis anderthalb Zoll pro Jahr, das ist in etwa die Geschwindigkeit, mit der Fingernägel wachsen. Die fortschreitenden Platten der Ozeankruste bestehen aus schwerem, eisen- und magnesiumreichem Basalt und sind relativ dünn, etwa sechseinhalb Kilometer tief. Wenn diese Platten auf die leichteren Kontinentalplatten prallen, die durchschnittlich 40 Kilometer dick sind, tauchen die submarinen Platten unter diese – man spricht von »Subduktion«. Die ozeanischen Platten, die sich unablässig unter die Kontinentalplatten schieben, werden vom umgebenden Mantel erwärmt und setzen infolgedessen Wasser und andere Flüssigkeiten frei, was wiederum das Schmelzen eines geringen Bruchteils des Mantels bewirkt.

Das Schmelzen vollzieht sich gewöhnlich in einer Tiefe von 100 bis 160 Kilometern, doch wissen wir durch Messungen der mit der Subduktion einhergehenden Erdbeben, dass die Ozeanplatten sich noch bis in eine Tiefe von mindestens 700 Kilometern schieben. Das geschmolzene Magma, das leichter ist als das umgebende Gestein, steigt durch Risse im Mantel allmählich empor, oft nicht schneller als mit einem Zoll pro Tag. Wenn es, vielleicht 10 000 Jahre nach Beginn seiner Reise, an die Oberfläche tritt, bildet es einen Vulkan. Das Wort »tektonisch« kommt aus dem griechischen *tekton* und bedeutet »Erbauer« – und genau das tut die Plattentektonik: Sie errichtet Vulkane und vergrößert Kontinente.

Die Subduktion ozeanischer unter kontinentale Platten erklärt, warum man viele Vulkane, zum Beispiel die des pazifischen »Feuergürtels«, an oder in der Nähe von Küstenlinien findet. Aus demselben Grund häufen sich dort die Erdbeben, denn bevor diese großen Steinplatten sich untereinander schieben, prallen sie aufeinander. Starke Erdbeben hängen überwiegend mit der Subduktion zusammen.*

Dass Erdbeben und vulkanische Aktivität zusammenhängen, wurde 1902 deutlich, als mächtige tektonische Kräfte auf die Karibische Platte einwirkten; von Westen her treibt die Pazifische Platte auf sie zu, von Osten her drängt die Atlantische Platte. Innerhalb weniger Monate erlebte die Ostseite der Karibischen Platte zwei große Vulkanausbrüche, darunter die Katastrophe am Mont Pelée, während die Westseite von drei großen Erdbeben und vier mächtigen Eruptionen in Guatemala, El Salvador und Nicaragua erschüttert wurde – alles eine Folge der Plattentektonik.

---

* Doch es gibt bemerkenswerte Ausnahmen. Die San-Andreas-Störung in Kalifornien und die neuerdings aktive Anatolische Störung in der Türkei zeigen eine starke seismische Aktivität, weil zwei Platten aneinander entlanggleiten, was oberflächliche und oft verheerende Erdbeben auslöst.

Die vulkanische Erhebung, auf der ich beinahe gestorben wäre, ist erst 5000 Jahre alt. Ihre Vorläufer im Vulkankomplex des Galeras reichen 1,1 Millionen Jahre zurück. Doch die Gebirgskette, zu der sie gehören, die Anden, entstand vor rund 70 Millionen Jahren. Die Anden und der Galeras sind Teil des »Feuergürtels«, einer Kette von rund 1200 aktiven Vulkanen, die sich durch Südamerika, Mittelamerika, Nordamerika, Russland, Japan und die Philippinen zieht. Überall dort schieben sich die Pazifische Platte und mit ihr zusammenhängende kleinere Platten unter Kontinental- oder andere ozeanische Platten, und so entstehen Vulkane und Gebirgsketten.

Die Anden, die sich über 8800 Kilometer von Venezuela bis Patagonien erstrecken, enthalten 176 aktive Vulkane. In Kolumbien umfassen die Anden drei Gebirgszüge, die im Spanischen *cordilleras* heißen, »Seile«: die West-, die Zentral- und die Ostkordillere. Die Ost- und die Zentralkordillere entstanden vor rund 70 Millionen Jahren durch klassische Subduktion, bei der sich die pazifische Nazca-Platte ostwärts unter die südamerikanische Platte schiebt. Der größte Teil des durch schmelzende Platten entstehenden Magmas dringt nicht in Gestalt von Vulkanen an die Oberfläche, sondern erkämpft sich seinen Weg nach oben, wird aufgehalten und erstarrt. Auf diese Weise wölbten sich die Anden empor. Dieses erstarrte unterirdische Gestein wurde durch Verwitterung und Erosion entblößt, was sich in den grauen Blöcken der heutigen Anden ausdrückt.

Die westliche Kette ist jünger, sie ist das Resultat eines völlig anderen geologischen Prozesses vor etwa 65 Millionen Jahren. Ein Teil der Nazca-Platte tauchte damals nicht unter die südamerikanische Platte, sondern prallte frontal mit dieser zusammen. Durch den Zusammenprall schob sich der Meeresboden der Nazca-Platte in die Höhe, wie der zerknautschte Rumpf eines Autos nach einem Auffahrunfall. Was einst der Grund des Pazifischen Ozeans war, liegt infolgedessen jetzt 3000 Meter hoch in den Anden, an der Oberfläche gekennzeichnet von marinen Fossilien. Ein noch dramatischeres Beispiel einer solchen Kollision oder »Hebung« ist der Himalaja, dessen Gebirgskette beim Zusammenstoß zweier Platten als ehemaliger Meeresboden in die Höhe gewölbt wurde. John McPhee hat den Vorgang in *Basin and Range* geschickt zusammengefasst: »Müsste ich diese ganze Schrift auf einen einzigen Satz verkürzen, dann wäre es dieser: ›Der Gipfel des Mount Everest ist mariner Kalkstein.‹«

Die aktiven Vulkane Kolumbiens reihen sich in der Zentralkordillere auf. Der Galeras liegt dort, wo die drei Kordilleren sich vereinen, wodurch ein Gebiet kreuz und quer verlaufender Verwerfungen und einer hyperaktiven vulkanischen und seismischen Aktivität entsteht. Bequemerweise stellt man sich unter dem Galeras ein Loch in einem Kegel an einem unverrückbaren Ort vor, doch in Wahrheit ist das, was wir Galeras nennen, ein sich verschiebendes geologisches Ziel und aus der Sicht des Vulkanologen ein Neugeborener. Der Galeras ist der Letzte einer Reihe von sechs Vulkanen, die über mehr als eine Million Jahre zurückreicht und zusammen das ausmacht, was wir als »den Vulkankomplex Galeras« bezeichnen. Marta Calvache hat nachgewiesen, dass die sechs Verkörperungen des Galeras sich über ein 24 Kilometer langes Teilstück der Anden erstrecken. Die Kette der sechs Inkarnationen wanderte allmählich nach Osten, und wenn ein Vulkan erlosch, wurde ein anderer geboren, wobei die sich verschiebenden Verwerfungslinien das Magma in eine andere Richtung zwangen.

Jeder der Vorläufer des Galeras hat sein Zeichen in der Landschaft hinterlassen. Der Coba Negra, der einige Kilometer westlich des heutigen Kegels zentrierte Urgroßvater des Galeras, explodierte vor 580 000 Jahren in einer gewaltigen Eruption, die die Umgebung in einem Umkreis von 19 Kilometern mit meterhohen pyroklastischen und Lavaströmen überzog. Es entstand eine Caldera von fünf Kilometer Durchmesser, deren Überreste heute den 4000 Meter hohen Wall bilden, der das Tal des Azufral westlich des Galeras säumt. Zahlreiche Steinbrüche rings um den Vulkan bestehen aus lockerem Gestein und Bims aus den pyroklastischen Strömen des Coba Negra.

Vor über 45 000 Jahren spuckte der Jenoy, Galeras' Großvater, die pyroklastischen Ströme aus, auf denen Pasto errichtet ist. Galeras' Vater Urcunina ist der Berg, den man von Pasto aus sieht, und bildet das Amphitheater, das den heutigen Kegel umgibt. Zwischen 18000 und möglicherweise 5000 Jahren vor der Gegenwart aktiv, erreichte der Urcunina eine Höhe von 4750 Metern, bis zu seinem großen Einsturz, der heute die Landschaft rings um den Vulkan prägt.

Der Vulkan, der meinen Kollegen zum Verhängnis werden sollte, entstand vor 5000 Jahren, gebildet aus Magma, das sich aus einem neuen Riss in der Erde ergoss und allmählich einen Kegel bildete, der sich 135 Meter über den Boden von Urcuninas Amphitheater erhob. In ihrem kurzen geologischen Leben hat diese jüngste Version des Galeras sechs größere Eruptionen durchgestanden. In der lediglich 500 Jahre umspannenden dokumentierten Geschichte der Region hatte der Vulkan zwei Dutzend kleinere Eruptionen und ebenso viele Episoden mit Erdbeben und Aschenfällen, die die Menschen der Umgebung in Unruhe versetzten. Bei einer dieser Eruptionen wurde Asche bis ins 190 Kilometer südlich gelegene Quito (Ecuador) verfrachtet.

Professor Emiliano Díaz del Castillo Zarama hat die Geschichte der Eruptionstätigkeit des Vulkans nachgezeichnet. Am 7. Dezember 1580 kam es zu einem erheblichen Ausbruch, der einer zeitgenössischen Schilderung zufolge »eine große Menge siedenden Wassers hervorschleuderte, welches die Hänge der Berge verbrannte« und eine gewaltige Aschenwolke ausstieß, die »sehr heftig niederging«. Siedendes Wasser, das den Berg hinunterströmt und Brände verursacht? So etwas ist nicht möglich. Der Beschreibung nach war es wohl ein pyroklastischer Strom. Die Einwohner Pastos waren durch die Asche, die ihre Stadt bedeckte, so verängstigt, dass sie den heiligen Andreas um Schutz baten und gelobten, ihm zu Ehren eine Kirche zu errichten.

Die Eruption vom 4. Juli 1616 klang nach Angaben der Bevölkerung wie »ein stürmisches Meer oder ein tosender Fluss«. 1797 kam es nach kleineren Ausbrüchen am 7. Februar zu einer massiven Eruption. Ein gleichzeitiges Erdbeben zerstörte die 80 Kilometer südlich gelegene ecuadorianische Stadt Riobamba.

Um 1830 warf eine Eruption einen pyroklastischen Strom aus, der sich an der Nordflanke des Vulkans acht Kilometer weit hinab ergoss und den heutigen Standort der Stadt Jenoy überdeckte. Von 1865 bis 1869 war der Galeras ungemein aktiv. Den Höhepunkt bildete ein 27 Meter hoher Lavastrom von 5,6 Kilometern Länge, der nach Westen durch das Tal des Rio Azufral auf die Stadt Consacá zufloss.

1887 und 1891 kam es zu Eruptionen, die »aus der Ferne wie Flammen erschienen«. Am 27. August 1936 machte ein wagemutiger Fotograf eine bemerkenswerte Aufnahme von einem pyroklastischen Strom, der an der Nordflanke des Galeras herabdonnerte. Über dem Strom ragte eine pilzförmige Wolke mehrere Kilometer hoch in den klaren Andenhimmel.

Mag der Feuerberg auch häufig rumpeln und ausbrechen – der von ihm ausgehenden Gefahr schenkten die Anwohner, Díaz del Castillo zufolge, kaum Beachtung.

»Man betrachtet ihn seelenruhig und ohne Angst«, schrieb er.

Sie schätzen seine majestätische Schönheit und augenscheinliche Ruhe. Wer von hier fortzieht, vermisst die Silhouette des Berges in der Ferne. Man fürchtet den Vulkan nicht, weil nichts von Ausbrüchen bekannt ist, bei denen Menschen oder Städte Schaden genommen hätten. Seine gewaltigen Eruptionen sind seit jeher ein schönes Naturschauspiel.

Wenn die Einwohner von Pasto und Nariño auf den Galeras hinaufklettern und in seinen Krater hinabsteigen, tun sie es mit tief empfundener Bewunderung und Respekt. Die Bauern sagen, man dürfe auf dem Vulkan nicht schreien oder Schüsse abgeben. Sie behaupten, das bringe den Berg aus dem Gleichgewicht, zerreiße die empfindliche Atmosphäre und störe die erhabene Stille.

Marta Calvache und ihre Kollegen, die sich in 4000 Meter Höhe eingefunden hatten, betrachteten den Galeras sicherlich als etwas Schönes, aber sie sahen ihn auch als ein Studienobjekt, eine Masse von Ablagerungen, an denen man etwas ablesen konnte wie an den Jahresringen eines Baumes. Kurz nach Mittag unterbrachen sie die Betrachtung der gelben und grauen Schichten, ließen sich vor einer Wand aus alter Vulkanasche und Bims nieder und nahmen ein Essen ein, bestehend aus Schinkensandwich und *Arequipa*, einer toffeeähnlichen Süßspeise, die hier in der Gegend aus Melasse hergestellt wird. Als die Uhr auf halb zwei zuging, hatte Marta ihre Kollegen bereits aus der Mittagsruhe gerissen und erklärte ihnen eifrig, wie vor Tausenden von Jahren pyroklastische Ströme aus dem Galeras hervorgebrochen und jene Hänge hinabgerauscht waren, auf dem jetzt die *frailejones* wucherten.

5

IM KRATER

Dieser Tag auf dem Galeras war dermaßen vom Nebel beherrscht, dass ich mich der Vorstellung nicht erwehren konnte, wir hätten uns in einem grauen Wirbel bewegt. Ständig zogen Wolken über die Berge, und Mike Conway sprach von »einer typischen, ekligen Hochgebirgs-Vulkanlandschaft«. Außerdem mussten wir uns mit den Gasfahnen herumschlagen, die aus den Fumarolen im Krater und auf den Flanken des Galeras strömten. Wie düster dieser Tag war, sieht man auf den Videoaufnahmen: nur Nebel und vage Umrisse, Männer in grellbunten Jacken vor einem trüben Hintergrund. Doch im Video erscheint die ganze Szenerie schlimmer, als sie in Wirklichkeit war. Ich zumindest war es gewöhnt, in den Wolken zu manövrieren. Und als wir mit unserer Arbeit fast fertig waren, klarte der Himmel gelegentlich auf, und der aufkommende Wind vertrieb den Dampf von den Fumarolen. In diesen Augenblicken waren Igor Menjailow und Nestor García auf dem Boden des Vulkans deutlich zu sehen.

Am südöstlichen Rand des Kraters unterhielt ich mich etwa fünf Minuten lang mit Geoff Brown. Er wollte noch zum westlichen Rand – es waren bis dort rund 180 Meter – und eine oder zwei Messungen durchführen, bevor er Schluss machte. Er marschierte los, sein Gravimeter im Rucksack, der an der Schulter baumelte. Fernando Cuenca und Carlos Trujillo folgten Brown um den Rand.

Mike Conway, Andy Macfarlane und Luis LeMarie standen in

der Nähe am Rand des Vulkans und studierten die Gesteins- und Ascheschichten in der Kraterwand.

»Mike und ich blieben oben und machten noch ein paar Bilder«, erinnerte sich Macfarlane, »weil der Wind den Nebel aus dem Krater vertrieb und man eine gute Sicht auf das Innere des Kraters und die Positionen der inneren Fumarolen mit ihrem mineralischen Halo hatte.«

Ich wollte unbedingt von dem Vulkan herunter. Es war halb zwei, und wir hatten mehr als drei Stunden auf dem Galeras verbracht. Mein Wunsch wurde geteilt von Conway, der auf ein Fragment des erstarrten Lavadoms auf dem Boden des Kraters starrte und sich vorstellte, welche Kräfte sich darunter ansammeln mochten. So laut ich konnte, brüllte ich Igor zu, es sei an der Zeit abzuhauen. Er brüllte zurück und gab zu erkennen, dass er meine Worte und Gebärden verstanden hatte. Da er aber 100 Meter entfernt war, konnte ich ihn kaum verstehen.

»Wie sind die Proben?«, schrie ich.

»Gut«, antwortete er, »kein *gowno*.«

Gowno bedeutet im Russischen »Scheiße«. Das hatte er mir beigebracht, und er grinste, als er sah, dass ich den Sinn erfasst hatte.

Alle Überlebenden vom Kraterrand erinnerten sich später an dieses Lächeln in den letzten Minuten. Neben der Fumarole hockend, eine Zigarette im Mundwinkel, lächelte Igor, während er mit Nestor sprach; er lächelte, während er seine Sammelflaschen zusammenpackte; und er lächelte, als er noch einen Moment ausruhte, bevor er den Rückweg antrat. »Er und Nestor sahen gut aus«, erinnerte sich LeMarie, der ecuadorianische Chemiker. »Sie wirkten richtig glücklich. Sie riefen uns zu, dass sie noch eine Minute ausruhen wollten, und Igor wolle eine Zigarette rauchen, bevor sie gingen.«

Für Nestor García war es ein großer Moment, neben Igor im Krater zu arbeiten. Einen Arbeitsplatz, an dem er sich allein der Forschung widmen konnte, fand er wie so viele kolumbianische Wissenschaftler nicht, und so nahm er die verschiedensten Stellungen an, um weiter auf Vulkanen arbeiten zu können. Er hatte bei dem staatlichen Wasserkraft-Unternehmen gearbeitet, als Chemiker in einer Brennerei und als Geochemiker bei einer Schwefelfabrik. Zurzeit hatte er eine Stelle als Teilzeit-Lehrkraft an der Staatsuniversität in seiner Heimatstadt Manizales. Im Laufe der Jahre hatte er mit mehreren prominenten Vulkanologen, die auf Gase spezialisiert waren, im Gelände gearbeitet. Als er erfuhr, dass Igor Menjailow an der Konferenz in Pasto teilnehmen werde, war er so darauf erpicht, den Russen kennen zu lernen, dass er sich auf eigene Kosten auf den Weg gemacht hatte. Mit Igor zusammensitzen und Rohre in Fumarolen halten, das war es, was er wollte.

Mit Nestor war ich im Januar 1986 in Manizales zusammengetroffen, zwei Monate nach der verheerenden Eruption des Nevado del Ruiz. Er war 1,73 Meter groß und mit der muskulösen Figur eines Judocracks ungemein fit. Und er war recht hübsch, wobei sich die gemischte spanisch-afrikanische Herkunft in seinem Aussehen niederschlug: Milchkaffee-Teint, dunkles krauses Haar und ein säuberlich gestutzter Schnurrbart. Er trug eine Brille, war ein stiller Mensch und grenzenlos neugierig. Rasch lernte er, mit dem Korrelations-Spektrometer umzugehen, und wir umrundeten mehrere Tage lang den Nevado del Ruiz und maßen seine Schwefeldioxid-Emissionen.

Damals arbeitete er in der Brennerei und befasste sich in der Freizeit mit dem Nevado. Ich war von seiner Leidenschaft für Vulkane so beeindruckt, dass ich ihn zu einer Konferenz über die Eruption des Nevado del Ruiz einlud, die im Mai jenes Jahres in Baltimore stattfinden sollte. Als er mich anschließend in Baton Rouge besuchte, begab er sich in den Hof, um Gymnastik zu machen. Voller Bewunderung schaute ich zu, wie seine Übungen absolvierte, darunter Salti und Flickflacks. In Kolumbien hatten wir oft auf Vulkanen zusammengearbeitet, und als es darum ging, wer an unserer Konferenz von 1993 teilnehmen sollte, stand Nestor ganz oben auf meiner Liste.

Er wurde 1954 als Sohn einer Familie der Mittelschicht in Manizales geboren, einer malerischen, 2200 Meter hoch gelegenen Stadt im Herzen des üppigen Kaffee-Anbaugebiets im westlichen Kolumbien. Mit elf begann er, ein stilles, diszipliniertes Kind, Meditation und Judo zu betreiben. Später gründete er den örtlichen Judoclub, und auf der Judoakademie lernte er mit 18 Jahren seine Frau Dolores kennen. 1973, als Nestor mit der Oberschule fertig war, heirateten sie. 14 Monate später wurde ihre erste Tochter Paula geboren. Was Dolores über ihn sagt, ließe sich ohne weiteres auf Igor Menjailow übertragen: »Respektvoll, schüchtern, ruhig, diskret, wortkarg.«

Nestor studierte Industriechemie an der Staatsuniversität in Manizales und nahm weiterhin an Judowettkämpfen teil, bei denen er neben anderen Ehrungen eine Goldmedaille als Teilnehmer einer Meisterschaft der Andenstaaten gewann. Während er tagsüber studierte, gab er abends Judounterricht, um seine Familie zu ernähren.

An klaren Tagen kann man von Manizales aus im Osten die schneebedeckten Gipfel des Nevado del Ruiz und anderer Vulkane der Zentralkordillere sehen. Der Nevado zieht jeden, der die Berge liebt, wie ein Magnet an, und auch Nestor blieb davon nicht unberührt. Als Student kletterte er mit seinen Freunden oft zum Krater hinauf. Nach Beendigung des Studiums fing er bei dem Wasserkraft-Unternehmen in Manizales an, und im Rahmen dieser Tätigkeit erklomm er oft den Nevado, um zu prüfen, ob die geothermische Energie des Vulkans sich nutzen ließe. Wie wir alle, die wir irgendwann in den Bann der Vulkane geraten sind, fühlte Nestor sich zu dem machtvollen Schauspiel des Kraters hingezogen.

Das Wasserkraft-Unternehmen schickte Nestor für ein Jahr nach Neuseeland, um die dortigen vulkanischen Geothermie-Kraftwerke zu studieren. Wieder zurück, arbeitete er auf dem Nevado unter anderen mit Werner Giggenbach, einem deutschstämmigen Neuseeländer, den er während seines Studienjahres kennen gelernt hatte. Giggenbach, der wohl der führende Fachmann für vulkanische Gase ist, nahm Marta Calvache und Nestor unter seine Fittiche und verbrachte mit ihnen mehrere Tage auf dem Nevado, um ihnen zu zeigen, wie man im Krater verlässliche Gasproben sammelt. Die Arbeit mit einem Mann von Giggenbachs Format war für Nestor wie für Marta eine entscheidende Erfahrung, denn dadurch lernten sie ein neues Verfahren kennen, einem Vulkan den Puls zu fühlen.

Als der Nevado del Ruiz im Herbst 1985 zunehmend aktiver wurde, war Nestor wiederholt oben, des Öfteren in Begleitung von Marta und Adela Londoño, einer Freundin, die an der Staatsuniversität in Manizales seine Professorin gewesen war. Mit Giggenbachs Methoden und Geräten nahmen sie Proben von fumarolischen Gasen. Offenbar wuchs der Druck im Inneren des Vulkans. Dass ihm mehr Gase entwichen und deren Temperatur stieg, deutete auf einen aktiven Magmakörper hin. In den zwei Monaten bis zur Eruption änderte sich das Erscheinungsbild des Kraters; es entstanden neue Fumarolen. Ungeachtet dieser Vorzeichen stiegen Nestor, Marta und Adela jedoch weiterhin in den Krater. Es war eine anstrengende Klettertour. Erst ging es über die vereiste Flanke bis zu einer Höhe von 5320 Metern, dann auf trügerischen und oft schlüpfrigen Pfaden steil hinab in den Krater. Der Krater des Nevado war groß und tief, und den brausenden Fumarolen entwichen sich bauschende Wolken eines knallgelben, schwefelreichen Gases. Ich habe sechsmal versucht, in den Krater des Nevado zu steigen, aber es gelang mir nie, mal wegen schlechten Wetters, mal wegen Eruptionstätigkeit, mal wegen einer Autopanne auf dem Weg zum Berg.

Nestor riskierte sein Leben auf dem Nevado, weil er mit vielen Geologen überzeugt war, dass von ihm eine Gefahr für Armero und die Nachbarorte ausging. Mehr als alle mir bekannten kolumbianischen Vulkanologen hat Nestor sich bei den Behörden für ein Warnsystem und Evakuierungspläne eingesetzt.

Doch seine Enttäuschung wuchs. Die Politiker wollten von den Warnungen der Wissenschaftler nichts hören, auch deshalb, weil die Vulkanologen nicht eindeutig sagen konnten, ob es zu einer Eruption kommen und wann sie eintreten werde. Als der Vulkan am 13. November ausbrach, war Nestor entsetzt über die hohe Zahl der Opfer und das Unvermögen der Wissenschaft, die Behörden zum Handeln zu zwingen. Da er sich persönlich verantwortlich fühlte, gelobte er sich, mehr über Vulkane zu lernen.

Das Trauma des Nevado del Ruiz traf Nestor in einer schwierigen Zeit. Zwei Jahre zuvor hatte er, da das Gehalt des Wasserkraft-Unternehmens nicht ausreichte, als Chemiker bei einer Brennerei angefangen. Um als Geologe in Übung zu bleiben, übernahm er 1986 außerdem eine Stelle als Teilzeit-Lehrkraft für Geologie und Industriechemie an der Staatsuniversität in Manizales. Im selben Jahr ging seine Ehe in die Brüche, hauptsächlich wegen seiner Seitensprünge.

Dolores und Nestor hatten außer ihrer Tochter noch einen Sohn, Marcello. Nestor war auch nach der Trennung ein strenger und liebevoller Vater, aber weil er so stark beschäftigt war, im Beruf und auf Vulkanen, sah er seine Kinder seltener, als es ihm lieb sein konnte. »Er war ein Workaholic«, sagte Dolores.

Am 31. Dezember 1992, weniger als zehn Tage bevor er nach Pasto reiste, hatte Nestor ein langes Gespräch mit seiner Frau. Er erholte sich von einer achttägigen Nierenkolik und war nachdenklich gestimmt.

»Er sagte mir Dinge, die ich während unseres ganzen Zusammenlebens nicht von ihm gehört hatte«, erinnerte sich seine Frau. »Er dankte mir dafür, dass ich seine Frau geworden war, und für die wunderbaren Kinder, die wir miteinander hatten. Er dankte mir auch dafür, dass die Kinder weißhäutig waren. Er sagte, dass es schwierig sei, eine dunkle Haut zu haben, und bezog sich dabei wohl auf Erlebnisse in Neuseeland, wo er wegen seiner dunklen Haut und der krausen Haare erheblich diskriminiert worden war. Er sagte zu mir: ›Du bist meine Frau und wirst es bis zu unserem Tod bleiben.‹

Er freute sich sehr darauf, die ausländischen Wissenschaftler zu treffen, aber er hatte die intensive Befürchtung, dass etwas passieren würde. Ich sah in seinen Augen eine tiefe Traurigkeit, als er von diesen Dingen sprach. Ich fragte ihn: ›Warum erzählst du mir dies alles?‹, und er antwortete: ›Ich weiß es nicht. Ich muss es einfach.‹«

Eine Woche vor der Reise nach Pasto fuhr Nestor mit seiner Schwester María Elena García Parra durch Manizales, zu den Orten, an denen sie als Kinder oft gewesen waren.

»Wir waren dort, wo wir Radfahren gelernt hatten, wo wir Rollschuhfahren gelernt hatten, wo wir Fußball gespielt hatten«, sagte sie. »Er hat sogar mit einigen seiner Freunde aus der Kindheit Fußball gespielt. Und ich weiß noch, dass ich nach dieser Rundfahrt in unsere Küche ging und zu meiner Mutter sagte: ›Wer von uns wird sterben?‹ Man sagt nämlich, dass einer, bevor er stirbt, noch einmal seine Lieblingsorte aufsucht.«

Neben mir am Kraterrand stand José Arlés Zapata Granada, einer meiner engsten Mitarbeiter bei INGEOMINAS, und meldete sich per Funk in regelmäßigen Abständen beim Observatorium in Pasto. José Arlés – der gut aussehende Fünfunddreißigjährige mit seinem kindlichen Gesicht, den großen dunklen Augen und dem in die Stirn fallenden schwarzen Haar trug einen knallgelben Parka – hatte mir den ganzen Tag geholfen, den Überblick über unsere große Gruppe zu behalten. Wenn ich mit ihm den Galeras bestieg, war er für die Funkverbindung zuständig. Als wir am Vormittag bei der Deformes-Fumarole standen, hatte er im Gespräch mit einem Freund in Pasto optimistisch angekündigt, wir würden um zwei Uhr zum Mittagessen wieder in der Stadt sein. Inzwischen mussten wir froh sein, wenn wir es bis vier schaffen würden.

Ich hatte José Arlés gern an meiner Seite. Er lernte rasch, wusste alsbald mit dem Korrelations-Spektrometer umzugehen und entwickelte sich immer mehr zum Fachmann für die Gase des Galeras. Er war unzählige Male auf dem Vulkan gewesen und kannte ihn besser als alle, die an diesem Tag den Gipfel bevölkerten. Seine Gewohnheit, sich immer wieder mit dem Observatorium zu verständigen, wirkte auf mich beruhigend. Von dort wurde uns ebenso regelmäßig versichert, dass die sechs Erdbebenstationen in der Umgebung des Galeras keine außergewöhnliche Aktivität festgestellt hätten.

Kennen gelernt hatte ich José Arlés nach der Eruption des Nevado del Ruiz, als er bei INGEOMINAS in Manizales als studentischer Helfer tätig war. Im Dezember 1989 stiegen wir dann zusammen in den Krater des Galeras hinab. Während der Entnahme von Gasproben bei Deformes spuckte mir die Fumarole geschmolzenen Schwefel ins Gesicht. Den Hauptstoß fing zwar meine Schutzmaske ab, doch erlitt ich eine zweieinhalb Zentimeter große Verbrennung an der Stirn. Als José Arlés sah, dass nichts Schlimmes passiert war, lachte er, und ich lachte mit. Der Galeras hatte mich gerade mit einem Kuss begrüßt.

Von allen kolumbianischen Geologen, die ich kannte, hatte José Arlés den auffälligsten Werdegang. Er war eines von zwölf Kindern – sechs Mädchen, sechs Jungen – einer Campesinofamilie und stammte aus der Nähe von Cali in der Provinz Valle. Sein Vater arbeitete auf einer Kaffeeplantage und baute auf seinem eigenen Land Bohnen, Paradiesfeigen, Reis, Zuckerrohr, Bataten und andere Gemüsesorten an. Als er 15 Jahre alt war, schickten die Eltern ihn zu seinem Bruder Rigoberto, der in einer Streichholzfabrik arbeitete, nach Manizales. Er fand einen Job in einer Textilfabrik und besuchte ein Abendgymnasium. Rasch wurde er zu einem geschätzten Mitarbeiter, und als er mit dem Gymnasium fertig war, bezahlte ihm die Firma den Besuch der Handelsschule. Er träumte jedoch von einem Studium und schrieb sich mit 26 Jahren an der Caldas-Universität in Manizales ein.

Weil der Nevado del Ruiz und die anderen Vulkane der Gegend ihn faszinierten, belegte er Geologie. An dem Tag, an dem der Nevado del Ruiz ausbrach, sollte José Arlés an einer Exkursion teilnehmen, aber weil seine Schwester ihn zu wecken vergaß, verpasste er den Bus. Fast ein Dutzend seiner Kommilitonen kam in dem Schlammstrom ums Leben. Tags darauf fuhr er nach Armero, um bei der Bergung seiner Freunde mitzuhelfen; die meisten Leichen wurden nicht gefunden. Für José Arlés war der Ausbruch des Nevado del Ruiz ein Wendepunkt, genau wie für Nestor García, Marta Calvache und eine ganze Generation kolumbianischer Geologen.

Als Helfer von INGEOMINAS-Wissenschaftlern besuchte er den Krater sechsmal. Nach Beendigung des Studiums wurde er 1989 auf der Stelle von INGEOMINAS engagiert. Ein Jahr zuvor war der Galeras zum Leben erwacht, und so schickte man ihn an das neue Observatorium in Pasto.

1990 lernte José Arlés eine bemerkenswerte Pastusa namens Monica Gonzales Vallejo kennen, die damals 20 Jahre alt war, und die beiden verliebten sich heftig ineinander. Er schätzte besonders ihr überschwängliches Wesen und ihr hinreißendes Aussehen, sie schätzte an ihm das ruhige Selbstvertrauen und den Ehrgeiz. Um Monica warben viele junge Männer, doch sie entschied sich für einen, der in den Augen ihrer Eltern anfangs nicht ihrem Mittelschichtstatus entsprach.

Acht Monate, nachdem sie sich kennen gelernt hatten, waren die beiden verheiratet und erlebten das Glück der Jungvermählten. Er war der organisierte, zurückhaltende Teil des Paares, sie die lebhafte Partnerin, die ihn bei Festen auf die Tanzfläche zerren musste. Ihre einzige Enttäuschung war eine frühe Fehlgeburt. Monica fand sich mit José Arlés' Leidenschaft für Vulkane ab, aber jedes Mal wenn er den Galeras bestieg, war sie in Sorge. Dass sich der Vulkan regelmäßig mit kleineren Eruptionen bemerkbar machte, mussten er und sein Kollege Milton Ivan Ordoñez eines Tages im Jahr 1991 erfahren, als sie in der Nähe des Kraters arbeiteten.

»Plötzlich gab es eine Explosion, und wir versteckten uns hinter einem großen Felsblock«, berichtete Ordoñez. »Asche fiel uns auf den Rücken. Und als wir uns unter den Block kauerten, schaute José Arlés mich an und sagte lächelnd: ›Wenn wir hier nicht sterben, werden wir nie bei einer Eruption sterben.‹«

Monica bemühte sich, José Arlés die Arbeit auf Vulkanen auszureden, und versuchte es sogar einzufädeln, dass er als Geologe von einem Erdölunternehmen eingestellt wurde. Aber das war sinnlos, wie sie rasch erkannte. Nur eines stand nicht in ihrer Macht: ihren Mann vom Galeras fern zu halten.

»Wir sprachen immer über Vulkane«, sagte Monica. »Wenn es ein Problem auf einem Vulkan gab, ging er hin. Er war besessen von Vulkanen. Ich sagte zu ihm: ›Du spielst mit deinem Leben‹, und er erwiderte: ›Vulkane *sind* mein Leben.‹«

1992 wählten seine Vorgesetzten bei INGEOMINAS José Arlés für einen einmonatigen Kurs über Vulkane auf den Kanarischen Inseln aus, einem durch vulkanische Aktivität entstandenen Archipel. Man hielt so viel von ihm, dass man ihm die Leitung des Observatoriums von Pasto übertrug, wenn der Direktor verhindert war. José Arlés kam seinem Traum stetig näher. Bei INGEO-MINAS bereits ein aufstrebender Star, hatte er vor, einen akademischen Grad zu erwerben, eventuell in Amerika, und er und Monica hofften, noch einmal ein Kind zu bekommen.

In einem von Problemen heimgesuchten Land hatte José Arlés, aus armen Verhältnissen stammend, eine beeindruckende Karriere geschafft. Er hatte eine tolle Frau, viele enge Freunde und eine lohnende Arbeit. Noch nie hatte seine Zukunft so glänzend ausgesehen.

Meine überlebenden Kollegen vom Kraterrand erinnern sich deutlich daran, wann sie Geoff Brown, Fernando Cuenca und Carlos Trujillo zuletzt gesehen haben. Es war gegen halb zwei an jenem Nachmittag; wieder zogen Wolken über den Gipfel des Galeras, und Brown und die beiden Kolumbianer gingen im Uhrzeigersinn um den Krater herum zum westlichen Rand.

»Geoff verließ uns, und als einer der Überlebenden ihn zuletzt sah, stieg er einen höheren Abschnitt des Kraterrandes hinauf, in den Nebel hinein, direkt an der Steilkante, und Fernando Cuenca versuchte vergeblich, mit ihm mitzuhalten«, schrieb Andy Macfarlane im Februar 1993 an einen Freund. »An der Stelle fiel die Kraterwand sehr steil zum Kraterboden ab.«

Fernando Cuenca hätte es nicht gern, wenn man von ihm die Vorstellung zurückbehält, wie er, der schmächtige junge Mann, den Kraterrand entlangkeucht und nicht mit Geoff Brown, einem Mann mittleren Alters, Schritt halten kann. Von allen Geologen, die an jenem Tag auf dem Vulkan waren, war Fernando mit 27 Jahren der jüngste und unerfahrenste. Es war erst das zweite Mal, dass er auf einem Vulkan war. Das erste Mal war vor einem Jahr gewesen, ebenfalls auf dem Galeras; damals waren er und ein Kollege bis zum Amphitheater gekommen, dann aber nicht weitergegangen, weil sie eine Eruption befürchteten. Ich hatte Fernando erst auf der Konferenz in Pasto kennen gelernt und wusste gar nichts von ihm. Später erfuhr ich, dass er ein freundlicher, ja gewinnender Mensch war, der seine junge russische Frau sehr liebte. Außerdem war er ein viel versprechender Geophysiker, der aber nach einem sechsjährigen Studium in der Sowjetunion erst am Anfang seiner Karriere stand.

Fernando Augusto Cuenca Sanchez wurde in einer Kleinstadt im Südwesten Kolumbiens geboren, in der Nähe der Quelle des Rio Magdalena, des größten Stroms des Landes. Sein Vater war in einer Bank in der Stadt Neiva tätig. Dort wuchs Fernando auf, und als Jugendlicher spielte er Gitarre und erkundete mit seinen Freunden die Bäche und Flüsse der Gegend. Er gedachte Priester zu werden und besuchte zwei Jahre lang ein Seminar in Manizales. Schließlich kehrte er nach Neiva zurück, wo er ein naturwissenschaftliches Studium mit Auszeichnung absolvierte. Zur kolumbianischen Armee eingezogen, diente er in einer UN-Friedenstruppe auf dem Sinai. Durch diese Erfahrung lernte er das Reisen schätzen, und als er wieder in Kolumbien war, gewann er in einem Wettbewerb ein Auslandsstudium. Er entschied sich für die Sowjetunion, in der er 1985 eintraf, dem ersten Jahr der Regierung Gorbatschow.

In Tula, einer Stadt im Herzen Russlands, wo er studierte, lernte er in einer Disco eine gertenschlanke, attraktive Frau von 19 Jahren kennen, Larissa Gorbatowa. Bei beiden funkte es auf Anhieb. Fünf Jahre lang waren sie ein Liebespaar, und als Fernando nach Moskau zog, um an einem Institut für geophysikalische Technik sein Studium fortzusetzen, ging Larissa mit ihm.

1991 heirateten sie in Moskau, und nach Beendigung seiner Studien – Fernandos Abschluss entsprach in etwa einem Magister in Geophysik – nahm er seine Braut mit nach Kolumbien. Mitte 1992 bekam er eine Stelle bei INGEOMINAS in Bogotá, wo er mit seiner Ungezwungenheit, seiner Aufrichtigkeit und Intelligenz Eindruck machte. Anders als Nestor oder José Arlés war Fernando kein leidenschaftlicher Vulkanliebhaber. Er erwog sogar, sich bei einem der multinationalen Bergbauunternehmen in Kolumbien zu bewerben. Er empfand es als eine Ehre, dass seine Vorgesetzten ihn für die Teilnahme an der Konferenz in Pasto ausersehen hatten, und er freute sich als Geophysiker darauf, Geoff Brown bei der Arbeit mit dem Gravimeter zusehen zu können. Aber Fernando Cuenca war noch ungeformt, ein Mann, der seine ersten Schritte auf der beruflichen Laufbahn tat.

Der Mann, der, vom Nebel verdeckt, hinter Cuenca und Brown ging, war noch nicht einmal Geologe. Aber er liebte Vulkane. Carlos Enrique Trujillo, 36 Jahre alt, stammte aus Pasto und wirkte an der CESMAG, einer Universität der Stadt, als Professor für Tiefbau. Seine Neigung galt der Topographie, und neben seinen Lehrverpflichtungen entwickelte er ein starkes Interesse an dem Vulkan, der ständig in seinem Blickfeld lag. Besonders faszinierte ihn die Erforschung von Deformationen, bei der mit Lasern und Neigungsmessern – das sind hoch entwickelte Nivellierinstrumente – Veränderungen an der Oberfläche von Vulkanen exakt gemessen werden. Indem sie ermittelten, ob die Flanke eines Vulkans sich um Millimeter gehoben oder gesenkt hatte, hofften Wissenschaftler zu erkennen, ob in einem Berg wie dem Galeras ein Magmakörper aufstieg. Zwischen den Forschungsbereichen von Trujillo und Brown bestanden Zusammenhänge, und der Kolumbianer nutzte die Gelegenheit, den englischen Gravitationsspezialisten auf dem Galeras zu unterstützen.

1992 hatte INGEOMINAS Trujillo beauftragt, Deformationsuntersuchungen am Galeras durchzuführen, und im Januar 1993 war er mitten in dieser Tätigkeit. Es kam vor, dass er zweimal in der Woche auf dem Galeras war. In der Vorlesungszeit führte er Studenten regelmäßig auf den Vulkan, um dessen Topographie zu studieren, entweder vom Rand des Amphitheaters aus oder durch direkte Begehung des Vulkans.

Trujillo, schlank, volles schwarzes Haar, dunkler Schnurrbart und Brille, besaß eine beeindruckende Sammlung von Büchern über Vulkane, vor allem angesichts der Tatsache, dass es seine Nebenbeschäftigung war. Einen Tag vor unserer Exkursion war er mit Brown zu einem ersten Erkundungsgang auf dem Galeras. Am Morgen des 14. Januar war Trujillo früh auf und setzte sein einziges Kind, einen Sohn namens Mauricio, damals sechs Jahre alt, an der Schule ab. Mauricio hatte ihn an diesem Morgen gefragt, ob er mit auf den Galeras dürfe, der in seiner Vorstellung etwas Mythisches angenommen hatte. Nein, erwiderte der Vater. Aber er versprach, früh wiederzukommen und mit Mauricio schwimmen zu gehen.

Die drei Männer tauchten aus den Wolken auf. Eben noch hatte ich, am Kraterrand stehend, zu Igor Menjailow und Nestor García hinuntergeschaut, und als ich mich umdrehte, erblickte ich einen Mann mittleren Alters und zwei Jungen von 18, 19 Jahren, die sich mit José Arlés unterhielten. Ich sagte guten Tag, und sie erwiderten lächelnd meinen Gruß. Der Mann, klein und stämmig, hatte dichtes, welliges schwarzes Haar. Die Jungen überragten ihn, und einer von ihnen hatte einen dunklen Schatten auf der Oberlippe, die Andeutung eines Schnurrbarts. Was mir auffiel und Sorgen machte: Während wir mit Goretex-Jacken, Hightech-Stiefeln und sonst noch allerlei Zubehör ausgestattet waren, trugen die drei nur leichte Straßenkleidung, und die Jungen hatten Turnschuhe an.

Der Mann war liebenswürdig und erkundigte sich angelegentlich, wie es um den Vulkan stehe, was für Gase aus den Fumarolen strömten und was die Männer im Krater täten. Ich wollte nicht unhöflich sein, aber meine Antworten dürften recht barsch ausgefallen sein. Mich beschäftigte etwas anderes: dass meine Gruppe endlich zusammenkam und wir den Vulkan verlassen konnten. Es waren nur noch Minuten bis zum Abmarsch.

Die drei trafen, wie ich später erfahren habe, auf dem Weg zum Vulkan auf Carlos Alberto Estrada, der als Chauffeur und Gehilfe bei INGEOMINAS tätig war. Er war gerade dabei, zum Rand des Amphitheaters empor zu klettern, und riet ihnen davon ab, zum Krater zu gehen, wobei er hinzufügte, dass die Wissenschaftler im Begriff seien, den Krater zu verlassen. Der Mann war in seiner Neugier jedoch nicht zu bremsen, und so setzten sie ihren Weg zum Kegel fort.

Es handelte sich bei dem Mann um den 45-jährigen Efrain Armando Guerrero Zamboni, Dekan der geisteswissenschaftlichen Fakultät mit der Fachrichtung Sozialwissenschaften an der San-Felipe-Universität in Pasto. Der Junge mit dem Hauch eines Schnurrbarts war sein 18-jähriger Sohn, Yovany Alexander Guerrero Benavides, der im ersten Semester an der CESMAG-Universität studierte. Der andere Junge war sein Freund, der gleichaltrige Henri Vasquez.

Die Guerreros bewohnten ein hübsches kleines zweigeschossiges Haus in einem Mittelschichtviertel. Das Haus stand buchstäblich am Fuß des Galeras, dessen Gipfel an wolkenlosen Tagen zu sehen war. Gloria Benavides, Efrains Frau, war Hausfrau. Die beiden hatten noch eine Tochter, Paula, die damals 14 Jahre alt war. Efrain Guerrero spielte gern Fußball und nahm seine Studenten und seine Kinder mit zu Fußballspielen. Er war ein Naturfreund und Amateurfotograf. Und er kannte den Galeras durchaus, war er doch schon fünfmal auf dem Berg gewesen.

Yovany teilte die Fußballbegeisterung seines Vaters. Er war ein begabter Student und nach Auskunft seiner Mutter »sehr höflich, respektvoll und freundlich«. Er wusste noch nicht, für welchen Beruf er sich entscheiden sollte. Sein Freund Henri hatte gerade Abitur gemacht und war ebenfalls unschlüssig, was er anfangen sollte.

Die drei hatten den Vulkan in der Vorwoche ersteigen wollen, aber Efrain war zu beschäftigt gewesen, und so wurde der Ausflug verschoben. Als er hörte, dass die Wissenschaftler auf dem Berg tätig waren, beschloss er, am Donnerstag, dem 14. Januar, mit Yovany und Henri hinaufzugehen. Besonders interessierte ihn, welche Instrumente die Vulkanologen für die Messung der Gase des Galeras benutzten.

Am Vorabend hatte die Familie beim Abendessen über die Exkursion gesprochen. Efrain bat seine Tochter, doch mitzukommen, doch seine Frau lehnte dies strikt ab.

»Ich war sehr beunruhigt, denn ich wusste ja, dass der Vulkan aktiv und gefährlich war«, erzählte Gloria. »Ich fand, dass er nicht auf den Vulkan gehen sollte, und sagte es ihm. Aber er sagte, er würde gehen, weil es eine günstige Gelegenheit war, mit den Wissenschaftlern zu sprechen. Yovany war sehr neugierig und wollte seinen Vater unbedingt begleiten.«

Kurz nach sieben brachen die drei zu ihrer Wanderung auf, die auf der kurvenreichen und holprigen Strecke über mindestens 16 Kilometer verlief, nicht zu vergessen der Höhenunterschied von 1500 Metern. Sie waren aber, als sie zu unserer Gruppe stießen, durchaus nicht erschöpft, sondern schienen in guter Kondition zu sein. Da wir uns zum Gehen anschickten, beschlossen sie, den Vulkan mit uns zu verlassen.

Dass in den letzten Minuten vor der Eruption an der Kraterinnenwand Steine herabgestürzt sind, steht außer Zweifel. Strittig ist nur, wann sie herabfielen und wie wir den Steinschlag interpretierten. Luis LeMarie, der Ecuadorianer, erinnert sich nicht an einen Steinschlag als solchen. Er weiß noch, dass er zu José Arlés an den Kraterrand trat, wo die beiden »eine sehr interessante Beobachtung« machten. Vom Boden des Vulkans sahen sie, wie er sagt, eine Säule von gelblicher Asche oder Rauch etwa drei Meter hoch aufsteigen. Laut seinem Bekunden unterschied sich dieser völlig von dem Dampf, der aus den benachbarten Fumarolen entwich. Der Rauch erschien ungefähr zu dem Zeitpunkt, als die drei Touristen aufkreuzten, sagte Luis, und er war darüber so besorgt, dass er mich fragte, was das sei.

»Meinst du, diese Asche hat etwas zu bedeuten?« Darauf soll ich erwidert haben: »Nein, das ist normal.«

Es kann durchaus sein, dass wir darüber gesprochen haben, aber ich weiß es nicht mehr. Sollte Luis etwas gesehen haben, das nicht aus einer Fumarole kam, könnte es eine Staubwolke gewesen sein, die von herabstürzenden Felsblöcken aufgewirbelt wurde.

Andy Macfarlane, der ebenfalls am Kraterrand stand, schilderte seine Erinnerung an die herabstürzenden Felsen in einem Brief folgendermaßen:

Innerhalb von rund einer Minute gingen drei kleinere Steinschläge nieder. Sie waren deutlich zu hören, aber wo sie stattgefunden hatten, konnte ich nicht sehen. Ich fragte Stan danach, und er meinte, es könne sich um Mikrobeben handeln, aber es schien ihn nicht ernsthaft zu beunruhigen. Ich machte mir nach meinen eigenen Erfahrungen mit Steinschlägen auf schlafenden Vulkanen in der Kaskadenkette ebenfalls keine Sorgen. José Arlés, der auch bei uns war, berichtete, beim Observatorium habe man keine Seismizität festgestellt (er sprach häufig mit dem Observatorium), und deshalb machten wir uns darüber keine Gedanken.

Lange danach sagte Andy:»Ein bisschen Nervenflattern bekamen wir schon, aber es war nicht so, dass wir die Steinschläge hörten und losrannten. Wir dachten nicht, dass er ausbrechen würde.« Mike Conway, der beträchtliche Erfahrungen mit Vulkanen hatte, erinnert sich an einen Ablauf, der sich in etwa mit meinen Erinnerungen deckt. Ihm zufolge fand er es, als die Steinschläge anhielten, immer dringlicher, dass wir den Kraterrand verließen. »Es gab zwei, drei Steinschläge, und Stan sagte, wir sollten gehen«, erklärte Conway.»Wir standen auf dem Rand. Wir konnten die Steinschläge hören, aber sehen konnten wir sie nicht. Es war dunstig, wegen der vielen fumarolischen Gase. Es gingen etliche Steinschläge nieder, aber zunächst habe ich mir nichts dabei gedacht. Steinschläge kommen sehr häufig vor. Ich möchte nicht anzweifeln, dass Stan Igor und Nestor zubrüllte, sie sollten den Krater verlassen. Auf jeden Fall hat Stan gestikuliert. Er gab ihnen durch Handzeichen zu verstehen, dass sie herauskommen sollten. Man stellt sich ja nicht vor, dass der Dom hochgehen könnte. Ich dachte nur, es sei an der Zeit, dort herauszukommen. Es war gespenstisch. Man hört die Steinschläge und fragt sich: ›Soll ich mir deshalb Sorgen machen?‹«

Es war mittlerweile zwischen 13.35 und 13.40 Uhr. Mike, Andy und Luis äußern übereinstimmend, dass wir zu diesem Zeitpunkt begannen, den Vulkan zu verlassen. Nach Mikes Erinnerungen gingen die Touristen voran, diagonal den Kegelhang hinunter, auf dem ausgetretenen Pfad durch das Geröll, der zum Boden des Amphitheaters führt. Dann kam José Arlés, gefolgt von mir, Andy, Luis und schließlich Mike. Wir schafften Mike zufolge ein Viertel bis ein Drittel des Weges zum Fuß des Kegels, eine Strecke von vielleicht 23 Metern.

Nach Andys Erinnerung gingen die drei Touristen voran, gefolgt von Andy und mir. Mike und Luis bildeten, etwa neun Meter über uns, das Schlusslicht.»Als wir mit dem Abstieg begannen, unterhielt ich mich mit Stan«, schrieb Macfarlane später.»Er sagte, er komme sich manchmal komisch vor, wenn er mit einer Bergsteigerausrüstung für 1000 Dollar auf diese Vulkane geht, während die Einheimischen in ihren Jeans und Turnschuhen heraufsteigen.« Laut seiner Schilderung kamen er und ich bis etwa 18 Meter unterhalb des Kraterrandes.

Luis LeMarie erinnert sich, dass die Touristen beim Abstieg vom Kegel vorangingen, gefolgt von José Arlés und mir. Weiter oben folgten dann Luis, Andy und Mike. Nach seiner Einschätzung gelangten die drei bis zu einem Punkt, der zwischen 18 und 27 Metern unterhalb des Randes liegt.

In meiner Vorstellung ist der Steinschlag unauflöslich mit der Eruption verknüpft, und der zeitliche Abstand war kurz. Ich hatte die Touristen aufgefordert, voranzugehen, hatte Mike, Luis und Andy gesagt, sie sollten aufbrechen, und schickte mich gerade an, selber zusammen mit José Arlés abzumarschieren. Da begannen an der Innenwand des Kraters Steine herabzustürzen, erst einer, dann eine Hand voll, dann eine ganze Kaskade. Es gab für mich keinen Zweifel, dass dies das Vorspiel entweder zu einem Erdbeben oder zu einem Ausbruch war. Ich rief auf Spanisch und Englisch: »Schnell! Raus!« Ich weiß noch vage, wie ich Geoff Brown auf dem gegenüberliegenden Rand sah und ihm durch Gesten bedeutete, er solle die Flucht ergreifen. Ich erinnere mich deutlich, dass ich hinunterschaute und Igor und Nestor García aus dem Krater herauskraxeln sah – meine Kollegen sagen allerdings, dass ich das nicht gesehen haben kann, weil ich mich bereits mindestens neun Meter unterhalb des Randes befand.

Als Nächstes erinnere ich mich, dass ich zurückschaute. Ich erinnere mich, dass der Vulkan erbebte. Ich erinnere mich, dass ich wie wild den Hang hinunterraste und um mich herum nichts anderes sah als ein bebendes Bild von Felsblöcken und Geröll. Ich hatte keine Ahnung, wo meine Kollegen waren, die Welt bestand nur noch aus dem kohlegrauen Kegel.

Dann gab es einen höllischen, ohrenbetäubenden Knall, als die Erde aufriss und der Galeras seinen Inhalt hervorspie.

Ein Adrenalinschub überrollte mich.

6

DIE VULKANLIEBHABER

Natürlich war mir klar, dass es mit meiner Glückssträhne eines Tages vorbei sein könnte. Diese Möglichkeit erkannte ich zwar an, aber in Wirklichkeit *glaubte* ich nicht, dass es mir passieren würde. Menschen, die gefährliche Berufe ausüben, sind überzeugt, dass sie gegen alle Wahrscheinlichkeit gewinnen können. So habe auch ich immer empfunden. Sonst hätte ich mich nie in die Nähe eines Kraters getraut.

Wer sich auf das Fach des Vulkanologen verlegt, muss eine erste Schwelle überschreiten, und die heißt Bereitschaft zum Risiko. Für Studenten, die nach dem Vordiplom vor der Wahl ihres künftigen Hauptfachs stehen, nehme ich mir immer eine bis zwei Stunden Zeit, um sie über die mit der Vulkanologie verbundenen Gefahren aufzuklären. Sind sie bereit, auf einem Boden zu arbeiten, der jederzeit unter ihnen aufbrechen kann? Sollte nun einer allzu furchtsam sein, so rate ich zu einem anderen Fach.

Die Freuden der Arbeit auf Vulkanen überwiegen von Anfang an so sehr die möglichen Gefahren, dass ich nie auf den Gedanken gekommen bin, in einem weniger riskanten Bereich der Geologie zu arbeiten. Was mich wie die meisten meiner Kollegen zunächst an dem Fach begeisterte, war gerade das großartige Schauspiel der Vulkane. Man steht wie gebannt, wenn Stromboli Lavaströme emporschleudert, Pacaya massive Blöcke vulkanischen Gesteins zum Himmel schickt und der Mount Saint Helens wie ein Ballon platzt, bevor er von einer verheerenden Eruption erschüttert wird.

Die Ehrfurcht gebietende Macht von Vulkanen fasziniert uns alle, aber eine besondere Anziehung übt sie auf die Vulkanologen aus, die stärker ist als die Furcht, die wir alle in der Nähe des Kraters verspüren. Wenn ich mit den Besten des Faches auf Exkursion war, Leuten wie Igor Menjailow und Geoff Brown, fiel mir an ihnen eine Gemeinsamkeit auf: Wegen der Gefahr machen sie sich keine Sorgen. Sie nehmen sie als einen Bestandteil ihres Berufes hin, und wenn feststeht, dass ein Vulkan an einem bestimmten Tag einigermaßen sicher ist, gehen sie ihrer Arbeit mit bemerkenswerter Gelassenheit nach.

Vermutlich suchen alle Vulkanologen mehr oder weniger den Nervenkitzel. Nie fühle ich mich so lebendig, wie wenn ich einen Vulkan ersteige. Katia und Maurice Krafft sind bis zum Äußersten gegangen, aber in dem, was Katia über die Bereitschaft zum Risiko sagt, ist der rauschhafte Aspekt unserer Arbeit ganz richtig beschrieben.

»Ich war immer gern in der Nähe von Kratern, trunken von Feuer und Gas, mein Gesicht von der Hitze glühend«, hat Katia einmal gesagt. »Nicht, dass ich mit meinem Leben spiele, aber an diesem Punkt ist es mir egal, denn es macht Spaß, wenn man sich der Bestie nähert und nicht weiß, ob sie einen erwischen wird.«

Es gibt Geologen, und es gibt Vulkanologen. Es sind in der ganzen Welt nur ein paar hundert Wissenschaftler, die auf aktiven Vulkanen arbeiten, und uns eint ein starker Korpsgeist. Diese Gemeinschaft zerfällt in jene, die tote Vulkane erforschen, und andere, die auf lebende Vulkane klettern. Meine Kollegen, die nie einen aktiven Vulkan betreten haben, haben sicherlich Großartiges beigetragen, doch das Beste kommt nach meiner Überzeugung von denen, die in den Krater gehen. Der begeisterte französische Vulkanologe Haroun Tazieff hat es so ausgedrückt: »Die Erforschung schlafender Vulkane ist für den Vulkanologen, der Vorhersagen machen möchte, ebenso nutzlos wie die Untersuchung gesunder Menschen für den praktizierenden Arzt.«

Man weiß im Allgemeinen, dass die Vulkanologen eine Spezies für sich sind. Wenn mein Sitznachbar im Flugzeug fragt, was ich mache, antworte ich je nach Laune. Bin ich nicht zu einem

Schwätzchen aufgelegt, sage ich, ich sei Geologe, womit das Gespräch gewöhnlich beendet ist. Ist mir jedoch nach einer Unterhaltung zu Mute, sage ich, ich sei Vulkanologe. Danach ist der Fragen kein Ende.

Was die Bindung zwischen den Angehörigen unseres Faches stärkt, sind die Anforderungen und Gefahren der Arbeit im Gelände. Auf Grund gemeinsam durchlittener Notsituationen und denkwürdiger Erlebnisse entwickelt sich zwischen uns eine soldatische Kameradschaft. Dick Stoiber und ich haben auf rauchenden Gipfeln geschlafen. Wir wurden auf dem Weg zu Vulkanen von Banditen festgehalten. Wir waren auf dem Rückweg von Vulkanen in Verkehrsunfälle verwickelt und sind einige Male bei Eruptionen nur knapp mit dem Leben davongekommen. Für diejenigen, die ein sesshaftes Leben in Geborgenheit schätzen, ist unser Fach nicht das geeignete. Daran mag es liegen, dass bei vielen von uns die Ehe zerbricht.

Letztlich eint die Vulkanologen jedoch etwas Größeres als der Kitzel, den uns der Ritt auf dem Rücken der Bestie vermittelt. Die Wissenschaft steckt noch in den Kinderschuhen, und die Forscher von heute sind Pioniere in einem Bestreben, das irgendwann Zehntausende von Menschenleben retten könnte. Für Menschen wie Igor Menjailow stand die Wissenschaft immer im Vordergrund, aber im Grunde verstand er – und verstehen wir alle – unsere Arbeit als einen humanitären Dienst.

Wenn ich an die Menschen zurückdenke, die unsere Kenntnisse von Vulkanen vorangebracht haben, wird mir klar, dass wir vieles gemeinsam haben. Uns alle faszinierte die Majestät der Vulkane. Wir wollten unbedingt herausfinden, wie sie im Inneren funktionieren, welche Zusammenhänge zwischen dem Vulkanismus und der Entstehung des Planeten bestehen. Und wir wollten stets näher herankommen, nicht weil wir Selbstmörder wären, sondern weil man oftmals am besten beobachten und messen kann, wenn man nahe dran ist. Der römische Gelehrte Plinius der Ältere sah im Jahre 79 n. Chr. aus der Ferne, wie sich eine hohe Säule über dem Vesuv bildete, und er segelte nach Pompeji, um die Eruption zu beobachten und seine Freunde zu retten. Er büßte es mit seinem Leben. 17 Jahrhunderte später rückte Sir William Hamilton, ein englischer Edelmann und Gelehrter, unter beträchtlicher Gefahr wiederholt dem ausbrechenden Vesuv zu Leibe, in der Erkenntnis, dass es ihm nur durch genaue Beobachtung möglich sein würde, das Funktionieren des Vulkans zu ergründen. Vor nur zehn Jahren flogen meine Kollegen Katia und Maurice Krafft, als sie hörten, dass der japanische Vulkan Unzen spektakuläre pyroklastische Ströme freisetzte, um die halbe Welt, um diese zu fotografieren. In der Hoffnung, dass ihre Dokumentation des tödlichen Phänomens dazu beitragen könnte, Menschen vor vulkanischen Gefahren zu warnen, wollten sie näher heran. Auch sie büßten es mit ihrem Leben.

Plinius der Ältere war der erste Wissenschaftler, von dem wir wissen, dass er bei einer Eruption ums Leben kam. Er befand sich am Morgen des 24. August 79 in seiner am Meer gelegenen Villa auf dem Kap Misenum, 32 Kilometer westlich vom Krater des Vesuv am Golf von Neapel, wo er die römische Flotte befehligte. Der 56-jährige Aristokrat war vor Tagesanbruch aufgestanden und hatte sich wie gewohnt seinen Studien gewidmet, dann hatte er sich in der lauen neapolitanischen Luft gesonnt, sich ein kaltes Bad gegönnt und im Liegen einen Imbiss genommen, um sich schließlich wieder seinen Studien zuzuwenden.

Als Gaius Plinius Secundus geboren, ist Plinius der Ältere nicht wegen seiner militärischen Leistungen bis heute in Erinnerung geblieben, sondern wegen seiner umfassenden Studien, die ihn neben Aristoteles und Vergil zu einem der gelehrtesten Männer des klassischen Altertums machten. Man kennt ihn vor allem als Verfasser einer *Naturgeschichte* in 37 Büchern, eines Kompendiums, in dem unter anderem die Gebiete der Geographie, Botanik, Zoologie, Anthropologie und Astronomie dargestellt werden und das, wie Plinius sich rühmte, 20 000 Tatsachen enthielt. Er interessierte sich für alles und verbrachte einen Großteil des Tages – er schlief im Durchschnitt nur vier Stunden – damit, Bücher und Abhandlungen zu verschlingen.

»Vor Tagesanbruch ging er zum Kaiser Vespasian, von da zu

dem ihm aufgetragenen Dienst«, schrieb sein Neffe Plinius der Jüngere, der sich in diesem Sommer bei ihm aufhielt. »Nach Hause zurückgekehrt, widmete er, was er an Zeit erübrigte, den Studien. Denn er hat nichts gelesen, ohne es nicht auch zu exzerpieren; auch pflegte er zu sagen, kein Buch sei so schlecht, dass es nicht irgendwie Nutzen brächte.«

Um ein Uhr mittags berichtete die Schwester Plinius' des Älteren ihm von einer gewaltigen Wolke »von ungewöhnlicher Gestalt und Größe«, die vom Vesuv her aufstieg. Mit seiner Schwester und seinem Neffen begab sich der Gelehrte auf eine Anhöhe, von der aus sie die Wolke, die sich über dem Golf von Neapel immer höher auftürmte, besonders gut beobachten konnten. Diese Wolke, die schließlich 25 Kilometer in den Himmel hinaufragte, war ein perfektes Beispiel für das, was man später eine plinianische Eruptionssäule nannte, ein Turm aus Asche und Gas, in die Stratosphäre geschleudert durch eine Reihe von magmatischen Explosionen in so kurzer Folge, dass sie zu einem fortgesetzten, ohrenbetäubenden Krachen werden.

»Es erhob sich eine Wolke, für den Beobachter aus der Ferne unkenntlich, auf welchem Berge«, schrieb Plinius der Jüngere,

»deren Gestalt am ehesten einer Pinie ähnelte. Denn sie stieg wie ein Riesenstamm in die Höhe und verzweigte sich dann in eine Reihe von Ästen ... manchmal weiß, dann wieder schmutzig und fleckig, je nachdem sie Erde oder Asche mit sich emporgerissen hatte. Als einem Manne mit wissenschaftlichem Interesse erschien ihm die Sache bedeutsam und wert, aus größerer Nähe beobachtet zu werden. Er befahl, ein Boot bereitzumachen; mir stellte er es frei, wenn ich wollte, mitzukommen; ich antwortete, ich wolle lieber bei meiner Arbeit bleiben.«

Der ältere Plinius zeigte die Instinkte eines echten Vulkanologen: näher herankommen. Die Initiative seines Neffen ließ ein wenig zu wünschen übrig, doch diesen Mangel wog der jüngere Plinius mit zwei Briefen auf, die bemerkenswerte Einzelheiten über die Eruption enthalten.

Bald wurde aus der wissenschaftlichen Mission Plinius' des Älteren auch eine humanitäre. Er wollte schon mit einem einzigen Boot losfahren, als ein Bote einen Brief von Rectina brachte, der Frau des Tascus, die mit Plinius dem Älteren befreundet war, am Fuße des Vesuv wohnte und, wie es beim jüngeren Plinius heißt, »sich wegen der drohenden Gefahr ängstigte ... und bat, sie aus der bedenklichen Lage zu befreien«. Plinius der Ältere befahl unverzüglich, die großen Galeeren seiner Flotte zu Wasser zu bringen, und gegen zwei Uhr nachmittags legte er ab in Richtung Vesuv.

Nachdem sie mehrere Stunden gerudert waren, näherten sie sich der Küste bei Pompeji. Dort empfing sie ein höllischer Anblick. Die Säule aus Asche und Gas stieg immer höher auf. Der Himmel war eingetrübt von heißer Asche, glühende Steine fielen auf die Schiffe, und das Meer war verstopft von Brocken schwimmenden Bimssteins. Verängstigte Menschen versuchten in kleinen Booten zu entkommen. Derweil machte Plinius der Ältere, »gänzlich unbeschwert von Furcht«, detaillierte Aufzeichnungen über die Eruption, Beobachtungen, die leider verloren gegangen sind.

»Schon fiel Asche auf die Schiffe, immer heißer und dichter, je näher sie herankamen, bald auch Bimsstein und schwarze, halb verkohlte, vom Feuer geborstene Steine«, schrieb Plinius der Jüngere an Tacitus, nachdem er die Szene auf Grund von Zeugenbefragungen rekonstruiert hatte. Als sie sich der Küste näherten, schwamm so viel Bimsstein im Wasser, dass sie nicht weiterkamen. »Einen Augenblick war er unschlüssig, ob er nicht umkehren sollte, dann rief er dem Steuermann, der dazu riet, zu: ›Dem Mutigen hilft das Glück; halt auf Pomponianus zu!‹«

Pomponianus wohnte in Stabiae, etwa acht Kilometer von ihrem derzeitigen Standort entfernt und von Misenum aus am anderen Ende des Golfs von Neapel. Sie trafen bei Einbruch der Dunkelheit ein und stellten fest, dass die Lage nur geringfügig besser war und sich zusehends verschlechterte. Asche und Bimsstein regneten vom Himmel herab. An den Hängen des Vesuv loderten Feuer. Pomponianus und die übrigen Bewohner von Stabiae waren voller Furcht. Der Vesuv hatte so lange geschlafen, dass niemand ihm ein solches Wüten zutraute.

Plinius der Ältere bemühte sich nach Kräften, sie zu beruhigen. Er nahm sogar in aller Seelenruhe eine Mahlzeit zu sich, während vulkanische Trümmer auf die Stadt herabregneten. Danach legte er sich schlafen. Der Ausbruch verstärkte sich.

»Aber«, schrieb sein Neffe, »der Boden des Vorplatzes, von dem aus man das Zimmer betrat, hatte sich, von einem Gemisch aus Asche und Bimsstein bedeckt, schon so weit gehoben, dass man, blieb man noch länger in dem Gemach, nicht mehr hätte herauskommen können. Infolge häufiger, starker Erdstöße wankten die Gebäude und schienen, gleichsam aus ihren Fundamenten gelöst, hin und her zu schwanken.«

Gegen Morgen weckte Pomponianus den schnarchenden Plinius den Älteren und drängte ihn, zusammen mit ihm und seinen Haushaltsangehörigen das Haus zu verlassen. Als Schutz gegen herabfallende Trümmer banden sie sich Kissen auf den Kopf und flohen durch die inzwischen mehrere Fuß hohen Ablagerungen von Asche und Bims. Es war schon Tag, doch Stabiae war in Dunkelheit gehüllt, und die Einwohner brauchten Fackeln, um sich zurechtzufinden. Plinius der Ältere ging an den Strand, um zu schauen, ob sie mit dem Schiff entkommen könnten, doch der Wind stand ungünstig, und das Meer war »rau und feindlich«, wie der jüngere Plinius schreibt – vermutlich handelte es sich um Tsunamis, die der Vulkan ausgelöst hatte. Bald übermannten die Anstrengung und das unablässige Einatmen von Asche den gelehrten Römer.

»Er legte sich auf eine hingebreitete Decke«, schrieb Plinius der Jüngere,

»verlangte hin und wieder einen Schluck kalten Wassers und nahm ihn auch zu sich. Dann jagten Flammen und als ihr Vorbote Schwefelgeruch die andern in die Flucht, schreckten ihn auf. Auf zwei Sklaven gestützt, erhob er sich und brach gleich tot zusammen, vermutlich, weil ihm der dichtere Qualm den Atem benahm und den Schlund verschloss, der bei ihm von Natur schwach, eng und häufig entzündet war. Sobald es wieder hell wurde – es war der dritte Tag von dem an gerechnet, den er als letzten erlebt hatte –, fand man seinen Leichnam unberührt und unverletzt, zugedeckt, in den Kleidern, die er zuletzt getragen hatte, in seiner äußeren Erscheinung eher einem Schlafenden als einem Toten ähnlich.«

Auf welche Weise Plinius der Ältere starb, ist bis heute ungeklärt. Dass er an schwefligen Gasen erstickte, wie sein Neffe behauptet, ist möglich, aber unwahrscheinlich. Die Flammen, der Schwefelgeruch und das »nahende Feuer«, die Plinius dem Jüngeren zufolge seinen Onkel töteten, waren in Wirklichkeit die Spitze eines pyroklastischen Stroms, der sich 16 Kilometer über Land und Meer hinweg bis nach Stabiae gewälzt hatte. Doch wenn Plinius der Ältere der *Nuée ardente* zum Opfer fiel, warum sind dann die anderen, die ihn begleitet hatten, nicht ebenfalls umgekommen? Denkbar ist auch, dass seine chronisch geschwächten Atemwege sich vom Einatmen der heißen Asche so entzündeten, dass er erstickte. Und es ist durchaus möglich, dass der übergewichtige, kränkelnde Gelehrte einem Herzanfall erlag.

Um die Zeit herum, da Plinius der Ältere starb, erreichte der Ausbruch seinen Höhepunkt. Wenn man die umfangreichen geologischen und archäologischen Zeugnisse in Pompeji und Herculaneum hinzunimmt, erlauben es die Schilderungen Plinius' des Jüngeren und anderer, die Eruption genauestens zu rekonstruieren. Diese Quellen enthüllen eine ungeheure Katastrophe, die jene vom Mount Saint Helens um das Achtfache übertraf und eine Fläche von 300 Quadratkilometern in Asche und Bims versinken ließ. Was diesen Ausbruch jedoch besonders tödlich werden ließ, war der Zusammenbruch der 25 Kilometer hohen Säule aus Asche und Gas, aus der sich, als sie zur Erde zurückzusinken begann, ein halbes Dutzend pyroklastischer Ströme bildete, die mindestens 3500 Menschen töteten und über den Golf von Neapel hinweg bis nach Misenum brausten.

Herculaneum lag mit etwa 5000 Einwohnern sechseinhalb Kilometer westlich des Vesuv am Golf von Neapel. Am 25. August kurz nach Mitternacht begann die Kraft der von Gas getriebenen plinianischen Eruption nachzulassen, und aus Asche- und Gasteilchen, die sich von der Säule absonderten, bildeten sich Wellen pyroklastischer Ströme, die mit bis zu 100 Kilometern pro Stunde die Hänge des Vulkans hinabdonnerten. Diese glutheißen Lawinen verwüsteten Herculaneum und töteten Hunderte, wenn nicht Tausende von Menschen, die am Ufer auf rettende Boote warteten. Die Stadt wurde unter einer 23 Meter hohen Schicht aus Bims und Asche begraben.*

Die 20000 Bewohner von Pompeji, einer blühenden Stadt zehn Kilometer südwestlich des Vesuv, hatten noch mehr zu leiden. Seit die Eruption am Morgen des 24. August begonnen hatte, waren Asche, Bims und *lapilli* – so heißen »Steinchen« im Lateinischen – auf die Wohnhäuser, Geschäfte, Tempel, öffentlichen Bäder, Amphitheater und die mit Kopfsteinen gepflasterten Straßen Pompejis heruntergeprasselt. Dächer stürzten ein und begruben viele Menschen unter sich. Bei ständiger Dunkelheit und fortgesetzten Erdbeben flüchteten die Einwohner nach Osten. Am 25. August um 7.30 Uhr, als die Stadt bereits unter einer 2,10 Meter hohen Bims- und Ascheschicht lag, raste ein pyroklastischer Strom an den Hängen des Vesuv hinab. Die Wolke donnerte durch Pompeji und tötete mindestens 2000 Bewohner, die erstickten oder verbrannten. Aschenfälle und zumindest ein weiterer pyroklastischer Strom begruben diese Opfer und deckten die Stadt mit einer vier Meter hohen Schicht aus vulkanischem Schutt zu.

Unter dieser Stein- und Ascheschicht konserviert, lagen die Stadt und ihre Opfer 1700 Jahre lang begraben. Im 18. Jahrhundert gab es vereinzelte Ausgrabungen. Es war jedoch der italienische Archäologe Giuseppe Fiorelli, der Mitte des 19. Jahrhunderts die Entdeckung machte, die prägend wurde für die Vorstellung, die die meisten heute mit Pompeji verbinden. Die Leichen der Opfer zerfielen unter der feinen Asche, die sich langsam verfestigte, wodurch Hohlräume entstanden. Fiorelli goss die Hohlräume mit flüssigem Gips aus, sodass nach Entfernen der Asche unvergessliche realistische Abgüsse der Opfer zurückblieben. Heute begeg-

---

* Geologen haben aus den Ablagerungen, die Herculaneum zudeckten, gefolgert, dass nicht pyroklastische Ströme, sondern Schlammströme die Stadt verheerten.

net einem überall in Pompeji die Qual des Sterbens in einem pyroklastischen Strom: zwei Jungen, die einander an den Händen halten, ein Hund, der an einer Leine zerrt, eine Frau, die sich ein Taschentuch in den Mund gestopft hat, eine 18-köpfige Familie, deren Leichen in einer Villa verstreut liegen. Das andere Zeugnis des Grauens dieser ersten Eruption stammt von Plinius dem Jüngeren. Weit vom Krater des Vesuv entfernt, glaubten er, seine Mutter und die Einwohner von Misenum das Ende der Welt nahen, als 32 Kilometer über den Golf von Neapel hinweg ein pyroklastischer Strom auf ihre Stadt zukam. Seine Beschreibung der Katastrophe setzt am frühen Morgen des 25. August ein, als Misenum in eine düstere Aschenwolke gehüllt ist, die schwankenden Häuser von Erdbeben geschüttelt werden und verängstigte Einwohner nach Nordwesten fliehen. Sein Brief an Tacitus gehört zu den anschaulichsten Schriftzeugnissen in der Geschichte der Vulkanologie. Kaltblütig gibt der Achtzehnjährige den ersten Augenzeugenbericht von einem pyroklastischen Strom, und er schildert knapp, wie das Meer von Tsunamis erst in die eine, dann in die andere Richtung getrieben wird:

Außerdem sahen wir, wie das Meer sich in sich selbst zurückzog und durch die Erdstöße gleichsam zurückgedrängt wurde. Jedenfalls war der Strand vorgerückt und hielt zahllose Seetiere auf dem trockenen Sande fest.

Auf der andern Seite eine schaurige, schwarze Wolke, kreuz und quer von feurigen Schlangenlinien durchzuckt, die sich in lange Flammengarben spalteten, Blitzen ähnlich, nur größer... Nicht lange danach senkte sich jene Wolke auf die Erde, bedeckte das Meer. Da bat und drängte meine Mutter..., mich irgendwie in Sicherheit zu bringen... Ich dagegen: ich wollte mit ihr zusammen am Leben bleiben; damit fasste ich sie bei der Hand und nötigte sie, ihre Schritte zu beschleunigen... Ich schaute zurück: Im Rücken drohte dichter Qualm, der uns, sich über den Erdboden ausbreitend, wie ein Gießbach folgte.

Kaum hatten wir uns gesetzt, da wurde es Nacht, aber nicht wie bei mondlosem, wolkenverhangenem Himmel, sondern wie in einem geschlossenen Raum, wenn man das Licht gelöscht hat. Man hörte Weiber heulen, Kinder jammern, Männer schreien; die einen riefen nach ihren Eltern, die andern nach ihren Kindern, wieder andere nach ihren Männern oder Frauen und suchten sie an der Stimme zu erkennen... Viele beteten zu den Göttern, andere wieder erklärten, es gebe nirgends noch Götter, die letzte, ewige Nacht sei über die Erde hereingebrochen...

Wieder fiel Asche, dicht und schwer, die wir, fortgesetzt aufstehend, abschüttelten, wir wären sonst verschüttet und durch ihre Last erdrückt worden. Ich könnte damit prahlen, dass sich mir trotz der furchtbaren Gefahr kein Seufzer, kein verzagtes Wort entrungen hat; hätte ich nicht – ein schwacher, aber für uns Menschen immerhin ein im Tode wirksamer Trost – fest geglaubt, ich ginge mit allem und alles mit mir zu Grunde.

Plinius der Jüngere und seine Mutter überlebten. Auch die meisten Einwohner von Misenum blieben verschont, weil der pyroklastische Strom auf der 32 Kilometer langen Strecke vom Vesuv an Rasanz eingebüßt hatte. Wenige Stunden zuvor hatte der Onkel des jüngeren Plinius am anderen Gestade des Golfs von Neapel sein Leben ausgehaucht.

In den annähernd 2000 Jahren seit der Zerstörung Pompejis hat der Vesuv eine alle anderen Vulkane überstrahlende und bis heute anhaltende Faszination auf die westliche Welt ausgeübt. Seine markante Lage in Europa, seine häufigen und oft spektakulären Ausbrüche, sein malerischer Kegel, der sich gelassen über dem Golf von Neapel erhebt, die Tatsache, dass er zum Programm vornehmer Herren gehörte, die Europa auf ihrer »Grand Tour« bereisten, und nicht zuletzt die Gefahr, die von ihm ständig für diese dicht bevölkerte Region ausgeht – das alles hat dazu beigetragen, ihm allgemeine Aufmerksamkeit zu sichern.

Alle Vulkanologen sollten eine Pilgerfahrt zum Vesuv machen. Ich habe die meine im Jahr 1986 absolviert und auf den jüngst wieder aktiv gewordenen Phlegräischen Feldern, den Campi Phlegraei, dem Bereich der Fumarolen in der Nähe des Vesuv, einen Monat lang Gasuntersuchungen durchgeführt. Ich war von der Schönheit des Vulkans beeindruckt, habe aber nicht daran gedacht, ihn zu untersuchen; mir war klar, dass ich mehr würde beisteuern können, wenn ich auf weniger erforschten Vulkanen in Ländern wie Kolumbien arbeitete.

Es gibt viele Gelehrte, die ihre ganze Tätigkeit der Erforschung des Vesuv gewidmet haben. Doch kaum jemand war so hingebungsvoll und leidenschaftlich am Werk wie ein englischer Aristokrat des 18. Jahrhunderts, der 35 Jahre lang die Stimmungen und Facetten des Vulkans aufgezeichnet hat. Sir William Hamilton war vieles: britischer Botschafter am Hof von Neapel, ein fleißiger Sammler römischer und griechischer Antiken und der gehörnte Ehemann in einem der berüchtigtsten Dreiecksverhältnisse, von denen die Geschichte weiß. Ich möchte in ihm aber vor allem einen Vulkanologen sehen. Er war fasziniert von den titanischen Prozessen, die den Vesuv zum Ausbruch trieben. Mit seiner ausgesprochen wissenschaftlichen Ader analysierte er die Veränderungen bei den Gesteinen des Vesuv, seinen Fumarolen, seinem Krater. Er war ein scharfsinniger Beobachter, und einige der besten Beschreibungen, die es überhaupt von ausbrechenden Vulkanen gibt, stammen von ihm. Vor allem aber liebte er den Vulkan, liebte er es, ihn zu betrachten, wie er Asche ausstieß, Lava ausschwitzte oder Feuer und Steine hervorspie.

»Der Vesuv hatte für Hamilton keinen Schrecken – er faszinierte ihn«, schrieb sein Biograf Brian Fothergill. »Wenn sich Aktivität regte, traf man ihn an seinen Hängen. Er machte sich Notizen, fertigte Skizzen an, grub Bodenproben aus und wagte sich oft unter Lebensgefahr an den rauchenden Krater oder an die Ströme geschmolzener Lava heran.«

1730 in Schottland in eine Adelsfamilie hineingeboren, diente Sir William zehn Jahre lang als Offizier in der britischen Armee und war während des Siebenjährigen Krieges in Holland und Belgien im Fronteinsatz. Er wurde Mitglied des Parlaments, bis die angegriffene Gesundheit seiner ersten Frau ihn bewog, einen Auslandsposten zu übernehmen. Dank seiner Beziehungen – er war unter anderem eng mit König Georg III. befreundet – konnte er eine Ernennung zum »Sondergesandten und Bevollmächtigten« am Hof von Neapel, beim König beider Sizilien, herausschinden. So mancher hätte in dieser Position seine Jahre im träge machenden Glanz Süditaliens zugebracht. Hamilton war jedoch ein Mann der Aufklärung, mit einer gewaltigen, unstillbaren Neugier, und während der 35 Jahre in Neapel eignete er sich Kenntnisse in zahlreichen Bereichen an, vor allem in zwei. Das eine waren griechische und römische Antiquitäten. Das andere war die Vulkanologie.

Als er 1764 nach Neapel kam, wusste Sir William kaum etwas über Vulkane und die Prozesse, die das Bild der Erde geformt hatten. Doch gerade damals trat der Vesuv in seine aktivsten Phasen der letzten Jahrhunderte ein. Hamilton war auf Anhieb hingerissen von der Majestät des Berges, dessen Silhouette den Golf von Neapel beherrschte und der die Anwohner mit seinen Erdbeben und Ausbrüchen ängstigte. Nominell nur ein Liebhaber, wurde er zu einem der ersten Geologen, der diese Wissenschaft im Gelände ausübte; in dreieinhalb Jahrzehnten bestieg er 70-mal den Krater des Vesuv, und bei einem Dutzend weiterer Gelegenheiten studierte er dessen untere Regionen. Er war Zeuge dreier großer und vieler kleiner Eruptionen.

Noch kein Jahr nach seiner Ankunft begannen Asche und Gas aus dem Krater des Vesuv zu strömen. Hamilton, von einem Zeitgenossen als ein Mann »von magerer Gestalt und großer Muskelkraft und Energie« beschrieben, konnte nicht fern bleiben. Im November 1765, bei einem seiner ersten Besuche des Kraters, feuerte der Vesuv einen Warnschuss in seine Richtung ab, eine kleine Eruption, die ihn mit Steinen überschüttete und ihn zwang, »ziemlich eilfertig zurückzueilen«. Als sich am 28. März 1766 Lava aus dem Krater zu ergießen begann und Erdbeben die Dörfer um den Vesuv erschütterten, eilte Sir William zur Quelle der Erschütterung.

»Ich näherte mich der Mündung des Vulkans, so viel ich vorsichtigerweise konnte«, schrieb er an die Royal Society in London, den bedeutendsten Wissenschaftsverband seiner Zeit. »Die Lava hatte das Ansehen eines in Fluss gebrachten, glühenden und schmelzenden Metalls, dergleichen wir in den Glashütten sehen, auf ihrer Oberfläche schwammen große halb entzündete Kohlen mit großer Geschwindigkeit über einander weg, stürzten an den Seiten des Berges hinab, und machten eine außerordentliche und höchstprächtige Cascade.«

Er verbrachte während der Aktivitätsphase von 1766 bis 1767 noch etliche Tage und Nächte auf dem Berg, führte kleine Versuche durch und stieß immer weiter vor, um zu sehen, wie nah er seinem Objekt auf den Leib rücken konnte, ohne sich zu gefährden. Er stand so dicht bei einem rasch fließenden Lavastrom, dass er bemerken konnte, dass »der daran stoßende Boden zitterte wie das Holzwerk an einer Wassermühle«. Er steckte einen Stock in den Strom und stellte fest, dass dessen Oberfläche schwer zu durchdringen war. Er warf große Steine hinein und notierte, dass sie nicht einsanken. Er staunte darüber, wie sich die Ströme zerteilten und wieder vereinten; dadurch entstand in der Nacht »ein ununterbrochener Feuersee, welcher vier Meilen lang und an einigen Orten zwei Meilen breit war. Den prächtigen Anblick dieser außerordentlichen Scene, können Sie sich einbilden, Mylord: sie war unbeschreiblich schön.«

Das konnte Seine Lordschaft in der Tat.

Sir Joseph Banks, der angesehene Botaniker und Präsident der Royal Society, schrieb an Hamilton: »Ich lese Ihre Briefe mit jener nervösen Unruhe, die mir ständig vorhält, dass ich nicht in einer ähnlichen Lage bin. Ich beneide Sie, ich bedaure mich.«

Im Oktober 1767 erreichten die Eruptionen schließlich ihren Höhepunkt. Sir William war zur Stelle, dicht am Krater:

Plötzlich berstete der Berg; aus dieser neuen Öffnung schoss ein Springbrunnen flüssigen Feuers, mit großem Geprassel, viele Fuß empor, und wälzte sich alsdenn, wie ein reißender Strohm, gerade gegen uns zu. Die Erde erbebte; zu gleicher Zeit fiel ein dicker Hagel von Bimsensteinen auf uns; in einem Augenblicke, verursachten Wolken von schwarzem Rauch und Aschen, eine fast gänzliche Finsternis; das Krachen auf dem Gipfel des Berges war viel lauter, als irgend ein Donner, den ich jemals gehöret habe; und der Schwefeldampf war sehr stinkend. Mein erschreckter Wegweiser nahm die Flucht; und ich muss gestehen, dass mir eben so wenig, als ihm, gut zu Muthe war. Ich folgte ihm also auf dem Fuße nach, und wir rannten drey Meilen weit ohne einzuhalten ... Die Bimsensteine, welche wie Hagel auf uns fielen, waren so groß, dass sie eine sehr unangenehme Empfindung an dem Orte, wo sie hinfielen, erregten. Nachdem ich etwas Athem geschöpft hatte, hielte ich es, da die Erde noch sehr heftig erbebte, für das rathsamste, den Berg zu verlassen, und nach meinem Landhause zurück zu kehren, wo ich meine Familie, durch das beständige und heftige Krachen des Vulkans, das unser Haus bis auf den Grund erschütterte, und die Thüren und Fenster in ihren Angeln hin und her stieß, sehr beängstigt fand.

Durch seine direkten Beobachtungen während unzähliger Stunden brachte Hamilton das vulkanologische Wissen in vielen Bereichen voran. Während bei etlichen Wissenschaftlern seiner Zeit noch die Überzeugung vorherrschte, die Erde sei nur 5700 Jahre alt, wies er nach, dass unser Planet weit älter ist und überall dort, wo Basalt vorkommt, einst Vulkane waren. Er vermutete, dass die Landschaft Italiens und der übrigen Welt weitgehend von vulkanischer Aktivität geformt wurde und die vielschichtigen Gesteins-, Bims- und Ascheformationen um Neapel von weit zurückliegenden Eruptionen zeugten. Zu der von ihm beobachteten Bildung eines neuen Kegels im Inneren des Vesuv schrieb er: »Ich zweifle keineswegs, dass der ganze Berg Vesuv nicht auf dieselbe Art sollte entstanden seyn.« In Anbetracht dieses Vorgangs unterzog er den Monte Somma, jenen Wall, der den Kegel des Vesuv in einem Halbkreis umgibt, einer Prüfung und kam als einer der Ersten zu der zutreffenden Vermutung, dass der Somma der Vorgänger des Vesuv und jener Vulkan war, der im Jahre 79 ausgebrochen war. (Die eingestürzten Kraterwände eines älteren Vulkans, die einen jüngeren aktiven Kegel umgeben, bezeichnet man heute üblicherweise als Somma.) Er begriff, dass der Antrieb der Vulkane tief im Erdinneren saß, und sprach sich dafür aus, Vulkane nicht als destruktiv zu betrachten, sondern als konstruktive Kräfte, die die Landschaft gestalten, sie mit fruchtbaren Böden bedecken und wertvolle Minerale aus der Tiefe an die Oberfläche befördern.

Sir William beobachtete die Ausgrabungen in Pompeji und sammelte Tausende von vulkanischen Gesteinen, die er zur Untersuchung nach England schickte. 122 davon findet man heute im Naturgeschichtlichen Museum in London. Er und seine erste Frau empfingen zudem einen ständigen Strom von Gästen, darunter Mitglieder europäischer Königshäuser, die erpicht darauf waren, den Vesuv in Gesellschaft von Sir William zu besuchen, der sich im Laufe der Jahre einen wachsenden Ruf als Kenner von Vulkanen erworben hatte. Er wurde, wie ein Freund bemerkte, zur »Freude und Zierde des Hofes von Neapel«.

1779 und 1794 war Hamilton Zeuge größerer Eruptionen des Vesuv. Beide Male geriet er in brenzlige Situationen, denen er nur auf Grund seiner und seiner Führer Kaltblütigkeit entging. Im Mai 1779, am Beginn einer fünfmonatigen aktiven Eruptionsphase, verbrachte er mit einem Freund und ihrem italienischen Führer – wahrscheinlich der einäugige Bartolomeo Puma, den Hamilton den Zyklop vom Vesuv nannte – eine Nacht auf dem Vulkan. Als sie am anderen Tag an den Hängen umherwanderten und die Lavaströme betrachteten, die sich den Berg hinunterschlängelten, fanden sie sich zwischen zwei Strömen eingezwängt. Der Führer taxierte die Lage und beschloss, den einen Strom, der etwa 15 Meter breit war, zu Fuß zu überqueren.

»Wir folgten ihm ohne zu zögern«, schrieb Sir William, »da wir keine andere Unannehmlichkeit empfunden hatten als jene, die von der großen Hitze an unseren Füßen und Beinen ausging; die Kruste der Lava war so zäh, dass sie nicht nur Schlacken mit sich führte, sondern unser Gewicht nicht den geringsten Eindruck auf ihr hinterließ, und ihre Bewegung war so träge, dass wir nicht in Gefahr waren, unser Gleichgewicht zu verlieren und auf sie zu fallen, doch sollte man dieses Experiment nicht wagen außer in Fällen wirklicher Notwendigkeit.«

1794 beobachtete Hamilton im Alter von 64 Jahren seine letzte große Eruption am Vesuv. Nach einem Schlummer von sieben Monaten erwachte der Vulkan Anfang Juni mit einer Reihe von warnenden Erdbeben wieder zum Leben. Am 15. Juni, einem Sonntag, explodierte der Vesuv und schleuderte eine feurige Fontäne hoch in die Luft. Eine schwarze Aschenwolke füllte den Himmel aus, während Lava den Berg hinabströmte. Es war vermutlich die stärkste Eruption des Vesuv seit 1631, als rund 18000 Menschen umkamen.

»Frische Fontänen folgten einander eilig, und alle strömten geradewegs etwa anderthalb Meilen tiefer auf die Städte Resina und Torre del Greco zu«, berichtete Hamilton in seinem letzten Brief an die Royal Society in London.

Ich konnte 15 von ihnen zählen, doch ich glaube, es gab noch mehr, die durch den Rauch verdeckt waren … Man kann mit einer Beschreibung unmöglich eine Idee von diesem feurigen Bilde oder von den schrecklichen Geräuschen geben, die dieses grandiose Naturschauspiel begleiteten. Es war eine Mischung von dem lautesten Donner mit unaufhörlichen Knallen, wie sie von zahlreicher schwerer Artillerie ausgehen, begleitet von einem dumpfen Rauschen wie dem des Ozeans bei einem heftigen Sturm; und zu diesen hinzu kam ein anderes, heulendes Geräusch, wie das von einer großen Schar von Feuerwerksraketen … Das häufige Herabfallen der großen Steine und Schlacken, die aus einigen der neuen Mündungen in eine unglaubliche Höhe emporgeschleudert wurden, trug unzweifelhaft zu jener Erschütterung der Erde und der Luft bei, welche bewirkte, dass alle Häuser in Neapel mehrere Stunden lang erbebten, sämtliche Türen und Fenster unaufhörlich zitterten und klapperten und die Glocken läuteten. Das war ein schrecklicher Augenblick! … Das Geräusch der Gebete und Klagen einer zahlreichen Bevölkerung, die in Prozessionen durch die Straßen zog, trug das ihre zu dem Entsetzen bei.

Der Ausbruch dauerte über eine Woche, und die Aschenwolken machten den Tag zur Nacht. Dächer und Gebäude stürzten unter der Last der Asche ein, die aus kleinen Steinfragmenten besteht, welche sehr viel schwerer sind, als man sich gemeinhin vorstellt. Ein 360 Meter breiter Lavastrom drang bis zum Meer vor, zerstörte weitgehend Torre del Greco und Resina und bildete eine Landzunge, die sich 190 Meter weit in den Golf von Neapel erstreckte. Am 17. Juni bestieg Hamilton ein Boot, um sich die Sache anzusehen. Wieder einmal geriet er in Schwierigkeiten.

»Ich beobachtete, dass das Meerwasser wie in einem Kessel siedete, wo es den Fuß dieses neugebildeten Vorgebirges umspülte«, schrieb er, »und obwohl ich mindestens hundert Yards von ihm entfernt war, steckte ich, als ich sah, dass das Meer in meiner Nähe dampfte, meine Hand ins Wasser, das buchstäblich kochend heiß war; derweil bemerkten meine Ruderer, dass das Pech vom Boden des Bootes zusehends weicher wurde und auf der Meeresoberfläche schwamm und das Boot leck zu werden begann; daher zogen wir uns eilends von diesem Ort zurück und landeten in einiger Entfernung von der heißen Lava.«

Von den 1800 Einwohnern Torre del Grecos kamen nur 15 um. Die Alten und Kranken, welche nicht rechtzeitig evakuiert werden konnten, verbrannten in dem Lavastrom, der den Dom zwölf Meter tief begraben hatte, bei lebendigem Leib.

Am 30. Juni beschloss Hamilton, zusammen mit seinem Führer Puma zum Krater hochzusteigen. Sie stapften mühsam über eine Decke aus heißer Asche, in der sich die Spuren von Füchsen und Eidechsen fanden. Es war sein achtundsechzigster Aufstieg zum Gipfel des Vesuv innerhalb von drei Jahrzehnten. Er kam nicht bis zum Krater hinauf, weil die Eruption an den Hängen des Vulkans Klüfte aufgerissen hatte, und er staunte über die Verheerungen, die der Ausbruch in der Landschaft angerichtet hatte, die von Asche bedeckt und mit dampfenden Fumarolen übersät war. Wo der Vulkan aufgebrochen war und Lava ausgespien hatte, hatten sich über ein halbes Dutzend neue Kegel gebildet. Um die Einwirkung der sauren Schwaden zu dämpfen, hielt Hamilton sich zwei Taschentücher vor Mund und Nase und betrachtete die Szenerie.

»Kurz, es war nichts zu sehen als Zerstörung und Verwüstung«, schrieb er in einem seiner Briefe, von denen mehrere später zu seinem klassischen Buch *Campi Phlegraei* zusammengestellt wurden. »Zehntausend Mann könnten in ebenso vielen Jahren gewiss nicht eine solche Veränderung im Aussehen des Vesuv bewirken, wie sie die Natur in der kurzen Spanne von fünf Stunden bewirkt hat.«

In den tieferen Lagen hatten durch die Eruption ausgelöste Schlammlawinen Häuser, Bäume, Steinmauern sowie 4000 Schafe und Rinder mitgerissen. Bei Torre del Greco waren Weingärten und Felder verwüstet, Häuser unter Lava begraben. Doch zu Hamiltons Verwunderung kehrten die verdrängten Bewohner der Stadt nach wenigen Wochen zurück und bauten ihre Häuser wieder auf. Im Laufe der nächsten 200 Jahre sollten viele Vulkanologen, darunter auch ich, sich in ähnlicher Weise über die unbekümmerte Einstellung der Menschen zu Vulkanen wundern.

»Die Anhänglichkeit der Einwohner an ihren heimatlichen Flecken ist so groß, dass trotz dieser unmittelbar drohenden Gefahr von 18000 nicht einer dafür war, ihn zu verlassen«, schrieb Hamilton.

Im vorgerückten Alter wurde es stürmisch in dem ruhigen häuslichen Leben Hamiltons. Vier Jahre nachdem seine Frau 1782 gestorben war, tauchte auf der »Grand Tour« die ehemalige Geliebte seines Neffen in Neapel auf. Tochter eines Grobschmieds, war Emma Hart eine attraktive und sinnliche junge Frau, die sich ihren Zugang zum englischen Adel erschlafen hatte. Hamilton, damals 56 Jahre alt, war wie die meisten Männer von der 21-jährigen Schönheit hingerissen und machte sie zu seiner Geliebten. 1791 heirateten sie, und bald wurde Emma in ganz Europa durch ihre »Attitüden« berühmt, eine Darbietung, bei der sie, in klassische Gewänder gehüllt, Posen einnahm, wie sie auf den altgriechischen Vasen ihres Mannes dargestellt waren. Besucher gerieten in Verzücken angesichts ihres Liebreizes, und Goethe, der im Hause Hamilton zu Gast war, sagte über ihre Posen, so etwas habe man noch nicht gesehen. Hamiltons Feinde ließen sich die Gelegenheit nicht entgehen.

»Sir William hat im Grunde seine Galerie von Statuen geheiratet«, bemerkte Horace Walpole.

1798 kreuzte der forsche Admiral Nelson, der gerade die Franzosen in der Seeschlacht vor Abukir geschlagen hatte, bei den Hamiltons auf und machte Lady Hamilton umgehend zu seiner Geliebten. Ihre ménage à trois geriet zu einem der großen Skandale Englands, und als Sir William im Jahre 1800 nach London zurückgerufen wurde, war er Zielscheibe des allgemeinen Spotts. Anfang 1801 brachte Emma Nelsons Tochter Horatia zur Welt. Hamilton, der die Beziehung zwischen seiner Frau und Nelson duldete, bewohnte dieselben Häuser wie sie, bis er im Jahre 1803 starb. Nelson fiel in der Seeschlacht von Trafalgar im Jahre 1805, und Emma, die auf der Flucht vor ihren Gläubigern nach Frankreich ging, starb dort völlig verarmt, ihre Tochter an ihrer Seite.

Zwei Jahrhunderte später schilderte Susan Sontag diese Ereignisse in ihrem Roman *Der Liebhaber des Vulkans*. Und das ist für mich, was von Hamilton Bestand hat: seine Leidenschaft für Vulkane. Ein Kenner ausbrechender Berge, ein Chronist der Fumarolen und Flammen, war er ein echter Vulkanologe.

Zwei der größten Vulkanliebhaber aller Zeiten lebten in unserer Epoche, und ich hatte das Glück, sie zu kennen. Maurice und Katia Krafft haben mehr ausbrechende Vulkane besucht als irgendjemand sonst und 175 Eruptionen in Dutzenden von Ländern erlebt. Katia nahm an die 250 000 Dias auf, und Maurice machte vier lange sowie zahlreiche kurze Filme und hinterließ Tausende von Stunden 16-Millimeter-Film, genug, um 709 Spulen zu füllen. Wenn Sie jemals ein Foto oder einen Filmausschnitt von einem ausbrechenden Vulkan gesehen haben, dann waren wahrscheinlich Katia und Maurice die Urheber. Die beiden Franzosen veröffentlichten 20 Bücher und drehten eine Dokumentation über Vulkangefahren, der man nachsagt, sie habe viele Menschenleben gerettet. Sie brachten die umfangreichste Sammlung von auf Vulkane bezogenen Büchern, Kunstwerken und Gegenständen zusammen, die es irgendwo auf der Welt gibt. Sie war weit erschöpfender als selbst die Bestände des Smithsonian und enthielt 5000 Bücher, über 4000 Gemälde und Radierungen sowie Tausende von Relikten, Briefmarken und Postkarten. Ihr Haus im Elsass war einschließlich Keller und Garage bis zur Decke voll gestopft mit vulkanischen Dingen, von 1,20 Meter langen Basaltbomben bis hin zu geschmolzenem Tafelsilber, das aus der Eruption geborgen wurde, die im Jahre 1902 Saint-Pierre zerstört hatte. Ihr Wohnsitz war, wie ein Freund es ausdrückte, »ein Vulkantempel«.

Da sie keinen Anhang hatten – »die Vulkane sind unsere Kinder«, sagte Katia –, waren sie neun Monate des Jahres in aller Welt unterwegs, um Vulkane zu studieren und zu fotografieren, und sobald sie von einer Eruption erfuhren, ließen sie alles stehen und liegen. Ihr Leben *waren* die Vulkane, und ihr Ziel war es, die Herrlichkeit – und die Gefährlichkeit – »dieser gewaltigen geologischen Maschinen« zu vermitteln, wie Maurice sie nannte. Eine solche Leidenschaft hatte freilich ihren Preis.

»Allmählich wurde uns und den Kraffts [den Eltern von Maurice] klar, dass wir sie verloren hatten«, sagte Katias Mutter Madeleine Conrad. »Die Vulkane hatten sie uns gestohlen.«

Als ich meine berufliche Laufbahn begann, gehörten Maurice und Katia schon zum festen Inventar der internationalen Vulkanologenszene, denn sie nahmen an allen größeren Konferenzen teil und kreuzten bei jeder bedeutenden Eruption auf, gewöhnlich als die Ersten. Wie Hamilton waren sie keine gewöhnlichen Vulkanologen mit Doktor- oder Beamtentiteln. Maurice hatte ein Geologiestudium mit dem Magistertitel abgeschlossen, Katia ein Studium der Geochemie mit dem Diplom. An einer Universität oder im geologischen Dienst des Staates, wo man Vulkanologen gewöhnlich findet, hatten sie zu keiner Zeit gearbeitet, sie lebten vielmehr vom Ertrag ihrer Fotografie und ihrer Vorträge.

In einem Krater bin ich nie mit ihnen gewesen, aber auf vielen Vulkanen und Konferenzen, von Indonesien bis zum Mount Saint Helens, bin ich ihnen begegnet. Auf den ersten Blick gaben sie ein merkwürdiges Paar ab. Maurice konnte mit seinem lärmenden, kraftvollen Auftreten, seinem dröhnenden Lachen und seiner gewichtigen Erscheinung – bei 1,83 Meter Körpergröße wog er 110 Kilogramm – einen ganzen Raum ausfüllen. Mit seinen Riesenpranken, seiner Knollennase und den dichten, lockigen braunen Haaren auf einem massigen Kopf wirkte er eher wie ein elsässischer Bauer denn wie ein weltberühmter Vulkanologe. Äußerlich war Katia das genaue Gegenteil von ihm: klein, zurückhaltend, unscheinbar, kurz geschnittene braune Haare und ein Vogelgesicht. Was die beiden jedoch einte, waren große körperliche Ausdauer, Mut und ein eiserner Wille. Wenn wir von ihnen sprachen, waren sie für uns immer eine Einheit: Maurice-und-Katia. Sie blieb im Hintergrund, kümmerte sich um die Finanzen und die kleinen Dinge des Alltags. Er führte das große Wort, entwarf Konzepte und plante ihre nicht endenden Expeditionen. »Ich bin der Wal, und Katia ist der Pilotfisch«, hat Maurice einmal gesagt.

Beide fühlten sich von Jugend auf zu den Feuerbergen hingezogen; es waren Familienreisen zu den italienischen Vulkanen, die schon Hamilton fasziniert hatten, darunter der Vesuv und der Ätna, aus denen ihre Begeisterung erwuchs. Die Eltern von Maurice, beide Ärzte, interessierten sich sehr für die Erscheinungen der Natur, und als der Junge zehn war, nahmen sie ihn und seinen Bruder auf die große Vulkanbesichtigung mit.

»Nachts bestiegen wir den Stromboli«, schrieb Raymond Krafft, Maurices Vater, in einem Gedenkbuch mit dem Titel *The Fire of the Earth,* »und dort, angesichts der faszinierenden nächtlichen Eruptionen, in denen Rot und Schwarz sich mischten, der Stille und des gedämpften Klangs der Explosionen, in einer zugleich berückenden und imponierenden Atmosphäre, dort wurde Maurice vom Virus der Vulkanologie ereilt.«

Es hatte ihn wohl voll erwischt, denn er sammelte vulkanische Gesteine, baute im Garten Vulkane aus Sand und Feuerwerk, und im zarten Alter von 14 Jahren trat er der Geologischen Vereinigung Frankreichs bei. Als Oberschüler bereiste er Frankreich und Deutschland und studierte erloschene Vulkane.

Katia machte die gleiche Italientour mit ihren Eltern, als sie Teenager war, fasziniert von den regelmäßig aufschießenden Lavafontänen auf Stromboli und den Ruinen von Pompeji und Herculaneum. Zurück im Elsass, sah sie einen Film mit dem Titel »Rendezvous mit dem Teufel« von dem bekanntesten Vulkanologen Frankreichs, Haroun Tazieff, und schon war es um sie geschehen. Sie erklärte ihren Eltern, sie wolle Vulkanologin werden.

Maurice lernte sie Ende der Sechzigerjahre an der Universität Straßburg kennen, und sie heirateten 1971. Maurice hatte bereits einen preisgekrönten Dokumentarfilm über die erloschenen Vulkane der Auvergne gedreht. Mit dem Preisgeld finanzierte er seinen ersten abendfüllenden Film über die Vulkane Islands. Katia begann, Standfotos zu machen, und damit war das Krafft-Team geboren. In den Siebzigerjahren hatten sie mit finanziellen Problemen zu kämpfen, schafften es aber dennoch dank Firmen-Sponsoren und der steigenden Einnahmen aus ihrer Fotografie, Dutzende von Vulkanen zu besuchen. Bis 1980 hatten sie es beinahe dahin gebracht, zu den Cousteaus der französischen Vulkanologie zu werden. Für ihre Mitreisenden waren ihre Expeditionen eine Mischung aus Qual und Lust. Typisch war die Reise zum 2890 Meter hohen Oldoinyo Lengai, einem abgelegenen Vulkan in Tansania, aus dessen Krater sich extrem flüssige Lava, wie man sie nirgendwo sonst beobachtet, mit ungewöhnlicher Geschwindigkeit ergießt.

Katia und Maurice eilten aus Frankreich herbei und konnten den neuen Lavasee auf dem Oldoinyo und die hervorschießenden Ströme dünnflüssiger Lava fotografieren und filmen. Während eines einwöchigen Aufenthalts neben dem brodelnden Krater in Begleitung des deutschen Vulkanologen Jörg Keller und einheimischer Führer war Maurice wie besessen.

»Ich sah ihn filmen, bis er von der heißen Lava Hitzeblasen an den Händen hatte«, erinnerte sich Keller. »Er konnte richtig ekelhaft sein. Dann sagte er: ›Katia, geh dorthin! Jörg, geh dorthin!‹ Er war dermaßen konzentriert, dass er jeden, der ihm in die Quere kam, anknurrte. Wenn er arbeitete, war er mit Leib und Seele dabei. Katia hat es wohl akzeptiert, dass Maurice beim Filmen so von seiner Sache eingenommen war, dass er für alle anderen unerträglich sein konnte.«

André Demaison, ein Schriftsteller, der zu einem engen Freund und Reisegefährten der Kraffts wurde, war ebenfalls dort. Der Arbeitstag auf Oldoinyo – wie auf allen Vulkanen, auf denen er mit Maurice war – sei »schrecklich« gewesen, sagte er. Sie standen um vier Uhr auf, arbeiteten bis weit in die Dunkelheit hinein und sanken schließlich um Mitternacht ins Bett. Bei Maurice konnte es vorkommen, dass er an einem Tag fünfeinhalb Pfund abnahm.

»Er hatte einen Perfektionswahn«, sagte Demaison, Autor einer Biografie der Kraffts. »Maurice verlangte viel, wenn er arbeitete.

Er war unruhig, brütete vor sich hin. Er war wie ein Sturm, wie ein ausbrechender Vulkan.«

Aber die Belohnung gab es auf dem Oldoinyo Lengai. Bei Maurice und Katia erfolgte sie immer.

»Wir waren am Ende des Tages auf dem Gipfel«, erinnerte sich Demaison. »Maurice und Katia hatten ihre Kameras abgelegt, wir hatten zu Abend gegessen, und wir entspannten uns. Wir betrachteten den Lavasee und die Sterne. Die Nacht war schwarz; es war still, bis auf das Glucksen der Lava. Es war wie ein Geräusch vom Beginn der Erde. Wir waren in Verbindung mit dem Vulkan, mit den Anfängen der Erde, mit dem Universum. Irgendwann deutete Maurice auf den Mars und sagte: ›Ich träume davon, eines Tages den Olympus Mons auf dem Mars zu besteigen.‹

Es war ein wunderbarer Augenblick. Als wäre die Zeit stehen geblieben. Angesichts des Universums bist du nichts. Maurice und Katia sagten immer, Vulkane seien eine Schule der Demut. Du bist nichts, und wenn du zu den Vulkanen gehst, fallen deine Masken ab, und du siehst den wahren Menschen.«

Maurice und Katia wurden berühmt für ihre Fotos und Filme von spektakulären Lavaströmen an so unterschiedlichen Orten wie Island und Hawaii. Auf einigen der Fotos steht entweder Maurice oder Katia, gewöhnlich mit einem schimmernden, aluminiumfarbenen Schutzhelm und im feuerhemmenden Anzug, vor einer brodelnden Wand glühender Lava. Später interessierten die Kraffts sich vor allem für explosive Vulkane – »harte« Vulkane nannten sie sie – und dafür, mit ihrer Fotografie dazu beizutragen, dass Todesfälle durch Eruptionen verhindert wurden. In einem der zahlreichen Vorträge, die er jedes Jahr hielt, sprach Maurice von ihrer Faszination und den damit verbundenen Gefahren:

Als ich das letzte Mal hier war, präsentierte ich die Vulkane Afrikas, also die netten, die schönen. Heute bringe ich die harten. So wie es hartes Gestein gibt, so gibt es harte Vulkane, Mördervulkane. Übrigens haben sich von den 350 professionellen Vulkanologen etwa 300 auf die netten spezialisiert, ganz zu Recht. Es geht mit anderen Worten um rote Lavaströme, Fontänen geschmolzener Lava, kochende Lavaseen. Das ist spektakulär, das ist gruselig, aber ehrlich gesagt, um bei einer solchen Eruption getötet zu werden, muss man einen großen Fehler begehen oder Riesenpech haben.

Es gibt aber auch die rund 50 anderen Vulkanologen, zu denen ich gehöre, die sich auf explosive Vulkane spezialisiert haben, und das finde ich aufregender. Da ist nichts rot. Dafür gibt es 20-, 30-, 40-Kilometer-Aschenwolken, die sich mit 1000 Kilometern pro Stunde ausbreiten und 20, 30 oder 40 Kilometer vom Vulkan entfernt dahinrasen. Das gleicht einer Bombe mit brennender Lunte, nur wissen wir nicht, wie lang die Lunte ist. In fünf Jahren sind fünf Kollegen von mir durch Eruptionen getötet worden, also zehn Prozent. Sie werden vielleicht sagen, dass da ein Platz für Jüngere frei wird, und das stimmt, oft kommt es zu raschen Beförderungen. Ich würde sagen, wenn man sich wirklich auf explosive Vulkane spezialisiert, lohnt es sich nicht, Rentenbeiträge zu zahlen, und wenn einer es bis zur Rente schafft, ist es ein bisschen verdächtig. Es bedeutet, dass er seine Arbeit nicht gewissenhaft erledigt hat.

Maurice war bekannt für solche markigen Worte. Die französische Presse druckte gern seine Bonmots ab, zum Beispiel: »Bei all den Risiken, die wir eingehen, wäre es eine echte Schande, eines natürlichen Todes zu sterben«, oder: »Wenn wir alles über Vulkane wissen, werden wir uns in den erstbesten Krater stürzen.« Einmal wurde er gefragt, wie er sich unmittelbar vor einer Eruption fühle, und Maurice antwortete: »Genauso wie unmittelbar vor einer Erektion!« Gelegentlich bezeichnete er sich als »Luzifer Bumm-Bumm!« Aber hinter dieser Großmäuligkeit verbarg sich große Besorgnis, nicht so sehr darum, auf einem Vulkan zu sterben, als vielmehr darum, sich den Respekt der wissenschaftlichen Gemeinschaft zu erwerben und weiterhin erstklassige Aufnahmen zu liefern.

Maurice und Katia waren darauf erpicht – manche würden sagen, davon besessen –, aus nächster Nähe Fotos von pyroklastischen Strömen zu machen. Kaum jemand hatte es geschafft, eine Reihe von *Nuées ardentes* auf Standfotos festzuhalten, vom Film ganz zu schweigen. Im August 1986 rief Jürgen Kienle, Vulkanologe an der University of Alaska in Fairbanks, bei Maurice und Katia an und teilte ihnen mit, dass der Vulkan Augustine in Alaska pyroklastische Ströme ausstoße. Zwei Tage später waren die Kraffts da. Kienle, ein deutscher Freund der Kraffts, sollte erfahren, wie weit die beiden zu gehen bereit waren.

Die Kraffts mieteten einen Hubschrauber, der sie von Homer, Alaska, zum Vulkan Augustine bringen sollte, der sich auf einer Insel südwestlich von Anchorage erhebt. In der Nähe des Vulkans gelandet, konnten sie beobachten, dass pyroklastische Ströme im 20-Minuten-Rhythmus die Hänge hinabrasten. Maurice war zunächst begeistert, erklärte aber bald, sie seien zu weit weg. Er bat den Piloten, ihn näher heranzubringen, zu einem Gelände aus älterem Gestein und Aschenablagerungen, das als »Tor zur Hölle« bekannt war und nur 90 Meter von den Rändern der *Nuées ardentes* entfernt lag, die den Augustine hinunterfegten. Maurice versuchte den Piloten und Kienle zu bewegen, noch dichter heranzugehen; er sagte, so nah sei er schon an Dutzenden von pyroklastischen Strömen gewesen, 1982 auf dem Galunggung-Vulkan in Indonesien, und versicherte ihnen, es sei ungefährlich.

Der Pilot war bereit, Maurice und Katia am »Tor zur Hölle« abzusetzen, lehnte es jedoch ab, dort mit seinem Hubschrauber zu bleiben. Die beiden sprangen also heraus, und Kienle und der Pilot flogen zu einer Stelle, die 450 Meter tiefer am Hang lag. Als sie dann aber sahen, wie die Kraffts sich mit ihren Bergen von Gerät abmühten, gingen sie hinauf, um ihnen zu helfen.

»Es war eine phantastische Szene – berauschend«, schrieb Kienle. »Mir standen wegen der hohen elektrischen Ladung die Haare zu Berge, und es schien, als besäßen die Wolken einen Neonhalo. Die *Nuées* bewegten sich wie Katzen, schlichen langsam und sprangen dann plötzlich nach vorn. Ein paarmal kamen die *Nuées* auf uns zu, und auch, wenn sie erloschen waren, blieb von ihnen eine so heiße Restschicht zurück, dass sie unsere Spezialstiefel versengten… Maurice und Katia fühlten sich wie im Paradies, aber ich traute der Regelmäßigkeit des Stroms nicht. Was, wenn eine größere *Nuée* auf uns zukam?«

Bald ergoss sich, wie Kienle befürchtet hatte, ein pyroklastischer Strom, der größer war als der vorige, über den Kraterrand und wälzte sich auf sie zu. Die Hauptmasse strömte ein paar hundert Meter neben ihnen vorbei, doch von dem kühleren Rand wurde die Gruppe erfasst.

»Schlagartig waren wir gefangen in einer Masse schwefliger Luft, die zu unserer Überraschung nicht brannte«, erinnerte sich Kienle. »Die Geräte und wir waren von einer feinen, mehlartigen Asche bedeckt. Einige Minuten lang war absolut nichts zu sehen. Dann lichtete es sich mit einem Mal. ›Das reicht!‹, rief Maurice. Rasch stiegen wir zum Hubschrauber hinunter.... Der Vorfall hatte uns arg mitgenommen, und selbst Maurice ließ Anzeichen von Nervosität erkennen.« Bevor sie nach Homer zurückflogen, kritzelte Maurice in eine Hütte, die auf dem Augustine stand: »Einen pyroklastischen Strom aus 50 Metern zu sehen – dies Erlebnis sollten Sie sich nicht entgehen lassen!«

Am Abend jenes Tages erlebten sie bei Essen und Wein jene Heiterkeit, die Kriegskorrespondenten und andere Gefahrensüchtige kennen, jene Heiterkeit, die jene befällt, welche einer tödlichen Gefahr mit knapper Not entronnen sind. Am nächsten Tag war Kienle jedoch verärgert über die Kraffts. Stimmte es wirklich, dass Maurice auf dem Galunggung so nah an einer *Nuée ardente* gewesen war? Nein, gestand er, aus dieser Nähe hatte er noch keine gesehen. Dann vertraute er Kienle an, dass er, als er überlegt hatte, zum »Tor zur Hölle« zu gehen, die Wahrscheinlichkeit, von einer *Nuée ardente* erfasst zu werden, auf 50 zu 50 eingeschätzt hatte.

»Ich war überzeugt, als Familienvater ein zu hohes Risiko eingegangen zu sein«, schrieb Kienle. »An dem Tag bat ich sie, vorsichtiger zu sein, wenn sie nicht im Kessel des Teufels zu gebratenen Menschen werden wollten. Ich bat sie, es für mich und die vielen anderen zu tun, die sie liebten.«

Was Maurice gedreht hatte, war wirklich sensationell, und es wird vielfach benutzt, um die Gefahren von *Nuées ardentes* zu verdeutlichen. Doch Kienle wurde, je länger er über die Risikobereitschaft der Kraffts nachdachte, immer zorniger. Nach einer heftigen Auseinandersetzung riss die Verbindung zu Maurice und Katia ab. Es blieb eine Verstimmung zurück, die erst bei einem

Versöhnungsessen ausgeräumt wurde, zu dem Jörg Keller sie alle in sein Haus in Freiburg einlud.

In seinen letzten Lebensjahren arbeitete Maurice an einem Video für die UNESCO mit dem Titel »Understanding Volcanic Hazards«, das den Bürgern und Politikern, die in der Nähe von aktiven Vulkanen leben, gezeigt werden sollte. Aus seinen bemerkenswerten, in zwei Jahrzehnten entstandenen Aufnahmen machte er einen schlichten, aber eindrucksvollen Film, der die sieben wesentlichen vulkanischen Risiken darstellte, von Tsunamis bis zu *Nuées ardentes*. Eine Rohfassung hatte er Anfang 1991 fertig.

Ende Mai waren die Kraffts auf Martinique, dem Schauplatz der Eruption des Mont Pelée von 1902, als sie von einem ihrer vielen Gewährsleute in aller Welt ein Fax erhielten. Abgeschickt hatte es Harry Glicken, der junge amerikanische Geologe, der im Jahre 1980 beim Ausbruch des Mount Saint Helens dem Tod um einen Tag entgangen war. Er teilte den Kraffts mit, dass der Unzen im Süden Japans große pyroklastische Ströme emittiere. Maurice und Katia ließen ihre Arbeit auf Martinique liegen, flogen nach Hause, um zusätzliches Gerät mitzunehmen, und flogen gleich weiter nach Japan.

Glicken, damals 33 Jahre alt, war ein hochbegabter, zerstreuter, liebenswürdiger Vulkanologe, der beruflich nicht recht weitergekommen war, nachdem er beim USGS keine Stelle bekommen hatte. 1990 nahm er an der Metropolitan University in Tokio eine Stelle als Forschungsassistent an. Der Unzen, auf der Südinsel Kyushu gelegen, spuckte damals eine Reihe von pyroklastischen Strömen aus, die die Aufmerksamkeit der um Zuschauer und Leser ringenden Medien Japans auf sich zogen. Glicken zauderte, ob er mit den Kraffts zum Unzen gehen sollte, was in Anbetracht einer solchen Gefahr verständlich ist. Einem Freund schrieb er: »Am Unzen kann ich echte pyroklastische Ströme beobachten – toll!« Gegenüber einem anderen klagte er aber: »Ich überlege, ob ich hingehe, habe aber das Gefühl, dass es bloß eine riesige Zeitvergeudung wäre, die ich mir eigentlich nicht leisten kann.« Als dann jedoch der nicht aufzuhaltende Maurice eintraf, wurde Glicken wohl von der Erregung mitgerissen, und so machten Harry, Maurice und Katia sich eilends auf nach Kyushu.

Mit 1360 Metern ist der Unzen kein großer Vulkan, aber er hat eine mörderische Vergangenheit. Im Jahre 1792 kam es zu einem eruptionsbedingten Bergrutsch, die Erdmassen stürzten ins Meer und lösten eine Tsunami aus, die 15 000 Menschenleben forderte. Im Mai 1991 begannen ostwärts durch das Tal des Mizunashi pyroklastische Ströme niederzugehen, sodass in der Nähe der Städte Fukae und Shimabara 3500 Menschen evakuiert werden mussten. Als die Kraffts und Glicken am 29. Mai eintrafen, hatten sich in dem evakuierten Gebiet zahlreiche Fotografen und Journalisten eingefunden, die einen Blick auf die *Nuées ardentes* des Unzen zu erhaschen hofften. Aber das Wetter war miserabel, neblig und trüb, sodass den ziellos umherirrenden Journalisten nichts blieb, als dem unheilvollen Getöse der Eruptionen und Bergrutsche zu lauschen. Die Kraffts und Glicken reihten sich in die wartende Menge ein.

Maurice wurde zunehmend unruhiger, als die Tage verstrichen und das schlechte Wetter anhielt. Zudem hatte er es sich immer zur Gewohnheit gemacht, sich durch einen Überflug zunächst einen »Gesamteindruck« von einem ihm unbekannten Vulkan zu verschaffen, und war deshalb verärgert darüber, dass die japanischen Medien jeden verfügbaren Hubschrauber mit Beschlag belegt hatten. In dem verlassenen Viertel von Shimabara herrschte eine gespannte Atmosphäre. Der Geologe Mike Lyvers stattete dem Ort einen Tag vor der Eruption vom 3. Juni einen Besuch ab. Er fand einen Haufen Reporter vor, deren Kameras auf den wolkenverhangenen Berg gerichtet waren. Hin und wieder erblickte er durch den Nebel pyroklastische Ströme, die sich den Unzen herabwälzten – rotorange glühende, Funken sprühende Wolken.

»Der Lärm war entsetzlich, eine Kakophonie von in einer Lawine herabstürzenden und explodierenden Gesteinen«, schrieb Lyvers an Richard V. Fisher, Glickens Doktorvater an der Universität von Kalifornien in Santa Barbara. »Zwischen den Eruptionen war es unheimlich still, bis die verängstigten Hunde wieder anfingen zu bellen – die Evakuierten hatten alle ihre Haustiere zurückgelassen ... Die Möglichkeit, dass ein großer Strom aus der Mündung des Canyons hervortreten und uns verschlingen könnte, war nicht zu übersehen. Ich hatte fürchterliche Angst und beschloss, das Gebiet zu verlassen.«

Am nächsten Morgen klarte das Wetter auf, und die Behörden erteilten der Reporterschar die Genehmigung, näher an das Mizunashi-Tal heranzufahren und die *Nuées ardentes* zu beobachten. Die Kraffts und Glicken schlossen sich ihnen an. Insgesamt waren es über 40 Personen, darunter einige Polizisten und eine Hand voll Taxifahrer, die die Journalisten an Ort und Stelle fuhren. Maurice, Katia und Harry gingen an dem verlassenen Dorf vorüber, dessen Tempel die Opfer der Tsunami von 1792 ehrte, und bezogen ein paar hundert Meter vom Mizunashi entfernt Position, nicht mehr als 20 bis 25 Meter über dem Talgrund. Die hellgrauen, aschebedeckten Verwüstungszonen, wo frühere pyroklastische Ströme den Mizunashi herabgefegt waren, konnten sie deutlich erkennen.

Die Kraffts entfernten sich von der Masse der japanischen Journalisten und stellten ihre Apparate auf. Dann warteten sie in der Hoffnung, noch sensationellere Aufnahmen von einer *Nuée ardente* zu machen, als ihr Film vom Augustine sie geliefert hatte. Drei Kilometer weiter, auf dem Gipfel des Vulkans, schwankte eine Säule von erstarrter Lava über dem Kraterrand des Unzen. Plötzlich zerfiel das zerbrechliche Gebilde, unter dem sich Gas und Magma aufgestaut hatten, und die schlagartig austretende Masse zersprang in Millionen winzige Ascheteilchen. Augenblicklich entstand ein pyroklastischer Strom, der sich mit Geschwindigkeiten von bis zu 100 Stundenkilometern durch das Mizunashi-Tal ergoss. Er war um ein Mehrfaches größer als alle *Nuées ardentes*, die der Unzen in letzter Zeit ausgestoßen hatte. Vermutlich waren Maurice und Katia zunächst von dem Anblick begeistert, doch sehr rasch dürften sie die Gefahr erkannt haben.

Videoaufnahmen von diesem Tag zeigen eine brodelnde dunkelgraue Masse, die mit erstaunlicher Geschwindigkeit vorrückt, eine Masse, deren sich blähende Zellen Hunderte von Fuß in die Luft ragen. Der Kern des pyroklastischen Stroms folgte dem Bett des Mizunashi, doch Maurice, Katia, Harry und die nicht weit entfernten Journalisten und Fahrer verschlang eine glühende, 450 Grad heiße Aschenwolke. Die Kraffts, Glicken und viele der Journalisten waren innerhalb von Sekunden tot, ihre Lungen verschmort und durch Pfropfen aus Asche und Schleim der Luft beraubt, ihre Körper durch die Hitze im Nu verbrannt. Peter Baxter sagte, die Haare und Kleider der Opfer hätten augenblicklich in Flammen gestanden. Gleichzeitig wurden ihre Körper »karbonisiert«, denn die Hitze war so stark, dass sie ihnen das Fleisch von den Fingern wegbrannte. Die Hitze und das Einatmen der superheißen Asche führten vermutlich fast gleichzeitig zum Tod. Der pyroklastische Strom wogte noch anderthalb Kilometer weiter und hinterließ 179 verbrannte Häuser, verkohlte und zerdrückte Autos und eine trostlose, mit Asche bedeckte Landschaft.

Insgesamt starben 43 Menschen. 17 Opfer, die sich in der Randzone des pyroklastischen Stroms befanden, lebten noch eine Zeit lang, bevor auch sie ein qualvoller Tod ereilte. Einige erstickten allmählich an der Asche, die sich in ihren Luftröhren und Lungen festgesetzt hatte, andere starben im Krankenhaus von Shimabara an den Verbrennungen von Fleisch und Lunge.

Dort, wo der pyroklastische Strom niedergegangen war, konnten die Behörden wegen der fortbestehenden Gefahr nicht alle Opfer bergen. Drei Tage später fanden Polizisten die Überreste Maurice und Katia Kraffts und Harry Glickens, die anhand ihrer zahnärztlichen Unterlagen identifiziert wurden. Die Kraffts – sie war 49, er 45 Jahre alt – lagen nebeneinander, von siebeneinhalb Zentimetern pyroklastischer Asche bedeckt. In der französischen Presse hieß es in einer wohl doch etwas zweifelhaften Formulierung, sie hätten die Hände nacheinander ausgestreckt.

Die weltweite Vulkanologengemeinschaft war von der Todesnachricht tief erschüttert, aber nicht völlig überrascht. Maurice und Katia waren seit jeher Risiken eingegangen. Was sie geleistet hatten, war jedoch unermesslich, wie sich an den Ereignissen zeigte, die sich zum Zeitpunkt ihres Todes andernorts in Asien abspielten. Genau zu dieser Zeit sahen Tausende von Menschen, die in der Umgebung des hochaktiven Pinatubo auf den Philippinen lebten, das UNESCO-Video von Maurice. Zwei Wochen später erbebte der Pinatubo unter einer schweren Eruption. Auch dank des Films waren aber fast alle Anwohner evakuiert worden.

Außer in ihren Filmen und Bildern lebt der Traum von Maurice und Katia, die Öffentlichkeit über Vulkane aufzuklären, in anderer Weise fort. Das Naturgeschichtliche Nationalmuseum in Paris bewahrt ihre Sammlung von Büchern und Kunstwerken. Etliche ihrer Objekte kann man im Zentrum für Europäischen Vulkanismus in Clermont-Ferrand besichtigen, einem Museum, an dessen Entstehung sie beteiligt waren.

Durch ihren vorzeitigen Tod sind Katia und Maurice dem entgangen, was seinem Bruder Bertrand zufolge ihre größte Befürchtung war: wegen Alters oder Gebrechlichkeit nicht auf Vulkanen arbeiten zu können. Katia hatte oft gesagt, wenn sie ihren Tod wählen könnte, dann sollte es auf einem Vulkan sein, neben Maurice. Ihm erteile ich das letzte Wort.

»Sie werden vielleicht sagen, ich müsste vor diesen Vulkanen Angst haben«, sagte er bei einem seiner Vorträge zu seinen Zuhörern. »Ganz und gar nicht. Ich habe in den letzten 15 Jahren so viele schöne Eruptionen gesehen, dass ich jetzt für eine Weile genug habe.«

1 Am 27. August 1936 wälzt sich ein pyroklastischer Strom die nordöstliche Flanke des Galeras herab. *Studio Herrera, Pasto*

2 Im Mai 1989 wurde der Galeras erneut aktiv und schickte eine Aschensäule über Pasto. *Studio Herrera, Pasto*

3 Ein *tornillo*, ein schraubenförmiges seismisches Signal, wie es vor der Eruption vom 14. Januar 1993 und nachfolgenden Ausbrüchen am Galeras registriert wurde. *Stanley Williams*

4 Patty Mothes auf dem ecuadorianischen Vulkan Guagua Pichincha, den sie ausgiebig erforschte. Zusammen mit Marta Calvache eilte Patty mir nach der Galeras-Eruption zu Hilfe. *Stanley Williams*

5 Meine Studentin Marta Calvache vor einem Block, der von der Eruption im Juli 1992 ausgeworfen wurde. *Stanley Williams*

6 Der aktive Kegel des Galeras ist umringt von einem Amphitheater, einem Überrest einer früheren Inkarnation des Vulkans. Unten links auf dem Rand des Amphitheaters die Polizeistation, Ausgangspunkt für Erkundungen des Vulkans. *José Arlés Zapata*

7 Carlos Trujillo mit seinem Sohn Mauricio und seiner Frau Anna Lucía Torres, mehrere Jahre vor der Eruption. *Mit freundlicher Genehmigung von Anna Lucía Torres*

9 Der englische Gravimetrie-Experte Geoff Brown. *Hazel Rymer*

8 Efrain Armando Guerrero Zamboni (links) und sein Sohn Yovany waren zwei der Touristen, die sich unmittelbar vor der Eruption zu uns auf den Vulkan gesellten. Rechts Guerreros Frau Gloria Benavides. *Mit freundlicher Genehmigung von Gloria Benavides*

10 Mitglieder unserer Gruppe posieren vor der Besteigung des Galeras-Kegels am 14. Januar 1993. Stehend, von links nach rechts: Alfredo Roldan, Stan Williams, Nestor García und José Arlés Zapata. Sitzend: Fabio García (links) und Igor Menjailow. *Fabio García*

11 Von links nach rechts: Stan Williams, Igor Menjailow und José Arlés Zapata auf dem Kegel des Galeras kurz vor der Eruption. *Noticieras de las 24 Horas*

12 Vor der Eruption bei der Arbeit auf dem Kegel: Menjailow, García, Williams und Zapata. *Noticieras de las 24 Horas*

13 Igor Menjailow nimmt etwa zwei Stunden vor der Eruption Gasproben an der Deformes-Fumarole. *Eduardo Cruz/Volcan Galeras*

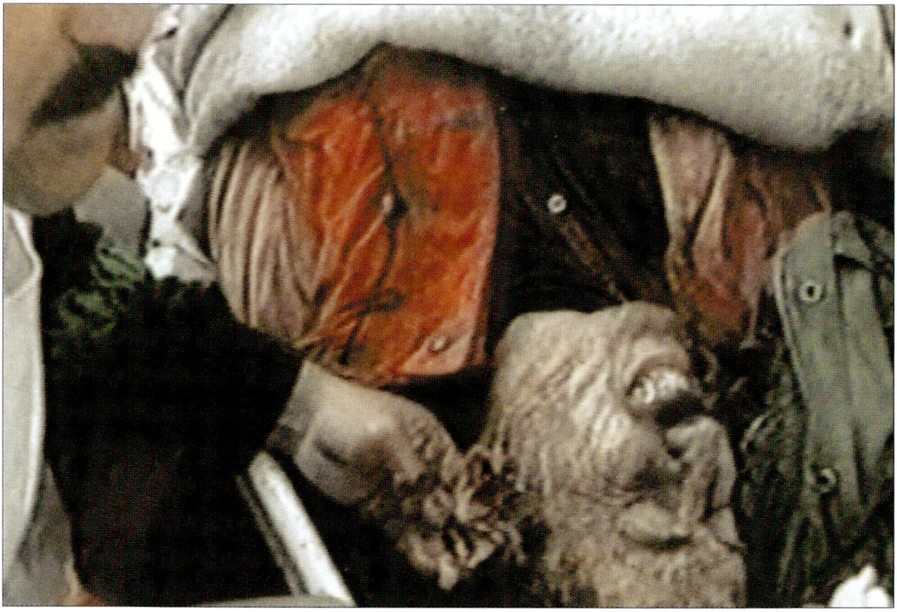

14 Ein Helfer behandelt mich vor dem Abtransport vom Galeras. *QAP Noticias*

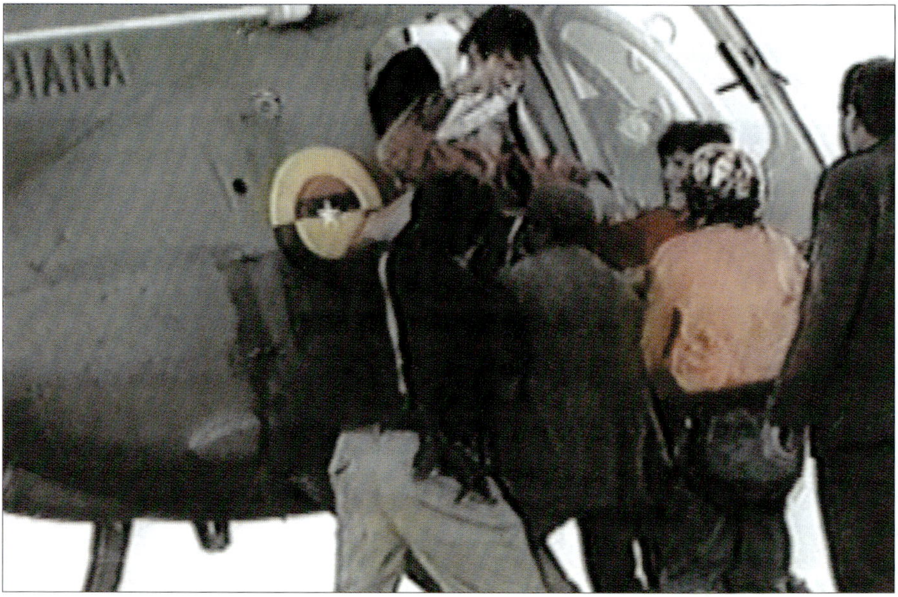

15 Helfer verfrachten mich in einen Armeehubschrauber, der mich nach Pasto fliegt. *QAP Noticias*

16 Verbrannt: mein Brillenetui, die Brille, das Exkursions-Notizbuch und der Höhenmesser. *Daniel Ball*

17 Die Polizeistation auf dem Galeras, nach den Eruptionen von 1992 und 1993 beschädigt und verlassen. Das Fenster im Vordergrund wurde von vulkanischen Bomben herausgesprengt. *Stanley Williams*

18 Dr. Porfirio Muñoz (rechts) und ich 1999 vor dem Krankenhaus. Muñoz, kurz zuvor noch Assistenzarzt in Bogotá, führte die Operation durch, die mir das Leben rettete. *Fen Montaigne*

19 Der russische »Vogelkäfig«, mit dem mein zerschmettertes rechtes Bein wiederhergestellt wurde. *Lynda Williams*

20 Katia Krafft (links) und ihr Mann Maurice 1983 in Chile. Die Kraffts haben wahrscheinlich mehr ausbrechende Vulkane besichtigt als irgendjemand sonst. *André Demaison*

21 Im Februar 1977 wälzt sich ein pyroklastischer Strom von den Soufrière-Bergen auf der westindischen Insel Montserrat herab. Ein ähnlicher Strom am Vulkan Unzen in Japan tötete am 3. Juni 1991 die Kraffts. *Mit freundlicher Genehmigung des Montserrat Volcano Observatory*

22 In Rabaul, Papua-Neuguinea, entlaubten Aschenfälle nach einer
Reihe von Eruptionen im September 1994 die Bäume und zerstörten
Gebäude, doch die Zahl der Opfer blieb dank zügiger Evakuierungs-
maßnahmen gering. *Stanley Williams*

23 Der Vesuv, von den Ruinen Pompejis her gesehen. Der berühmteste aktive Vulkan bedroht mehr als eine halbe Million Menschen im Großraum Neapel. *Stanley Williams*

24 Marta Calvache und ich mit zwei ihrer kolumbianischen Kollegen 1999 bei der Arbeit auf dem Galeras. *Fen Montaigne*

7

DIE ERUPTION

Um 13.41 Uhr wich das Geräusch der zerbrechenden Erdkruste einem donnernden Getöse, als der Druck der Gase den Dom des Galeras wegsprengte und der Vulkan Tonnen von Gestein und Asche ausschleuderte. Augenblicklich zischte ein Hagel von rot und weiß glühenden Steinen durch die Luft, im Umfang teils Tennisbällen, teils großen Fernsehgeräten entsprechend. Meinen Kopf mit dem Rucksack schützend, raste ich den zerklüfteten grauen Hang des Vulkans hinunter.

Bei einer Katastrophe, heißt es, vergeht die Zeit langsamer, und für manche scheint sie sogar still zu stehen. In meinem Fall verhielt es sich während der ersten Augenblicke der Eruption gerade umgekehrt. Alles schien sich in einem Höllentempo abzuspielen. Der Krater donnerte, der Vulkan bebte, und vulkanische Schrapnellgeschosse prasselten durch die Luft. Die Gedanken überschlugen sich hektisch in meinem Kopf, und von Eindrücken und Emotionen überhäuft, schien bei mir eine Sicherung durchzubrennen. Doch nach einigen Sekunden vollzog sich etwas Instinkthaftes. Ich hetzte den Hang hinab, mit dem einzigen Antrieb, eine möglichst große Distanz zwischen mich und den Krater zu bringen.

Da traf mich der Stein. Es war, als hätte mir jemand einen Baseballschläger mit voller Wucht gegen den Kopf geschlagen und meinen weiteren Weg den Hang hinunter auf unsanfte Weise unterbrochen. Ich wurde ein, zwei Meter zur Seite geworfen und brach auf den Flanken des Galeras zusammen. Der Schlag drückte meinen Schädel direkt über dem linken Ohr ein und trieb einige Knochensplitter in mein Gehirn. Kaum Schmerzen empfindend, lag ich verwundert eine Minute lang auf dem Hang, mir dröhnte der Kopf, die Luft war erfüllt vom Brüllen der Eruption und dem Schwirren glühender Brocken der vorbeisausenden Vergangenheit des Galeras. Bomben aus dem Vulkan, viele mit einem Durchmesser von über einem Meter, zerbrachen beim Aufprall auf die Erde und schleuderten rot glühende zischende Granatsplitter heraus.

Ich war nur bis 18 Meter unterhalb des Kraterrandes gekommen. Ich rappelte mich auf, blickte mich um und bemerkte nur wenige Meter von mir entfernt einen hellgelben Fleck, der sich von der bleigrauen Flanke des Vulkans abhob. Das war, wie ich erkannte, José Arlés Zapata. Der Kopf war blutüberströmt, die Glieder waren verrenkt. Sein Funkgerät lag zerschmettert neben ihm. Nicht weit entfernt lagen die drei Touristen hingestreckt auf dem Geröllfeld. Blutüberströmt und entstellt, in grotesken Ruhestellungen festgehalten, waren auch sie eindeutig tot.

Der Anblick ihrer Leichen löste weder Trauer noch einen Schock bei mir aus. Ich nahm es lediglich als einen weiteren Beweis für etwas, das ich bereits wusste: Etwas Schreckliches war im Gange, und ich musste sehen, dass ich mit dem Leben davonkam.

Während ich auf dem mit 40 Grad abfallenden Hang weiterstolperte, prasselten erneut Steine auf mich ein, von denen mehrere gegen meinen Rucksack knallten, der mittlerweile brannte. Ich schaffte noch ein paar Meter, als mir ein Steinhagel die Beine wegriss und mich erneut zu Boden warf. Ich wälzte mich auf die Seite und blickte an mir hinunter. Aus meinem linken Unterschenkel ragte ein Knochen hervor und hatte ein Loch in meine zerrissene, glimmende Hose gebohrt. Ein anderes Geschoss hatte beinahe meinen rechten Fuß am Knöchel abgetrennt – der Stiefel baumelte an einem Gewirr von Sehnen und Fleisch. Ich starrte auf meine zerfetzten Beine und wunderte mich, dass ich keine größeren Schmerzen verspürte. Während ich dalag und rings um mich Steine explodierten, kam es mir vor, als betrachtete ich mich aus der Ferne, als schwebte ich in der Luft und beobachtete mit merkwürdiger Gleichgültigkeit den an der Flanke des Galeras hingestreckten schwer verletzten Mann.

Ich hatte schon mehrere kleine Eruptionen überstanden und wusste, dass ich die größten Aussichten hatte, diesen Ausbruch, der alles, was mich bislang erwischt hatte, weit übertraf, zu überleben, wenn ich mich nicht von der Stelle rührte und den vulkanischen Bomben auswich. Doch ich hatte keine Ahnung, was als Nächstes passieren würde, und dachte nur noch daran, vom Kegel des Galeras wegzukommen. Ich wollte nichts anderes als aufstehen und weiterlaufen. Da ich mein rechtes Bein auf keinen Fall belasten konnte, versuchte ich mich auf mein linkes Bein zu stützen, in dem immerhin noch ein Knochen unversehrt war. Während ich mich schwankend zu einer kauernden Haltung aufrichtete, warf ich noch einmal einen kurzen Blick auf meinen rechten Fuß, ungläubig, dass er immer noch irgendwie an meinem Bein befestigt war. In meiner gekrümmten Haltung schwankend, blickte ich den Kegel hinauf und sah eine schwarze Fahne aus Asche und Schutt in den Himmel aufsteigen. Wie sie sich drohend über mir ausbreitete und sich blähte, dies steigerte nur das Traumhafte der Szene.

Sekunden später fiel ich abermals auf mein Gesicht. Diesmal wusste ich, dass ich endgültig erledigt war. Ich lag da, und der beinahe abgetrennte Fuß blutete ständig. Die Verletzungen schmerzten kaum. Ich bemerkte jedoch, dass mein Rücken, meine Arme und Beine durch die glühenden Steine, die auf mich eingeprasselt waren, Verbrennungen erlitten hatten.

Instinktiv begriff ich, dass ich irgendwo Zuflucht suchen musste, und so schleppte ich mich ein paar Meter über das Geröll und hockte mich hinter einen dunklen Felsblock von der Größe eines Schreibtisches. Hose und Jacke brannten, und ich wälzte mich am Boden, um die Flammen zu löschen. Das größte Feuer brannte auf meinem Rücken, denn inzwischen stand mein Rucksack in Flammen. Dabei schmolzen meine Taschenlampe und mein Brillenetui, einige Kleidungsstücke und Reiseschecks im Wert von 7500 Dollar zerfielen zu Asche, und ein 25 Zentimeter langer Hautstreifen an meinem Rücken erlitt eine Verbrennung dritten Grades. Ich streifte den Rucksack ab und klopfte anschließend die Flammen auf meiner Hose aus. Angesichts dieser Ereignisse war es schon seltsam, dass ich mir wegen des Geldes Gedanken machte. Ich spürte das 10000-Dollar-Geldbündel in meiner Hosentasche und stopfte es, damit es nicht verbrannte, vorn in mein Hemd, der einzige Teil von mir, der nicht glimmte.

Die Eruption, erst wenige Minuten alt, war noch immer in vollem Gange. Der Boden unter mir bebte fortwährend, denn die Eruption war, wie sich später herausstellte, die stärkste der letzten fünf Jahre. Die schwarze Säule erhob sich inzwischen hoch über den Vulkan, verdunkelte den Himmel und ließ Asche auf den Berg herabrieseln. Schwefelgestank erfüllte die Luft. Da der Felsblock mich gegen horizontale Geschosse abschirmte, drehte ich mich auf den Rücken und suchte den Himmel nach Steinen ab, die aus der Eruptionssäule herabkamen und eventuell in meine Richtung fielen – in Anbetracht dessen, dass meine Brille kaputt war, ein schwieriges Unterfangen. Die größten Schuttbrocken waren in den ersten Minuten ausgeworfen worden, und jetzt kamen rot, orange und weiß glühende Steine vom Himmel herabgesaust, von der Größe einer Murmel bis zu der eines Softballs. Auf diese Bruchstücke versuchte ich mich zu konzentrieren, und wenn eines mich zu treffen drohte, wälzte ich mich zur Seite.

Mike Conway und Luis LeMarie kauerten, wovon ich damals nichts ahnte, etwa 25 Meter seitlich von mir. In meiner Erinnerung befanden sie sich unterhalb von mir, in ihrer befand ich mich unterhalb von ihnen. Wir wurden alle von derselben Eruption überrascht, doch jeder Überlebende hat die Katastrophe anders in Erinnerung. Hier ihre Darstellungen.

Mike und Luis stiegen den Kegel auf derselben, süd-südwestlichen Seite hinab wie ich, gegenüber der Hangseite, auf der die Polizeistation steht. Mike sagt, sie hätten ein Viertel bis ein Drittel der Kegelhöhe hinter sich gebracht, zwischen 25 und 30 Metern. Mike und Luis meinen, sie seien zuoberst gegangen und etwas unterhalb von ihnen Andy Macfarlane und ich. Noch weiter unten waren José Arlés und die drei Touristen unterwegs. Mike erinnert sich, eine dröhnende Explosion gehört zu haben und dass jemand schrie – wahrscheinlich ich:»Das ist der Vulkan! Weg!«Daraufhin blickte er sich um und sah eine dunkelgraue Fahne aus dem Krater hervorschießen.

»Geschosse begannen auf uns einzuprasseln«, schrieb er später. »Wir alle rannten los, den Hang hinunter. Es wurden immer mehr Geschosse, die in unsere Richtung flogen, und deshalb duckte ich mich hinter Gesteinsschutt, der etwa 30 Zentimeter hoch war, und rief Luis zu, sich hinzulegen. Er duckte sich in eine kleine Mulde gleich neben mir. Von da ab weiß ich nicht mehr, was die anderen von der Gruppe machten. Ich habe den Eindruck, dass sie weiter den Hang hinabbrannten.«

Luis erinnert sich an die Druckwelle der Explosion und daran, dass er José Arlés und mich den Kegel hinunterrasen sah. Da er sich mit Vulkanen nicht auskannte, folgte der Ecuadorianer Conways Befehl und duckte sich ins Geröll. Mike rollte sich »wie ein Fötus« zusammen und zog sich den Rucksack über Kopf und Nacken, um sich vor den vulkanischen Bomben zu schützen. Luis tat es ihm nach und benutzte die Hände als Schirm. Sie hatten sich gerade in das lockere Gestein geschmiegt, als Mike sich traute, einen verstohlenen Blick auf den Krater zu richten. Er fürchtete, große Blöcke könnten herabrollen und sie zermalmen. Die größte Sorge bereiteten ihm als Vulkanologen jedoch pyroklastische Ströme – er hätte allerdings kaum etwas tun können, wenn wirklich einer über den Kraterrand geschwappt und den Hang herabgerauscht wäre.

Er und Luis lagen auf dem Hang, etwa die Hälfte bis zwei Drittel des Weges bis zum Fuß des Kegels, und wurden von glühend heißen Steinen bombardiert, die ihnen die Knochen brachen, die Haut verbrannten und die Kleider in Brand steckten. Mike wurde die rechte Hand gebrochen, und er erlitt eine Verbrennung von der Größe eines Softballs am Rücken sowie kleinere Verbrennungen an Armen, Händen und Gesäß. Luis erging es noch schlimmer. Mehrere ansehnliche Steine trafen ihn wie Hammerschläge und zerbrachen ihm an beiden Beinen einen kleinen rückwärtigen Knochen. Ein anderer Stein zerbrach ihm einen Finger, noch ein anderer ein Schlüsselbein. Herabfallender Schutt verletzte ihn am Kopf sowie an Armen und Händen. Luis erinnert sich außerdem an etwas, wovon sonst keiner etwas weiß: dass eine kleine Aschenwolke über sie hinwegging.

»Dieser Strom von Asche, den wir über unseren Köpfen spürten«, erzählte Luis mir später. »Wir spürten, wie unser Kopf langsam zu brennen begann. Es war, als würden wir in einen Ofen geschoben. Es war schrecklich.«

Conway sah Steine mit einem Durchmesser von anderthalb Metern aus dem Krater schießen und auf den Flanken des Galeras niederkrachen. Alle 15 Sekunden hob er den Kopf und versuchte herauszufinden, was noch von dem Vulkan zu gewärtigen war. Als Vulkanologe verfügte er auch in dieser Situation über eine ausgezeichnete Beobachtungsgabe.

»Es war eine klassische vulkanianische Eruption, gekennzeichnet von einer einzigen großen, direkt nach oben gerichteten Explosion«, schrieb er einem Freund. »Ich spähte am südlichen Rand hinauf und sah aus der konvektiven Fahne Zungen hervorschießen, die fünf bis 15 Meter auf die Flanken des Kegels hinausragten. Diese Zungen bestanden vermutlich aus heißen magmatischen Gasen und zahlreichen dichten Teilchen. Ich glaubte im Kern der Fahne eine glühende Flamme zu erkennen, verdeckt von der kühleren äußeren Fahne. Der glühende Teil der Fahne erschien mir mit einem Durchmesser von fünf bis zehn Metern recht schmal.«

Immer wieder hielt Conway nach pyroklastischen Strömen Ausschau. »Ich war fest entschlossen, am Leben zu bleiben«, sagte er später. »Dass Leute pyroklastische Ströme nicht überlebt haben, war mir bekannt. Ich dachte mir aber, falls einer kommt, werde ich mich dort hinlegen, meinen Kopf bedecken, nicht atmen, aufspringen und Luft holen und mich dann wieder hinlegen. Ich brauchte das Gefühl, irgendwas beeinflussen zu können. Ich brauchte einen Plan.«

Luis wollte weiter den Hang hinunterkriechen. Conway hörte aber noch die Geschosse vorbeizischen und sah dunkle Bomben vor dem Hintergrund des bewölkten Himmels vorbeiflitzen. »Nein, warte«, sagte er zu Luis, »wenigstens noch 30 Sekunden.«

Andy Macfarlane erinnert sich, dass wir beide zusammen vom Rand des Kraters hinabstiegen und dabei dem Pfad folgten, der schräg über den Kegelhang führt. Er weiß noch, dass die kolumbianischen Touristen vor uns waren. Luis und Mike waren rund zwölf Meter über uns. José Arlés befand sich etwa drei Meter unterhalb von uns.

Wir hatten, erinnert sich Macfarlane, etwa 20 Meter den Hang hinunter geschafft, als der Vulkan explodierte. »Es war ein lautes Geräusch, aber nicht ohrenbetäubend; es ähnelte einem Donnerschlag in der Nähe oder einem Überschallknall, und einen Moment lang wusste niemand, was passiert war«, schrieb er einen Monat später. »Ich drehte mich um, schaute den Kegel hinauf und sah eine schwarze Wolke über dem Krater aufsteigen. Im selben Moment wusste ich, was los war, und noch ehe wir losrennen konnten, schlugen ringsum Blöcke von heißem Gestein ein.«

Als Macfarlane sich umdrehte, um den Berg hinunterzulaufen, erwischte ihn ein Stein über dem linken Auge, verletzte ihn und verursachte eine Haarrissfraktur am Schädel. Er erinnert sich, dass er an mir vorbei den Hang hinunterraste.

Von diesem Zeitpunkt an ist auf meine Zeitwahrnehmung kein Verlass mehr, denn Augenblicke schienen eine Ewigkeit zu dauern. Große Blöcke, manche mit einem Durchmesser von über einem Meter, gingen ringsum nieder, und dazu viele kleinere Teile. Die Heftigkeit des Aufpralls war unglaublich, und wenn die fallenden Steine am Boden auf Felsblöcke trafen, zersprangen sie und verstreuten heißes, scharfes Schrapnell. Wenn die Blöcke zersprangen, waren sie innen glühend heiß, und die Fragmente lagen da und zischten.

Er lief weiter und sah, wie eine vulkanische Bombe einen der Touristen niederstreckte. Macfarlane stürzte über einige Blöcke und überschlug sich mehrmals. Er kam an José Arlés in seinem unverwechselbaren gelben Parka vorbei, der mit blutüberströmtem Gesicht nach unten auf dem Geröll lag. Der kolumbianische Geologe war eindeutig tot. Macfarlane rannte weiter. »Ich war sicher«, schrieb er, »dass wir alle sterben würden.«

Während er den Berg hinabraste, bemühte er sich mit leidlichem Erfolg, den großen vulkanischen Bomben auszuweichen, die auf den Krater herunterkrachten. »Wo diese Blöcke auf weiche Asche trafen, entstanden weite flache Vertiefungen, und wenn ich ausglitt, rollte ich in diesen Vertiefungen auf den heißen Stein, was mich zwang, aufzustehen und weiterzugehen.«

Jemand – es war vermutlich Mike Conway – rief ihm zu, er solle sich hinter einem Block verstecken, und so warf er sich hinter einen 50 Zentimeter hohen Stein. Währenddessen kam Conway den Hang heruntergestürmt, auf der Suche nach einem Felsblock, der ihm Schutz bieten könnte. Macfarlane blickte zum Himmel hinauf und wälzte sich zur Seite, wenn Gesteinstrümmer herunterkamen, konnte aber kaum etwas sehen, weil Blut in seinem linken Auge zusammenlief.

»Während ich hinaufschaute«, schrieb er, »hörte ich drei oder vier starke Einschläge in meiner unmittelbaren Nähe, woraus ich den Schluss zog, dass ich sie unmöglich kommen sehen konnte; deshalb war es egal, ob ich hinaufschaute oder nicht. Auch kam es mir so vor, als fielen die Blöcke mehr senkrecht als waagerecht, sodass es keinen großen Schutz bot, wenn ich mich hinter einem niedrigen Stein versteckte. Inzwischen rechnete ich damit, jeden Augenblick zu sterben, und ich beschloss, weiterzugehen, in der Hoffnung, dem Bombardement irgendwie zu entkommen.«

Während er weiter den Kegel hinunterkletterte, fielen ihm Peter Baxters Worte vom Vortag ein: Bei denen, die von einer Eruption überrascht werden, beträgt die Sterblichkeit etwa 50 Prozent.

Das war für mich seltsamerweise eine große Ermutigung, denn ich sagte mir immer wieder: »Alle werden wir nicht sterben«, um mir einzureden, dass ich möglicherweise eine Chance hatte, wenn ich weiterging. Ich weiß auch noch, dass ich mir viele Verbrennungen an den Händen zuzog, weil ich mich mit ihnen auf heißen Steinen abstützte, um über Felsblöcke hinwegzukriechen oder auf die Beine zu kommen. Am Hang des Kegels war der ganze Boden mit heißen Gesteinsfragmenten übersät. Ich dachte, die Verbrennungen sind nicht so schlimm, wenn ich nur am Leben bleibe.

Weit kam ich nicht, denn ich fiel wieder über einen Stein und landete unter ihm. Hinter diesem Stein lag Stan, etwas weiter oben und direkt hinter dem Stein. Er war bei Bewusstsein und schien am Kopf verletzt zu sein – jedenfalls war sein Gesicht voller Blut. Er rief mir zu:»Mein Bein ist gebrochen! Mein Bein ist gebrochen! Es ist abgetrennt!«, und er hob sein linkes Bein. Ich sah, dass beide Knochen seines linken Unterschenkels fast an derselben Stelle sauber gebrochen waren, sodass sein Fuß im Stiefel schlaff herabhing ...

Ich kann mich nicht erinnern, Macfarlane gesehen oder mit ihm gesprochen zu haben, während ich auf dem Vulkan lag.

Andy Adams hatte den Kraterrand eine Stunde vorher verlassen, begleitet von Alfredo Roldan, einem guatemaltekischen Chemieingenieur. Ich hatte ihm, da er müde und außer Atem war, empfohlen, vom Kegel herunterzusteigen und sich an den anstrengenden Aufstieg durch die steile Wand des Amphitheaters zu machen. Roldan war um 13.41 Uhr oben angekommen. Adams war nicht so schnell, aber immerhin hatte er den Kegel verlassen, den Graben durchquert und mit dem Aufstieg begonnen. Da er alle paar Minuten Pause machte, um Atem zu schöpfen, hatte er den sanfter ansteigenden unteren Teil der Böschung geschafft und war gerade im Begriff, den steilen oberen Abschnitt in Angriff zu nehmen, als der Galeras explodierte.

»Ich warf mich gegen die Wand der Caldera hinter ein paar Felsblöcke und versuchte, mich unter meinem Schutzhelm ganz klein zu machen«, schrieb Adams am Abend jenes Tages.

Zu einer Kugel zusammengerollt, wurde Adams, der rund 360 Meter vom Krater entfernt war, mit Steinen bombardiert, deren Umfang von Erbsengröße bis zur Größe eines Softballs reichte. Er hatte bei der Armee gedient und sagte, die Geschosse hätten wie Kugeln oder Schrapnell geklungen; sie seien mit einem *Zzzing!*, das die Luft zerriss, herbeigesaust und dann an der Böschungswand zerplatzt. Mindestens fünf Steine krachten auf seinen Schutzhelm, und Adams ist überzeugt, dass er ohne ihn getötet oder schwer verletzt worden wäre. Heiße Bruchstücke trafen seinen Overall, aber das feuerbeständige Material brannte nicht.

»Ich war auf dem Pacaya gewesen, als dieser ausbrach, aber dies war viel größer als alles, was ich bisher erlebt hatte«, sagte er. »Ich warf mich einfach zu Boden. Ich geriet nicht in Panik. Bei der Armee und beim Labor hatte ich Überlebenstraining gehabt und wusste, dass es das Beste ist, sich hinzulegen und Deckung zu suchen.«

Als er nach einer bis zwei Minuten aufblickte, sah er die schwarze Aschenwolke aus dem Krater zum Himmel aufsteigen. Er langte nach seiner Schutzmaske, denn er wusste ebenso wenig wie wir anderen, ob die Eruption ihren Höhepunkt erreicht hatte oder ob es noch schlimmer kommen sollte.

Am oberen Rand der Böschung, 720 Meter vom Krater entfernt, duckten sich mehrere Männer hinter Felsblöcke. Steine prasselten auf Kleider und Felsen ein. Ein Fernsehreporter in blauer Windjacke nahm sich ein Mikrofon und schaute ängstlich in die Kamera. Atemlos wiederholte er: »Jetzt fallen Steine! Jetzt fallen Steine!« Dann fragte er, so als sei er sich unsicher, ob der Vulkan wirklich ausgebrochen war: »Warum gab es diese Explosion?«

Jemand stellte die Kamera ab. Bald schaltete der Kameramann sie wieder ein und richtete sie auf den Kegel. Schwaden dunkelgrauen, braun eingefärbten Rauchs drangen aus dem Vulkan.

Weiter oben, auf dem Rand des Amphitheaters, schlugen vulkanische Bomben durch das Dach und hämmerten gegen die Wand des Polizeipostens. Hunderte von Steinen trafen einen Nissan Patrol von INGEOMINAS, zerschlugen seine Fenster und rissen Löcher in den stählernen Rumpf. Bei dem Posten stand ein Soldat, der irgendwann vorsichtig um die Ecke des Betongebäudes spähte, sich jedoch angesichts des Steinhagels sofort zurückzog. Die Hand, die noch hinter der Ecke hervorragte, wurde von einer vulkanischen Bombe abgerissen.

Rings um den Galeras – an seinen Hängen, in den vom Berg ausgehenden Flusstälern und in den angrenzenden Orten – waren rund 75 Wissenschaftler auf Exkursion, um den Vulkan zu studieren. Im Tal des Rio Azufral, westlich des Vulkans, war Peter Baxter mit einer Gruppe dabei, die Einsatzbereitschaft des Zivilschutzes zu überprüfen. Einen Tag zuvor hatte er mit dem Gedanken gespielt, seinen Freund Geoff Brown und mich auf den Vulkan zu begleiten. »Die Gefahr ist mir dabei durchaus bewusst«, sagte er mir später. »Und ich habe mich gefragt: ›Hast du wirklich einen guten Grund, dein Leben aufs Spiel zu setzen?‹« Er hatte keinen und entschied sich daher für die Zivilschutz-Gruppe.

Um 13.41 Uhr war ein Geologe in Peters Gruppe gerade dabei zu erklären, dass das Tal seit Jahrtausenden als natürliches Bett für pyroklastische Ströme gedient habe. Der Gipfel des Vulkans, der das Tal um gut 1500 Meter überragte, war in dichte Wolken gehüllt. Der Azufral ist ein schnell fließender Gebirgsbach, der unterhalb des Galeras entspringt und 3000 Meter tiefer in den Rio Guiatara mündet. Dort, wo Baxter stand, rund 2400 Meter über dem Meer, gediehen in dem Tal Kaffeesträucher, Bananenstauden, rote Bougainvilleen, Orangenbäume und Balsabäume mit ausladender Krone. In Bachnähe befindet sich eine Forellenzucht; die Fische werden in Betonbecken gezogen und an Restaurants der Gegend verkauft. Neben dem Bach verläuft eine holprige unbefestigte Straße, gesäumt von Lehmziegelhäusern der Campesinos. Fast alle Baustoffe, aus denen diese Häuser bestehen, sind vulkanischen Ursprungs.

Ein Geologe deutete auf einen Querschnitt der Landschaft und erläuterte Peter und den übrigen 15 Mitgliedern der Gruppe die Lagen der pyroklastischen und Lavaströme. Als Baxter seine Kamera hob, um ein Bild zu machen, hörte er ein lautes Geräusch, »wie ein Donnerschlag«. Aus dem Geräusch wurde ein lautes Dröhnen, das mindestens 30 Sekunden anhielt – »nicht sehr lang«, erinnerte sich Baxter, »aber lange genug, um einen kapieren zu lassen, dass etwas sehr Seltsames passierte«. Die Mitglieder der Gruppe schauten sich an, und zunächst fiel kein Wort. Dann sagte jemand, es sei ein Donner. In dem Moment kam ein Campesino aus seinem Haus und sagte: »Das ist kein Donner, das ist der Vulkan.« Da »begriffen wir alle, dass etwas Grässliches passiert war«, sagte Peter.

Er schaute auf seine Armbanduhr: Es war 13.45 Uhr. Ihm fiel ein, dass Geoff Brown genau um diese Zeit im Krater sein wollte. Dann begriff er, dass er in einem idealen Bett für pyroklastische Ströme stand. Er schaute das Tal hinauf in Richtung Galeras, aber der grüne Bewuchs verlor sich in den Wolken, die den Vulkan völlig verhüllten. Jemand schlug vor, ins nächste Dorf am Bach zu fahren, aber Baxter – er hatte am Vortag schauerliche Dias von Opfern pyroklastischer Ströme gezeigt – meinte, sie sollten sich besser nicht vom Fleck rühren. Sollte tatsächlich eine *Nuée ardente* aus den Wolken hervorgeschossen kommen, so hätten sie zumindest eine gewisse Chance, die Talhänge hinaufzulaufen und sich in Sicherheit zu bringen. Nach ein paar Minuten kletterte die Gruppe in die Jeeps und raste hinunter nach Pasto. Während Baxter sich um Geoff Brown, mich und die anderen, die zum Krater gegangen waren, Sorgen machte, wurde ihm allmählich klar, was da Ungeheuerliches passiert war.

Rund zwei Kilometer bachabwärts befasste sich die Geologie-Exkursion mit den Schuttlawinen, die sich in den letzten 100 000 Jahren im Azufral-Tal abgelagert hatten. Unter der Führung von John Stix, einem der Veranstalter der Konferenz, nahmen rund 20 Leute teil. Unweit der Stadt Consacá, wo rote Pfeile auf weißen Wänden im Falle einer Eruption den Fluchtweg anzeigen, standen die Wissenschaftler am Nordhang des Tales und untersuchten einige Lawinenablagerungen. Es war warm, um die 20 Grad, und die Gruppe war im Begriff, die Exkursion zu beenden, als plötzlich eine laute Explosion durch das Tal dröhnte.

»Der Donner hallte durch das Tal, direkt an uns vorüber«, sagte Fraser Goff vom Los Alamos National Laboratory. »Er war ohrenbetäubend. Einige erstarrten vor Schreck, aber zwei oder drei von uns, darunter ich, rannten los, den Hang hinauf. Wir wussten nicht, ob ein Bergrutsch herunterkam oder nicht.«

Jemand äußerte die Vermutung, dass es sich um eine Sprengung in einem Steinbruch gehandelt haben könnte, aber als das Donnern anhielt, wurde den Wissenschaftlern klar, dass der Galeras ausgebrochen war.

Pete Hall aus Quito erinnert sich, dass die Gruppe an Ablagerungen schabte, als »plötzlich oben dieser ungeheure Krach ertönte«. Er dachte zunächst, es habe gedonnert, und da er dieses Geräusch schon so oft in den Anden gehört hatte, dachte er sich nichts dabei. Als das Donnern jedoch anhielt, fragten sich mehrere Wissenschaftler, ob es nicht eine Eruption sei. In der Nähe saßen einige Kolumbianer, die den Geologen zuschauten. Pete sprach sie an.

»Meinen Sie, das ist Donner?«, fragte er.

Kopfschüttelnd erwiderte einer: »Das war kein Donner.«

Halls erster Gedanke galt seiner Frau, die sich in der Nähe des Gipfels befinden musste. Das Schlimmste befürchtend, beschlossen die Wissenschaftler, das enge Tal zu verlassen, das ein natürliches Bett für *Nuées ardentes* war. Sie eilten zu ihrem Kleinbus und fragten per Funk beim INGEOMINAS-Observatorium an, das ihre Befürchtungen bestätigte. Der Galeras war ausgebrochen. Die Gruppe fuhr nach Pasto zurück.

Beim Observatorium in Pasto herrschte das Chaos. Die Seismographen der sechs Stationen um den Galeras registrierten eine anhaltende Serie von Erdbeben, und die Nadeln zeichneten heftige Ausschläge auf die schwarze Oberfläche der Trommeln. Ein Mitarbeiter rief bei Polizei und Zivilschutz an, informierte sie von der Eruption und forderte sie auf, Rettungsmannschaften auf den Vulkan zu schicken. Die Eruption war überall zu hören, doch viele in Pasto hatten keine Ahnung, dass es zum Ausbruch gekommen war. Ein Angestellter des Observatoriums versuchte, über Funk José Arlés aufzustöbern, erhielt aber keine Antwort. Ein Reporter und ein INGEOMINAS-Mitarbeiter am Rand des Amphitheaters hatten per Funk gemeldet, was dem Observatorium schon bekannt war: die Eruption des Galeras.

Eigentlich hätten die Mitarbeiter des Observatoriums nur aus dem Fenster zu schauen brauchen. Über den hellgrauen Wolken, die den Galeras umgaben, erhob sich eine schwarz-graue Aschenwolke, die schließlich drei Kilometer in den Himmel emporragte. Chuck Connor lag mit Grippe im Bett und ruhte sich aus, als ein Hotelangestellter hereinstürzte und ihm sagte, dass der Vulkan ausgebrochen sei.

Connor, der die Explosion nicht gehört hatte, schaute aus dem Fenster. »Es war sehr bewölkt, aber die graue Aschenfahne, die mit den Wolken kontrastierte, war deutlich zu erkennen«, sagte er. »Sie glich einer Gewitterwolke, und der Unterschied zur gewöhnlichen Bewölkung war unübersehbar. Sie war ballonförmig, hatte einen schmalen Wulst und war bereits mehrere Kilometer hoch. Ich zog mich an und ging hinunter, und jemand vom Observatorium bestätigte, dass es zu einer Eruption gekommen sei.«

Er nahm an, dass sein Team – Mike Conway, Andy Macfarlane und Luis LeMarie – sich zu diesem Zeitpunkt im Krater befand. »Ich dachte, alle seien tot«, erinnerte er sich. »Ich hielt es nicht für möglich, dass sie es überleben würden.«

Marta Calvache, die Leiterin des Observatoriums, stand auf der zugewachsenen Trasse des einstigen Camino Real und hämmerte am nordöstlichen Abhang des Galeras an vulkanischen Ablagerungen herum. Dann machte sie ihre zehn Kollegen auf eine graue Schicht pyroklastischer Asche aufmerksam, die nicht älter war als 3000 Jahre. Patty Mothes erinnert sich, dass Marta von der Gefahr sprach, der Pasto und die Orte am Nordhang des Vulkans ausgesetzt waren. »Wenn hier ein pyroklastischer Strom herunterkäme«, erklärte Marta den Wissenschaftlern, »gibt es keinen Grund, warum er hier Halt machen sollte. Natürlich wird er sehr viel weiter abfließen.«

Martas Gruppe war von allen am dichtesten am Vulkan, zwischen 450 und 700 Meter unterhalb der Bergspitze. Als der Galeras explodierte, hielt keiner das irrtümlich für einen Donnerschlag. Marta und ein paar andere wussten sofort, dass dies ein Ausbruch war. Sie erinnert sich, zwei Explosionen gehört zu haben. Patty Mothes, die wohl länger als irgendein Amerikaner auf Andenvulkanen zugebracht hat, von ihrem Mann einmal abgesehen, dachte im ersten Moment an einen Düsenjäger. »Es klang wie eine Düsenmaschine«, berichtete sie. »Es wurde immer lauter. Ein Geräusch, das ungeheuer anschwillt, sodass jeder sich fragt: Was ist das für ein Geräusch?«

Als Bims und Asche herabzuregnen begannen, wussten sie Bescheid. Dann, erinnerte sich Marta, »war da ein Geräusch, als ob etwas im Kommen wäre«. Sie überlegte: Konnte das ein pyroklastischer Strom sein? Der gleiche Gedanke schoss auch Patty durch den Kopf. Sie dachte an den Rat, den Peter Baxter am Vortag gegeben hatte: Falls eine *Nuée ardente* auf Sie zukommt, suchen Sie eine Bodenmulde, schmiegen Sie sich hinein, und bedecken Sie Ihren Kopf!

Plötzlich begannen die Wissenschaftler, nach allen Seiten davonzustieben. »Keiner sagte was von abhauen, keiner sagte was vom Vulkan«, erinnerte sich Marta. »Aber auf einmal rannten sie weg.« Auch Marta rannte los, denn in der Nähe befand sich ein Canyon, den ein pyroklastischer Strom durchfließen konnte. Patty blieb stehen und sah sich einige der Bimssteine an, die zu Boden gefallen waren. Es war älteres Gestein, das durch Säuren innerhalb des Vulkans verändert worden war. Dann dachte sie für sich: Falls ein pyroklastischer Strom kommt, so wird er bald da sein.

Es regnete weiterhin Asche. Die Wissenschaftler sammelten sich wieder. Eine kanadische Studentin fing an zu weinen, aus Angst vor dem Kommenden und aus Sorge um ihren Verlobten, der an einer anderen Exkursion teilnahm. Um sie zu trösten, sagte Patty zu ihr, er sei wahrscheinlich an den unteren Hängen des Vulkans, außerhalb des Gefahrenbereichs. Allmählich legte sich die Panik und wich der Sorge um die Männer, die zu diesem Zeitpunkt im Krater waren.

Marta und Patty führten die Gruppe auf dem Camino Real zu den Jeeps, etwa 800 Meter unterhalb. Die beiden dachten nur an eines: Rettung. Sie kannten beide alle Wissenschaftler, die den Vulkan bestiegen hatten, und sie wollten so rasch wie möglich zum Rand der Böschung hinauf. Patty begutachtete die Teilnehmer der Exkursion und gelangte zu der Einsicht, dass sie nicht ausreichend gekleidet, zu aufgeregt und zu unerfahren waren, um bei der Rettung zu helfen. »Ich fand, offen gesagt, dass sie uns keine große Hilfe sein würden«, erzählte Patty mir später. »Wir wollten keinen dabei haben, der nicht mit anpacken konnte.«

Bei den Jeeps angekommen, schickte Marta ihre Gruppe heim. »Ich sagte den Leuten: ›Ihr fahrt nach Pasto. Ich werde nachsehen, was passiert ist.‹ Darauf sagte Patty: ›Nein, ich gehe mit dir.‹ Und ich sagte: ›Okay, gehen wir.‹«

Noch immer wurden Steine aus dem Vulkan geschleudert und gingen krachend neben mir nieder. Es kam mir vor, als hätte die heftigste Eruptionsphase mit ihrem tödlichen Sperrfeuer von vulkanischen Bomben mindestens 15 Minuten gedauert. Nach Ansicht der anderen Überlebenden waren es jedoch eher fünf bis zehn Minuten. Ich wich den Geschossen aus, bis die Eruption nachließ und die herunterprasselnden Teilchen nur noch Kiesgröße hatten. Dann begann es seltsamerweise zu regnen, so als habe die Explosion das Klima in diesem Winkel der Anden verändert. Aus dem Gemisch von Nieselregen und Asche bildete sich auf meinem Kopf eine Schicht grauer Paste. Schließlich hörte der Galeras auf zu beben, und mein Adrenalinspiegel sank. Erschöpft ließ ich meinen Kopf auf den felsigen Hang sinken.

Allmählich begriff ich, was geschehen war. José Arlés und die drei Touristen waren tot. Dessen war ich mir sicher. Was mit Igor und Nestor García passiert war, wusste ich nicht, aber bei der gewaltigen Explosion konnte ich mir nicht vorstellen, dass sie lebend den Krater verlassen hatten. Was Geoff Brown, Fernando Cuenca und Carlos Trujillo betraf, so hatte ich keine Ahnung, ob sie umgekommen waren oder verletzt auf der gegenüberliegenden Flanke des Vulkans lagen. Ich erinnerte mich verschwommen, Mike Conway, Andy Macfarlane und Luis LeMarie zum Zeitpunkt des Ausbruchs gesehen zu haben, aber ich hatte keinen blassen Schimmer, was aus ihnen geworden war.

Ständig ermahnte ich mich, nicht ohnmächtig zu werden. Dass ich einen schweren Schlag am Kopf erlitten hatte, war mir klar, aber dass es sich um eine lebensgefährliche Verletzung handelte, wusste ich nicht. Und ich hatte keine Ahnung, dass der Stein oder die Steine, die mich am Kopf getroffen hatten, mir außerdem den Unterkiefer gebrochen, das Gehör im linken Ohr zerstört und eine partielle Ablösung der Netzhaut verursacht hatten. Außerdem war mir nicht klar, dass die Steine, die auf mein Rückgrat geprallt waren, Haarrissfrakturen an zwei Wirbeln hervorgerufen hatten; hätte ich keinen Rucksack getragen, wären diese Verletzungen weit schlimmer ausgefallen, bis hin zur Lähmung.

Was mir wirklich Sorgen machte, waren mein rechtes Bein und mein Fuß. Grotesk verrenkt, baumelte der Fuß am Unterschenkel, als wäre er beinahe amputiert. Nun begann das ganze Bein zu schmerzen, und mir wurde klar, dass ich mit einer solchen Verletzung schließlich einen Schock erleiden würde. Ich musste an meine Familie denken, meine Frau Lynda, meine achtjährige Tochter Christine und meinen fünfjährigen Sohn Nick. Ich will nicht sterben, ich werde nicht sterben, und ich schaffe es, vom Berg runterzukommen und nach Phoenix heimzukehren, sagte ich mir. Ich versuchte mich auf meine Familie zu konzentrieren, aber immer wieder kehrten meine Gedanken zu meinen Freunden – José Arlés, Geoff, Igor und Nestor – und den Übrigen von unserer Gruppe zurück. Es machte mich wütend, dass etwas so Triviales wie ein Stromausfall uns ausgerechnet an diesem Tag auf den Galeras gebracht hatte. Wie hatte das geschehen können? Wie hatten wir die Anzeichen für eine baldige Eruption des Galeras übersehen können?

Ich wurde in meinen Gedanken durch eine, wie ich meine, zweite Eruption unterbrochen. Ich bin mir nicht sicher, wann es passierte – vielleicht 15 Minuten, vielleicht eine Stunde nach der ersten –, aber ich hörte nochmals eine laute Explosion, gefolgt von einem kurzen Schauer großer Steine. Der Vulkan bebte noch stärker, eine unverwechselbare Empfindung, die besonders Angst macht, wenn man gerade an einem seiner Hänge liegt. Der Galeras kam mir jetzt wie ein Lebewesen vor, wie eine Riesenbestie, die ihr Spiel mit mir trieb. Ich fühlte mich hilflos, verwundbar, unbedeutend. Unfähig, mich zu rühren, war ich dem Vulkan auf Gedeih und Verderb ausgeliefert. Dieser Gedanke war mir unerträglich. Ich fand es grauenhaft, nicht mehr Herr der Lage zu sein.

Ich war nicht der Einzige, dem eine zweite Eruption im Gedächtnis haften geblieben ist. Carlos Alberto Estrada, ein Fahrer und Gehilfe von INGEOMINAS, kletterte gerade die Böschung des Amphitheaters hinauf, als der Galeras zum ersten Mal explodierte. Er erinnert sich deutlich an eine zweite Explosion, meint aber, sie sei nur wenige Minuten nach der ersten erfolgt. Andy Macfarlane weiß nichts von einer zweiten Explosion, behauptet aber, etwa eine halbe Stunde nach der ersten Explosion habe sich der Ausstoß von Gas und Asche deutlich verstärkt.

Was alle am meisten fürchteten, waren, wie ich später erfuhr, pyroklastische Ströme. Die Allgemeinheit weiß bis heute wenig von *Nuées ardentes* und denkt bei Vulkanen immer nur an Lava und nochmals Lava, doch uns Vulkanologen ist klar, dass nichts so tödlich ist wie diese glühenden Wolken. Und bei den Konferenzteilnehmern war angesichts der Fotos, die Peter Baxter von den Opfern der *Nuée ardente* am Unzen und am Mont Pelée gezeigt hatte, der gewohnte Respekt vor pyroklastischen Strömen in Entsetzen umgeschlagen.

Nach der zweiten Explosion wandten sich meine Überlegungen dem Aktivitätsmuster des Vulkans zu. Marta hatte in einer brillanten Untersuchung die Abfolge ermittelt. Als Erstes räusperte sich der Galeras – das war heute mit der ersten Eruption geschehen. Danach legte er in der Regel los mit einem pyroklastischen Strom – das zeigten die grauen Ablagerungen über den gelben. Stand uns das heute bevor? Waren der erste und der zweite Ausbruch nur Vorspiele zu einer weit stärkeren Explosion, die uns, die wir uns noch lebend im Amphitheater befanden, alle töten würde?

Ich wandte meinen Kopf in Richtung Krater und schaute, ob im oberen Teil des Kegels Anzeichen einer *Nuée ardente* zu erkennen waren. Ich sah jedoch nur die schwarze Aschensäule, die in die Wolken hinaufragte. Allmählich ließen die Beben des Vulkans nach. In meine Erleichterung mischte sich eine unbeschreibliche Erschöpfung. Bleib wach, sagte ich mir immer wieder, bleib wach.

Nachdem der erste Ausbruch sich verausgabt hatte, hob Mike Conway den Kopf aus dem Geröll und warf einen prüfenden Blick auf den Himmel. Die Aschensäule war noch da, und es fielen noch Kiesel herunter, aber die Zahl der schrapnellartigen Geschosse, die aus dem Vulkan kamen, hatte merklich abgenommen. Er beschloss aufzubrechen. Dabei hatte er alle Hände voll zu tun. Von den drei gehfähigen Verletzten hatte es ihn am wenigsten erwischt. Die beiden anderen, Andy Macfarlane und Luis LeMarie, konnten es ohne seine Hilfe nicht schaffen.

Mike forderte Luis zum Aufstehen auf. Nach seiner Schätzung waren seit dem Ausbruch erst fünf bis sechs Minuten vergangen. Der Ecuadorianer versuchte sich hochzurappeln, doch der Schlüsselbeinbruch, die Knochenbrüche in beiden Beinen und zahlreiche Verbrennungen hatten ihn geschwächt. »Meine Beine machen mir Schwierigkeiten«, sagte LeMarie. »Ich weiß nicht, ob ich gehen kann.«

Mike half Luis auf die Beine und versuchte ihn den Kegel hinunterzugeleiten. Doch auf dem unebenen, von Felsblöcken übersäten Hang kamen beide immer wieder zu Fall. Die Stürze mit den Händen abfangend, berührten sie glühend heißen Auswurf, was sie nötigte, schnell wieder auf die Füße zu kommen, um – was Luis betraf – oft gleich danach wieder umzukippen.

»Ich war ziemlich abgestumpft«, sagte Conway. »Aber wir wussten nicht, wie schwer wir verletzt waren, bis wir immer wieder hinfielen.«

Andy Macfarlane erinnerte sich, dass er neben mir lag und nach meinen Verletzungen fragte: »Aus eigener Kraft vermochte er [Stan] sich offenbar nicht vom Fleck zu rühren, und ich konnte nicht erkennen, wie schwer er verletzt war. Ihm war wohl nur dadurch geholfen, dass man ihn aufhob und trug, und ich streckte von unten her meine Hand nach ihm aus und versuchte, seine Hand zu ergreifen, aber es reichte nicht ganz. Meine Beine, die zuvor bei Stürzen schwere Prellungen erlitten hatten, waren schwach und gehorchten mir nicht recht, und mir wurde klar, dass ich ihn nicht würde tragen können, wenn ich ihn nicht einmal von unten her erreichte und selber kaum gehen konnte. Ich musste ihn einfach liegen lassen und konnte nur hoffen, dass er den Steinschlag überstehen und später geborgen werden würde. Ich hatte damals und noch Wochen später ein furchtbar schlechtes Gewissen, aber eigentlich konnte ich nichts anderes tun.«

Wie betäubt, orientierungslos und einem Schockzustand nahe, stand Macfarlane auf und stolperte im unteren Bereich des Kegels umher. Conway und LeMarie, die den Hang hinuntertaumelten, fanden ihn ziellos bergauf wandernd.

»Andrew, nicht dorthin!«, brüllte Conway. »Abwärts!«

Conway nahm Macfarlane in ihre Gruppe auf und führte die beiden den Kegel hinunter. Macfarlane erinnert sich, dass die drei sich hinter einem großen Felsblock hinlegten, um auszuruhen. Andy berichtete Mike, er habe mich gesehen, und ich sei schwer verletzt. In seinem benommenen Zustand wusste er aber nicht mehr, wo ich lag. Auch Mike wusste es nicht, aber durch seinen Einsatz kamen die drei vom Kegel herunter und schafften es die Böschung hinauf.

»Wir sind alle verletzt«, sagte Conway zu LeMarie und Macfarlane. »Wir müssen selbst sehen, dass wir aus diesem Loch herauskommen.«

Mike erkannte, dass Luis und Macfarlane ängstlich waren und nicht mehr viel auszuhalten im Stande waren. Beide keuchten schwer in der dünnen Luft. Er versuchte sie zu beruhigen.

»Dies ist eine klassische vulkanische Explosion«, sagte Conway zu den beiden, deren Gesichter von Asche und Blut verschmiert waren. »Es ist eine vereinzelte Explosion. Es wird lange dauern, bis sich wieder genügend Gasdruck für eine erneute Explosion aufgebaut hat. Der Schlot lässt jetzt Gas ab. Diese Situation können wir überleben. Keine Aufregung. Wir kommen da heraus.«

Der Vulkan stieß ein lautes, an einen Düsenjäger erinnerndes Geräusch aus. Macfarlane war nach wie vor höchst beunruhigt. »Bei alledem«, schrieb er später, »bestand die schreckliche Spannung, dass wir nicht wussten, ob der Vulkan nur ein bisschen hustete oder ob er sich für eine größere Eruption räusperte. Die Ungewissheit zehrte an den Kräften, und wir alle lauschten äußerst gespannt, ob sich ein weiteres großes Donnern ankündigte. Während wir dort lagen, brachte Mike mich dazu, mir den Rucksack über den Kopf zu halten, um die umherfliegenden Splitter abzuwehren, und wir ruhten uns ein paar Minuten aus.«

Noch immer fielen Steine herab, so groß wie Erbsen und Murmeln. Dann setzte der mit Asche vermischte Regen ein. Luis erinnert sich an die erfrischende Wirkung der kühlen Tropfen auf seinen Verbrennungen. Macfarlane, dessen Kleidung zerrissen und mit Brandlöchern übersät war, fand die Nässe dagegen unbehaglich.

Mike rüttelte seine Kollegen zu einer letzten Anstrengung auf, um vom Kegel herunterzukommen. Während sie sich mühsam im Nebel vorankämpften, kamen sie an den Leichen von José Arlés und den drei Touristen vorbei. Mike nahm zertrümmerte Schädel wahr. Die Kleidung von einem der Touristen stand in Flammen. Die Wissenschaftler gingen weiter.

Etwa eine halbe Stunde nach der ersten Eruption erreichten sie schließlich den Boden des Amphitheaters, wo sie erneut hinter einem Felsblock Deckung suchten. Die Bewölkung hatte zugenommen, und Conway sah, als er die Böschung hinaufschaute, nichts als Nebel. Wie sollte er da den Pfad finden, der nach oben führte? Aber rasch löste sich der Nebel auf, und er erkannte den Weg. Während sie durch den rund 45 Meter breiten Graben tappten, rief Conway um Hilfe. Vom Rand der Böschung, der 180 Meter entfernt war, brüllte jemand zurück.

Andy Adams wurde mitten im Aufstieg von der Eruption überrascht, und es fehlte nicht mehr viel, bis er dem hufeisenförmigen Amphitheater entronnen war. Er hatte sich hinter einen Felsblock gehockt, bis der Beschuss mit vulkanischen Bomben nachließ. Über den Stein hinwegspähend, sah er eine große Rauchfahne aus dem Krater hervorquellen. »Ich dachte, alle hinter mir sind tot«, sagte er. Adams, der damals 44 Jahre alt war, fürchtete, dass die Säule aus Asche und Gas in seine Richtung wehen könnte, und war drauf und dran, seine Gasmaske aufzusetzen, als plötzlich ein Wind aufkam und die Fahne von der Böschung fort in Richtung Westen trieb.

»Da sagte ich mir: Mann, hier kommst du raus«, erinnerte sich Adams.

Schon unter ruhigen Bedingungen ist es schwer, den oberen Teil der Böschung zu erklimmen. Er ist steil, bietet keinen sicheren Halt, und wenn man ausrutscht, droht in der abschüssigen Wand ein Sturz von 135 Meter Tiefe. Die meisten Kletterer machen sich ein gelbes Nylonseil zu Nutze, das oben auf der Böschung an einem Haken befestigt und rund 23 Meter lang ist. Adams packte das Seil und zog sich daran mit seiner massigen Gestalt nach und nach hinauf. Er machte des Öfteren Halt, um Atem zu schöpfen. Irgendwann sah er während einer Ruhepause durch eine Wolkenlücke drei Männer langsam den Graben durchqueren: Mike, Luis und Andy Macfarlane. Er war sehr erleichtert, dass sie noch am Leben waren, doch den Gedanken, hinunterzugehen und ihnen zu helfen, verwarf er rasch wieder. Er war viel zu erschöpft. Während er seinen Aufstieg fortsetzte, trafen ihn immer wieder kleine Steine, von denen einige ihm Verbrennungen am Nacken zufügten. Endlich taumelte er über den Böschungsrand und stand auf dem Kamm über dem Amphitheater. Er war am Ende seiner Kräfte und unsagbar erleichtert, aus dem Kessel heraus zu sein.

Conway, Macfarlane und LeMarie hatten den Graben bis zum Fuß der Böschung durchquert und sich dabei mit ihren Rucksäcken vor herabfallenden Steinen geschützt. Macfarlane begann zu bibbern, wegen des Schocks und wegen Unterkühlung. Es war vermutlich um die zehn Grad, aber der leichte Regen hatte Andys Kleidung durchnässt und den Wärmeverlust beschleunigt. Luis hatte schreckliche Schmerzen. Mike war klar, dass die beiden den Aufstieg aus eigener Kraft nicht schaffen würden, er wusste aber auch, dass er ihnen mit seiner verletzten Hand und seinen Verbrennungen nicht weiterhelfen konnte. »Wartet hier hinter diesen Blöcken«, sagte er ihnen. »Ich hole Hilfe.«

Der Aufstieg bis zum Seil schien eine Ewigkeit zu dauern. Langsam arbeitete Conway sich den Pfad hinauf, wobei er gelegentlich über einen Stein stolperte oder auf Geröll ein Stück zurückrutschte. Oft hielt er inne, um sich auszuruhen. Als er schließlich beim Seil ankam, versuchte er es mit der rechten Hand zu packen. »Ich hatte meine Hand auf das Seil gelegt, und sie rutschte wieder ab, und dann legte ich sie erneut drauf, und sie rutschte wieder ab«, sagte er. »Da sagte ich mir: Mann, da stimmt was nicht.«

Also fing er an, sich mit der Linken hinaufzuziehen.

LeMarie und Macfarlane hatten unterdessen nicht vor, im Graben zu bleiben. »Was uns vor allem den Hang hinauftrieb«, sagte Macfarlane später, »war die Angst, dass ein pyroklastischer Strom in unsere Richtung gehen könnte, und wir dachten, je höher wir in der Wand sind, desto größer sind unsere Chancen, ein solches Ereignis zu überleben. Entscheidend war, in der Caldera möglichst viel Höhe zu gewinnen.«

Macfarlane quälte sich die Böschung empor. Wenn er zusammenbrach, was immer wieder geschah, lag er auf dem Rücken und betrachtete die aus dem Kegel hervorquellende Aschensäule, die im unteren Abschnitt hier und da weiß glühend war. Er versuchte darauf zu achten, wo er hinfiel, denn der Pfad war übersät mit glühend heißen Steinen von der Größe eines Footballs. Mehrmals sank er jedoch auf dem Weg zusammen und kam mit dem Kopf auf einen heißen, vom Vulkan ausgeworfenen Stein zu liegen, sodass seine Kopfhaut versengt wurde.

»Ich war dermaßen erschöpft, dass ich, wäre ein pyroklastischer Strom auf mich zu gekommen, nicht einen Finger hätte rühren können, um etwas dagegen zu tun«, schrieb Macfarlane später. Da Unterkühlung und Schock seinen ganzen Körper zittern ließen, konnte er keinen Schritt mehr tun und rief schließlich um Hilfe. Wenn auch von oben niemand antwortete, so war er doch erleichtert, meine Hilferufe vom Kegel her zu vernehmen. »Sonst hörte ich aber niemanden von drüben rufen«, schrieb er, »und das bestätigte meine Befürchtungen.«

Als er etwa ein Drittel des Aufstiegs geschafft hatte und noch etliche Meter vom Seil entfernt war, verließen Macfarlane die Kräfte; er legte sich hin und wartete auf Rettung.

Luis schaffte es, obwohl seine Beine und sein Schlüsselbein gebrochen waren, kriechend und hinkend die Böschung hinauf, ein Zeichen, wie groß seine Angst vor einer erneuten Eruption oder einem pyroklastischen Strom war. Er überholte Macfarlane und gelangte irgendwie bis zum Seil. Er ergriff es mit seiner rechten Hand, aber als er sich hinaufzuziehen versuchte, schwang er nur hilflos hin und her. Auch er kam aus eigener Kraft nicht mehr weiter. Als Luis sich hinlegte, hörte Andy mich mit matter Stimme vom Kegel her auf Spanisch rufen: »¡Ayúdame! ¡Ayúdame!« – »Helft mir! Helft mir!«

Marta und Patty jagten in ihrem Jeep den Berg hinauf, durch Pfützen und über Felsblöcke hinweg. In den scharfen Kurven wären sie beinahe vom Weg abgekommen, verdrängt von mehreren Autos und Jeeps, die den Berg hinuntergerast kamen. Darin saßen verängstigte Nationalpark-Angestellte und Soldaten – darunter auch der Mann mit der abgetrennten Hand –, die vor der Eruption flüchteten. Weil sie Hilfe brauchen würden, veranlassten Marta und Patty einen Armeelastwagen zum Anhalten und baten die Soldaten, sich an der Rettung zu beteiligen. Diese erklärten sich widerstrebend bereit, vielleicht, weil sie sich beschämt fühlten vom Anblick zweier Frauen, die der Gefahr trotzten.

Marta hatte ein Funkgerät dabei und bekam laufend Berichte vom Observatorium, das mit den Journalisten oben auf dem Berg in Verbindung stand. Die Meldungen waren unklar. Die Gas-Gruppe und die Gravitations-Gruppe waren auf dem Kegel gewesen, als der Vulkan explodierte. Einige waren umgekommen. Einige waren verletzt. Einige wurden vermisst.

Auf dem Kamm über dem Amphitheater ging Andy Adams zur Polizeistation, wo ein kolumbianisches Fernsehteam sich verzweifelt um Nachrichten aus dem Krater bemühte. Mit laufender Kamera verfolgten sie Adams, dessen Gesicht mit Asche verschmiert war. Adams entfernte sich von der Kamera und sagte dem Reporter schließlich mit abwehrender Geste: »Ich will das nicht. Ich will das nicht.«

Der Reporter wandte sich an Alfredo Roldan, den guatemaltekischen Chemie-Ingenieur. »Was ist geschehen?«, wollte er wissen.

»Zu einer Explosion kann es jederzeit kommen«, antwortete Roldan. »Nun ist es eben jetzt passiert. Genauso gut hätte es gestern oder morgen oder in einem Jahr passieren können. Alle Vulkane der Erde sind unvorhersagbar.«

Mike Conway war noch zehn Meter vom Kamm der Böschung entfernt und hatte alle Mühe, den letzten Abschnitt zu schaffen. Auf Englisch und Spanisch rief er um Hilfe. Sie kam in Gestalt von Alfredo Estrada, dem Gehilfen von INGEOMINAS, der Mike packte und nach oben zog. Als Mike die 70 Meter zum Polizeiposten ging, wurde auch er von dem Fernsehteam angesprochen. Er sah fürchterlich aus. Sein gelber Parka war mit Brandlöchern durchsetzt. Unter seiner blauen Strickmütze war die linke Gesichtshälfte mit Blut verkrustet, und er war mit Asche bedeckt. Er ging zur Station hinein, von der Kamera verfolgt, und sprach mit Adams.

»Luis und Andy Macfarlane können es schaffen, wenn man ihnen hilft«, sagte Mike.

Adams, der erschöpft wirkte, antwortete: »Wir müssen jemanden runterschicken.«

Die Kamera ging näher heran. Mike riss der Geduldsfaden, und er brüllte, die Hand vor die Linse haltend: »Nein! Nein!«

Mike, der erste Überlebende vom Kegel, sprach über Funk mit dem Observatorium in Pasto und verlangte, unverzüglich Rettungsmannschaften auf den Vulkan zu schicken. »Ich sagte ihnen, Andy und Luis seien verletzt und bräuchten Hilfe«, berichtete er später. »Ich verschwieg ihnen, dass ich Tote gesehen hatte, denn sie hätten sich womöglich davor gefürchtet, hinunterzugehen, wenn sie davon erfahren hätten. Ich sagte ihnen, dass es Überlebende gibt. Ich betonte das Positive. Es gibt Überlebende. Sie können es schaffen herauszukommen. Aber sie brauchen Hilfe.«

Alle paar Minuten schrie ich, auf Englisch und auf Spanisch. Ich schrie, weil ich wissen wollte, ob noch jemand am Leben war. Ich schrie um Hilfe. Ich schrie, weil das alles war, was ich tun konnte, und weil der Klang meiner Stimme mir eine gewisse Beruhigung verschaffte, dass ich noch da war und nicht aufgegeben hatte. Niemand antwortete mir.

Ich hatte das Gefühl, als läge ich seit Stunden auf dem Kegel, obwohl seit dem Ausbruch erst rund eine Stunde vergangen war. Durch die zahlreichen Löcher in Jacke und Hose war Regen gedrungen, und ich fror entsetzlich. Ein Zittern überkam mich, und ich wusste, dass es ebenso sehr an dem Schock wie an der Kälte lag. Ich war mir sicher, dass ich nicht meinen Verletzungen erliegen würde, und mit der Zeit machte ich mir weniger Sorgen wegen einer zweiten Eruption. Ich fürchtete jedoch, in einen Schockzustand zu geraten, und der Gedanke, noch nach Einbruch der Dunkelheit allein auf dem Vulkan zu liegen, machte mir Angst. Es war jetzt hoher Nachmittag. (Ich trug eine Armbanduhr, kann mich aber nicht erinnern, je die Uhrzeit überprüft zu haben.) Ich wusste, dass es auf unserer äquatorialen Breite gegen sechs dunkel werden würde, rasch und ohne lange Dämmerung. Den Rettungsmannschaften blieben drei Stunden, mich und sonstige Überlebende zu finden.

Mich befielen Zweifel, ob ich noch lebend nach Hause kommen würde. Bei dem Gedanken, Lynda, Christine und Nick nie wieder zu sehen, fing ich an zu weinen. Wenn ich auf dem Galeras starb, würde ich meine Familie im Stich lassen. Meine Frau würde nicht nur traurig, sondern auch wütend sein, weil mein unwiderstehlicher Hang zu den Vulkanen mein Verderben geworden war. Ich musste nach Hause. Dieser Gedanke ging mir in meinem benommenen Zustand immer wieder durch den Kopf. Und jedes Mal schrie ich dann: »¡*Ayúdame!* Helft mir!«

Der Galeras schnaubte immer noch, schickte immer noch eine Aschensäule zum Himmel hinauf. Ich fragte mich, ob die Rettungsmannschaften zögern würden, diesen Vulkan zu erklimmen, der alles andere als erschöpft wirkte. Während ich mir noch bange überlegte, wer bei mir aufkreuzen könnte und wann, kam die Antwort, und zwar recht bald.

Es war Marta.

8

WARNUNGEN

Was war geschehen? Während ich auf dem Kegel des Galeras lag, hatte ich reichlich Zeit, darüber nachzudenken. Meine vorrangige Sorge war jedoch, ob der Vulkan einen pyroklastischen Strom ausstoßen würde. So nah, wie ich mich am Krater befand, würde selbst eine winzige *Nuée ardente* mich töten. Grausige Bilder aus Peter Baxters Vortrag gingen mir durch den Sinn. Nachdem ich mich 15 Jahre lang mit Vulkanen befasst hatte, war mir klar, dass pyroklastische Ströme, in denen große Hitze, erstickende Aschenwolken und Geschwindigkeiten von bis zu 160 Stundenkilometern zusammenkamen, die tödlichsten vulkanischen Erscheinungen waren. Auf schlimmere Art konnte man bei einer Eruption nicht umkommen.

Ich hatte die Berichte von Menschen gelesen, die pyroklastische Ströme überlebt hatten, und in allen wurden ähnliche Eindrücke geschildert: das Donnern des herannahenden Stroms, ein quälendes Gefühl der Hitze, der Schwefelgestank, ein Versinken in Dunkelheit, während Asche in Nase und Mund eindringt, und schließlich ein Gefühl, gänzlich zu ersticken, da die Wolke den gesamten Sauerstoff der Luft verdrängt. Ein Überlebender der Mont-Pelée-Eruption von 1902 sprach davon, »das Feuer zu schlucken«. Ein anderer Überlebender, Charles Alexander, beschrieb detailliert die *Nuée ardente* vom Jahr 1902 auf der Karibikinsel Saint-Vincent, der 1680 Menschen zum Opfer fielen. Fünf Kilometer vom Krater des Vulkans La Soufrière entfernt war ein 40-jähriger Arbeiter auf einem Zuckerrohrfeld tätig, und als Asche herabregnete und plötzlich ein »lautes Geräusch« wie von einem »reißenden Strom« zu vernehmen war, nahm er seine Beine unter die Arme.

»Zusammen mit vielen anderen stürzte ich mich in Victor Sutherlands Laden...«, sagte er hinterher. »Um zwei Uhr wurde es stockdunkel, und wir verschlossen Türen und Fenster. Dann kam mit der heißen Asche eine große Hitze durch die Ritzen in Türen und Fenstern und durch die Löcher im Dach. Die heiße Asche geriet uns in den Mund und füllte diesen mit einem Atemzug. Etwa zwei Sekunden lang torkelten wir umher, dann fielen alle hin. Ich wurde nicht ohnmächtig, sondern kann genau sagen, was geschah, nachdem ich umgefallen war. Ich hatte das Gefühl, an dem heißen Zeug, das in meinen Bauch kam, zu ersticken, und roch viel Schwefel. Das dauerte nicht lange, nur zwei, drei Minuten, dann versuchte ich aufzustehen, aber zwei Leute lagen tot über mir, und mit Mühe kam ich auf die Beine.«

Während ich auf dem Kegel lag, fiel mir ein, was Peter auf der Konferenz gesagt hatte: dass keine großen Aussichten bestehen, einen pyroklastischen Strom zu überleben, wenn man direkt von ihm getroffen wird, aber durchaus etwas tun kann, um seine Überlebenschance zu erhöhen. Man sollte sein Haus hermetisch abdichten und Fenster und Türen mit Brettern vernageln, wie es Küstenbewohner vor einem Hurrikan tun. Und sollte es uns einmal im Freien überraschen, riet Peter dazu, eine Bodenvertiefung aufzusuchen, sich mit allem, was greifbar ist, zuzudecken und so lange die Luft anzuhalten, bis die Glutwolke vorüber ist. Wer in Panik gerät oder sich anstrengt, atmet viel Asche und Gas ein, die rasch die Luftwege verstopfen und nach wenigen Atemzügen zur Ohnmacht führen. Größere Chancen hat derjenige, der seinen Mund vollständig bedeckt, bis das Ärgste der *Nuée ardente* überstanden ist. Mit Baxters Ratschlag im Hinterkopf schaute ich mich auf der mit Felsblöcken übersäten Flanke des Vulkans um, fand aber nirgends eine Deckung. Sollte sich ein pyroklastischer Strom aus dem Krater ergießen, konnte ich nichts tun.

Zum Glück blieb die *Nuée ardente* aus. Es vergingen 20 Minuten, dann eine halbe Stunde, und bald war ich mir einigermaßen sicher, dass das Schlimmste der Eruption überstanden war. Ich war noch bei klarem Verstand und konnte mich fragen, was mit meinen Kollegen geschehen war und ob mir jemand zu Hilfe kommen würde, und mich immer wieder mit der Frage beschäftigen: Wie hatte es geschehen können, dass der Galeras ohne Warnung explodierte?

Es ist immer riskant, sich in einen Krater zu begeben, aber alle Zeichen hatten darauf hingedeutet, dass der Galeras sich in einer ruhigen Phase befand. Die Gasemissionen waren geringfügig. Die seismische Aktivität war vernachlässigbar. Die Temperatur der fumarolischen Gase war stabil. Deformationsmessungen hatten kein Anschwellen des Kegels ergeben. War uns etwas entgangen? Hatte der Galeras uns ein Signal geschickt, das wir übersehen hatten?

Nach der Eruption versicherten mir viele Kollegen, ich hätte nichts falsch gemacht, die Eruption sei in keiner Weise vorhersehbar gewesen. Ich wusste allerdings nicht, dass einige meiner Kollegen jahrelang hinter meinem Rücken das genaue Gegenteil verbreiteten. Was sie behaupteten, lief darauf hinaus, dass ich subtile seismische Anzeichen einer Eruption ignoriert und meine Kollegen fahrlässig in den Tod geführt hatte. Als mir diese Anschuldigungen zu Ohren kamen, war ich viel zu verblüfft, um darauf zu reagieren. Jetzt kann ich darüber nur verwundert den Kopf schütteln. Wie leicht es doch ist, hinterher jemanden anzugreifen und unser Wissen von heute auf die Ereignisse von 1993 zu projizieren. Eine solche umfassende Sicht war mir, Marta und den anderen Wissenschaftlern, die damals im Januar in Pasto waren, jedoch nicht gegeben. Wir prüften die besten verfügbaren Daten. Wir trafen eine, wie es schien, vernünftige Entscheidung. Und ausgerechnet, als wir uns auf dem Kegel befanden, verhielt der Galeras sich so launenhaft, wie es Naturkräfte immer wieder zu Eigen ist. Ich ließ mich täuschen, und dafür übernehme ich die Verantwortung. Am Tod meiner Kollegen fühle ich mich jedoch nicht schuldig. Es gibt keine Schuld. Es gab nur eine Eruption.

Im Vergleich zu den großen Eruptionen war Galeras eine Niete. Schon das Wort »Schluckauf« weist der Explosion eine allzu große Wucht zu, wenn man die massiven Eruptionen der Vergangenheit zum Maßstab nimmt. Die Masse des Gesteins- und Aschenauswurfs der Eruption vom 14. Januar machte bloße 0,003 Prozent dessen aus, was der Mount Saint Helens herausschleuderte. Und dessen Ausbruch war winzig, verglichen mit einer monströsen Eruption wie der des Vulkans Tambora im Jahre 1815, die 100- bis 150-mal soviel Material auswarf wie der Berg in der Kaskadenkette. Eruptionen wie die des Mount Saint Helens ereignen sich im Schnitt alle zehn Jahre irgendwo auf der Erde. (Alljährlich kommt es weltweit zu 60 Vulkanausbrüchen.) Hätten sich nicht 13 Menschen im oder um den Krater des Galeras herum aufgehalten, hätte niemand je von diesem bedeutungslosen geologischen Vorgang gehört.

Die Eruption vom 14. Januar wurde jedoch ungeachtet ihrer Kümmerlichkeit von den gleichen Kräften angetrieben, die den Tambora hervorbrachten. Es war – wie immer bei Vulkanen – das Gas, das die Katastrophe auslöste. Wenn die Gesteinsbrocken, die meine Kollegen töteten, die Schrotkugeln waren, dann waren die Gase das Schießpulver.

Das gasreiche Magma, das die Galeras-Eruption speiste, entstand rund 130 Kilometer unter den Anden dadurch, dass eine tektonische Platte sich unter eine andere schob. Das Magma brauchte 5000 bis 10000 Jahre, um sich durch den Mantel und die feste Kruste zu zwängen, wobei es annähernd vier Zentimeter im Jahr stieg. Schließlich kam das Magma in einer Reihe von unterirdischen Kammern fünf bis elf Kilometer unter dem Kegel von Galeras zur Ruhe. Aus diesen größeren Magmavorräten wanderte geschmolzenes Gestein in tränenförmigen Klacksen allmählich zur Oberfläche. Diese Klackse wurden zu einer Säule gebündelt, die vom Kraterboden bis zu einer Tiefe von rund 350 Metern hinabreichte.

Nach der letzten aktiven Periode in den Dreißigerjahren des letzten Jahrhunderts blieb der Magma- und Gaspfropfen unter dem Galeras fast 50 Jahre lang relativ stabil. 1988 passierte dann etwas. Vielleicht war es ein Erdbeben, das das Innere des Vulkans erschütterte und neue Gänge eröffnete, durch die das Magma an die Oberfläche steigen konnte. Wahrscheinlicher ist, dass sich nach einem halben Jahrhundert der Ruhe in den Magmakammern ein so hoher Druck aufgebaut hatte, dass er entweichen musste, sei es durch Abblasen von Gasen, durch das Absprengen des Deckels oder durch beides. All das hatte man von 1988 bis 1993 beim Galeras beobachtet.

1988 gab es in Pasto noch kein Vulkan-Observatorium, und so oblag es den am Rand des Amphitheaters stationierten Polizisten und Soldaten, die Welt davon in Kenntnis zu setzen, dass der Galeras wieder zum Leben erwacht war. Rumpeln, übel riechende Gase und herabpolternde Steine – diese und andere Nachrichten aus dem Inneren der Erde ließen alle aufhorchen. Marta kam Ende 1988, nahm Gasproben und untersuchte die Fumarolen, die auf dem Kegel entstanden waren. Im Laufe der nächsten fünf Jahre änderte sich das Aussehen des Kegels und des Kraters häufig, denn mächtige Strahlen sauren Gases rissen überall auf dem Galeras neue Austritte auf. Ein Dutzend Fumarolen auf dem Vulkan spie bald hier, bald da Gas aus, und die kolumbianischen Geologen gaben ihnen Namen wie Deformes, Bernardo, Besolima, Adela und Calvache. Diese Fumarolen waren Sicherheitsventile für den steigenden Gasdruck, und der Wissenschaft dienten sie als Fenster ins Erdinnere, als Direktverbindung zum Magmakörper. Die Gasmengen, die den Fumarolen des Galeras von Ende 1988 bis Juli 1992 entströmten, schwankten, aber eines war klar: Der Vulkan hatte ein neues Aktivitätsniveau erreicht.

Im Mai 1989 trieb eine fünftägige Explosionsserie eine Aschensäule drei Kilometer hoch und warf 400000 Kubikmeter Asche und Gesteine aus, mehr als das Zehnfache dessen, was die Eruption am 14. Januar emittieren sollte. (Die Eruption vom Januar 1993 hustete weit weniger Material aus, hatte aber, nach den seismographischen Messungen zu urteilen, sehr viel mehr Energie.) Diese Eruptionen, die ersten in fünf Jahrzehnten, ließen den bescheidenen Fremdenverkehr der Provinz Nariño schrumpfen, veranlassten einige kolumbianische Banken, keine Kredite mehr in die Gegend zu vergeben, führten zu einer Rezession in der Bauwirtschaft von Pasto und machten die wirtschaftliche und politische Führung der Region nervös.

Der Galeras wurde während der nächsten zwei Jahre immer aktiver, und die Einwohner von Pasto sowie die Provinzverwaltung von Nariño wurden mit verwirrenden – und gelegentlich schwarzseherischen – Aussagen von Politikern, der Presse und Wissenschaftlern überhäuft. Da wir nicht genau wussten, wie aktiv der Galeras noch werden könnte, wiesen Marta und andere Geologen, darunter auch ich, zu Recht darauf hin, dass man den Vulkan beobachten müsse und dass er sich für die Anliegergemeinden durchaus als Gefahr erweisen könne. Doch unter dem frischen Eindruck der Katastrophe am Nevado del Ruiz stellte die Presse die Gefährdung übertrieben dar. Die Politiker wollten sich im Falle einer verhängnisvollen Eruption keine Nachlässigkeit vorwerfen lassen und reagierten im Übermaß.

Der Bürgermeister von Pasto ordnete eine Reihe von »freiwilligen vorbeugenden Evakuierungen« an, die unter den Einwohnern nur für Verwirrung sorgten. Das nationale Notstandskomitee, das kurz nach der ersten Eruption in Pasto tagte, empfahl, die Stadt zu evakuieren, eine Entscheidung, die Gott sei Dank von Bogotá aufgehoben wurde. Als es zu keiner größeren Eruption kam, waren die örtliche Politik und Geschäftswelt zwangsläufig verärgert. Der neue Bürgermeister von Pasto verlangte im Jahre 1990, die Region zu »entgalerasieren« – man sollte um den Vulkan keinen Wirbel mehr machen. Seitdem waren Politiker und Zivilschutz-Verantwortliche bemüht, die Gefahr herunterzuspielen, arbeiteten aber gleichzeitig an Evakuierungsmaßnahmen für den Ernstfall.

Unterdessen grummelte der Vulkan weiter. Die Seismographen begannen nach der Eruption vom Mai 1989 in großer Zahl eine bestimmte Art von Beben zu verzeichnen, die darauf hindeuteten, dass magmatische Fluide und Gase am Aufsteigen waren. Diese Beben (*tremor*), die man »langperiodische« Erdbeben nennt, haben keinerlei Ähnlichkeit mit den klassischen Erdbeben, bei denen tektonische Platten zusammenprallen oder aneinander entlanggleiten und das Gestein zerbrechen lassen. (Dieses Zerbrechen erscheint auf dem Seismographen als ein scharfer Ausschlag.) Langperiodische Beben treten vielmehr auf, wenn magmatische Gase und Fluide sich durch Risse im Gestein unter dem Vulkan pressen und dabei ein sanftes, vibrierendes Beben auslösen, ähnlich wie Luft, die durch eine Orgelpfeife strömt. Durch die Oberfläche des Vulkans übertragen, erscheinen langperiodische Beben auf dem Seismographen als ein sanftes, gleichmäßiges, sich allmählich entwickelndes Muster.

Nach der Eruption vom Mai 1989 verzeichneten die Seismographen von INGEOMINAS 50 langperiodische Beben pro Tag, ein Anzeichen dafür, dass der Galeras zunehmend aktiver wurde. Unsere Messungen mit dem Korrelations-Spektrometer zeigten derweil, dass er gelegentlich mehrere tausend Tonnen Schwefeldioxid pro Tag abblies, eine große Menge, die ebenfalls für sein neues Aktivitätsniveau sprach. Diese statistischen Messungen wurden weiter bestätigt durch Besichtigungen des Vulkans, bei denen neu entstandene Fumarolen und Krater auf dem Kegel beobachtet wurden. Obendrein fanden im Galeras zahlreiche winzige Explosionen statt, die kleine Mengen Gestein herausschleuderten. 1990 und 1991 fuhren Marta und ich mehrmals hinauf, um im Krater und seiner Umgebung Gasproben zu nehmen. Wir mussten uns jedoch damit begnügen, am Rand des Amphitheaters zu stehen und zuzuschauen, wie der Vulkan stotterte und hustete. Ein Abstieg wäre zu gefährlich gewesen. An dem Tag, an dem wir uns dann doch auf den Kegel wagten, schossen mit einem ständigen, ohrenbetäubenden Brausen Gase aus der Deformes-Fumarole.

Im August 1991 erlebte unser Team einen dieser Momente, die für Vulkanologen sehr befriedigend sind: Alle Messungen mit unterschiedlichen Verfahren führten zu ein und demselben Schluss. Die Zahl der langperiodischen Beben stieg drastisch auf 300 pro Tag, ein Anzeichen, dass unter dem Vulkan viel Magma in Bewegung war. Gleichzeitig nahm die mit dem Korrelations-Spektrometer ermittelte Freisetzung von SO_2 drastisch zu, auf rund 900 Tonnen pro Tag. Das war ein sehr hoher Wert – damals gab es auf der ganzen Welt nur fünf andere Vulkane, die SO_2 in solchen

Mengen ausschütteten –, und er lieferte einen weiteren Beweis dafür, dass ein Magmakörper am Aufsteigen war. Schließlich zeigten Deformationsuntersuchungen, dass die Flanke des Vulkans sich durch wachsenden Druck von Magma und Gasen um 60 Zentimeter gehoben hatte. Was diese Daten besonders interessant machte, war der Umstand, dass nur zwei Monate zuvor am Pinatubo auf den Philippinen eine plötzliche Zunahme der langperiodischen Beben und der SO_2-Emissionen einer massiven Eruption vorausgegangen war. Es war klar, dass der Galeras in eine neue, gefährliche Phase eingetreten war.

Im Oktober 1991 sahen wir schließlich, was den ganzen Wirbel verursachte. INGEOMINAS-Vulkanologen beobachteten, dass am Boden des Vulkans ein Lavapfropf herausgepresst wurde. Von Gasen getrieben, trat Magma aus, und seine kühleren oberen Enden bildeten im Krater einen erstarrten Dom. Der Dom erhob sich am Ende um 50 Meter über den Kraterboden und erreichte einen Durchmesser, der die Länge eines Footballplatzes übertraf. Nach fachmännischen Berechnungen enthielt der Dom 350000 Kubikmeter Material, die einem unterirdischen Magmakörper von 2,8 Millionen Kubikmetern aufsaßen. Erstarrte Magmadome sind notorisch instabil, und das Wachstum des Domes bewies in Verbindung mit Hunderten von langperiodischen Beben pro Tag, dass der Galeras einen prekären Zustand erreicht hatte.

Im November 1991 kam Bernard Chouet vom USGS, ein Fachmann für langperiodische Beben, und setzte in einer großartigen Untersuchung die langperiodischen Ereignisse in Beziehung zum Asche- und Gasausstoß des Galeras. Während in diesem täglich 300 langperiodische Beben stattfanden, standen Chouet und der INGEOMINAS-Seismologe Fernando Gíl Cruz am Kraterrand und beobachteten, dass ein 135 Meter langer Spalt sich periodisch ein wenig öffnete und kleine Aschen- und Gaswolken freisetzte. Diese Freisetzungen korrespondierten mit den langperiodischen Beben. Was Chouet und Gíl sahen, war praktisch das Ausatmen des Vulkans, und in den langperiodischen Vorgängen schlugen sich der rumpelnde Atemfluss des Galeras durch die Erde und sein Einmünden in die Atmosphäre nieder.

In einem Bericht über seine Erkenntnisse, den Chouet einige Monate danach für INGEOMINAS anfertigte, hieß es, die Gefahr einer Eruption sei gering, solange der Vulkan regelmäßig ausgase, also atme. Ein Ende der Ausgasung und ein gleichzeitiges Auftreten von tieferen langperiodischen Vorgängen könnten allerdings auch bedeuten, dass der Vulkan versiegelt wurde und ausbrechen könnte. Chouet, mit dem ich nicht gut auskam, ließ mir leider kein Exemplar seines Berichts zukommen, aber auch niemand vom INGEOMINAS.

Wie Chouet vorhergesagt hatte, wurde der Dom bald versiegelt. Anfang Juli 1992 ereignete sich auf dem Galeras ein spezielles langperiodisches Beben, *tornillo* (»Schraube«) genannt, wegen seines langen, schraubenartigen Erscheinungsbildes auf dem Seismographen. In etwa einer Woche kam es zu neun *tornillos*, von denen einige zwei Minuten dauerten. Zugleich verzeichneten die Seismographen des Observatoriums Pasto andere langperiodische Beben, manchmal bis zu 30 pro Tag. Unterdessen entwich wenig Gas. Dann riss die Oberfläche des Domes auf und ließ Dutzende von hochfrequenten kurzen Beben durch den Vulkan laufen; diese bezeichnete man als *mariposas*, weil sie auf den Trommeln der Seismographen eine Schmetterlingsform hinterließen.

Am 16. Juli 1992, mehrere Tage nach dem Auftreten der *mariposas*, brach der Galeras aus, wobei 80 Prozent des Lavadomes zerstört wurden. Eine Aschenfahne stieg fünfeinhalb Kilometer in die Höhe und ging anschließend zwischen den Städten Sandoná und Consacá nieder. Der Vulkan schleuderte Steine von 30 Zentimetern zweieinhalb Kilometer über den Krater hinaus und warf Blöcke von 3,60 Metern ins Amphitheater. Ein solcher Block hatte 24 Stunden später, nachdem er auf einer Höhe von 4200 Metern in der kalten Luft gelegen hatte, noch immer eine Oberflächentemperatur von 320 Grad Celsius. Sogar 16 Tage später, als Marta und ich zu Gasproben auf den Kegel kletterten, strahlten einige der ausgeworfenen Steine noch Hitze aus.

Der Galeras schien sich in dieser Eruption verausgabt zu haben – ein typisches Muster bei vielen Vulkanen. Wochenlang maßen wir nur winzige Mengen von Schwefeldioxid. Kolumbianische

Wissenschaftler konnten mit Lasern und reflektierenden Spiegeln keine Schwellung der Flanke ermitteln. Und in den folgenden Monaten war die seismische Aktivität äußerst gering; langperiodische Beben kamen fast gar nicht vor. Als wir uns Anfang Januar in Pasto versammelten, schien es, als habe der Galeras seine jüngste Ausbruchepisode hinter sich.

In den beiden ersten Januarwochen zählten Geologen am IN-GEOMINAS-Observatorium 17 *tornillos*. Die an unserer Konferenz teilnehmenden kolumbianischen und ausländischen Seismologen fanden dieses vereinzelte Auftreten von *tornillos* nicht beunruhigend; eine derart geringe Zahl galt damals als harmlos. (Vor der Eruption des Vulkans Redoubt in Alaska verzeichneten die Seismographen zum Beispiel 4000 langperiodische Beben an einem Tag.) Erst nach weiteren Eruptionen im Jahre 1993 verstanden wir schließlich, dass auch eine geringe Zahl von *tornillos* auf Galeras – es braucht sogar nur einer oder zwei pro Tag zu sein – eine Eruption ankündigen *könnte*. Doch damals besaßen wir dieses Verständnis nicht. In den Tagen vor unserem Ausflug in den Krater unterrichtete mich niemand von den *tornillos*, und niemand warnte mich, dass ein Ausbruch des Vulkans kurz bevorstehen könnte. Die Seismologen am Observatorium sahen ebenfalls keine Anhäufung sonstiger langperiodischer Beben und keine *mariposas*, die der Eruption im Juli vorausgegangen waren. Nach allen vorliegenden Erkenntnissen herrschte am Observatorium Einigkeit darüber, dass der Galeras unbedenklich war. In den Tagen vor unserer Besteigung hatten denn auch andere Wissenschaftler auf dem Vulkan gearbeitet.

Was also geschah *wirklich*? Im Juli 1992 hatte Galeras viel von seiner aufgestauten Energie verausgabt. Unmittelbar danach entströmten dem Krater Schwefeldioxid und andere Gase in großen Mengen, die dann allmählich geringer wurden, ähnlich wie Champagner, der zunächst aus der Flasche schäumt und sich dann beruhigt. Aber irgendwann gegen Ende 1992 begannen die Risse, aus denen die Gase entwichen, sich zu verschließen. Die hochgradig sauren Gase veränderten das Gestein innerhalb des Vulkans und verklebten praktisch viele seiner Spalten. Wir maßen nicht deshalb so wenig Gas aus dem Vulkan, weil keines vorhanden war, sondern weil es nicht entweichen konnte. Daher glich der Galeras im Januar 1993 einem Schnellkochtopf mit verstopftem Sicherheitsventil. Der Gasdruck nahm zu, und die Temperatur stieg, doch wir saßen auf dem Kessel und bemerkten kein Anzeichen einer sich steigernden Aktivität. Der Galeras hatte uns ausgetrickst.*

In Anbetracht der Erkenntnisse, die wir durch vier weitere Eruptionen im Jahre 1993 gewannen, könnte man vielleicht nachträglich sagen, dass der Galeras uns ein kaum merkliches Signal schickte, dem wir hätten entnehmen können, dass sich eine Eruption anbahnte. In den letzten drei Wochen vor dem verhängnisvollen Ausbruch steigerten sich Anzahl und Dauer der langperiodischen Beben, von denen manche fast drei Minuten anhielten. In den drei bis vier Tagen vor dem Ausbruch ging die Zahl dieser Beben, die sich bis dahin zweimal täglich ereignet hatten, auf eines pro Tag oder noch weniger zurück. Der Vulkan – das begriffen wir im Nachhinein – war dermaßen verstopft, dass der Aufstieg magmatischer Ströme und Gase unter dem Krater einfach zum Stillstand kam; daher der Rückgang der langperiodischen Vorgänge. Das letzte langperiodische Beben mit seiner charakteristischen *Tornillo*-Signatur ereignete sich vier Stunden vor dem Ausbruch, als wir gerade in das Galeras-Amphitheater hinabstiegen.

José Arlés hatte ständig Kontakt mit dem Observatorium, doch niemand erwähnte dort den *tornillo*, der sich um 9.47 Uhr auf dem Seismographen gezeigt hatte. Sie erwähnten ihn deshalb nicht, weil niemand im Observatorium langperiodische Beben – zumal nur ein einziges – als Vorzeichen einer Katastrophe deutete. Der Vulkan war, als wir in ihm und seiner Umgebung arbeiteten, stabil, so stabil wie ein Ballon, unmittelbar bevor er platzt. Um 13.41 Uhr konnten die Gesteine, die den Schlot am Boden des Kraters verstopften, dem wachsenden Gasdruck nicht mehr standhalten,

---

* Spätere Untersuchungen ergaben außerdem, dass ein neuer Magmakörper 13 Kilometer unterhalb des Kegels Position bezogen haben könnte und Gas produzierte, das den Gasdruck unter dem Galeras verstärkte.

und der Galeras explodierte. Es wurde zwar nur eine relativ geringe Menge Asche und Gestein ausgeworfen, doch die Eruption war viermal so stark wie die vom Juli 1992, die den Dom zerstört hatte.

Eine einzelne Eruption ergibt noch kein Muster. Doch an den drei folgenden Ausbrüchen des Galeras im März, April und Juni 1993 konnten amerikanische und kolumbianische Wissenschaftler den *Tornillo*-Trend erkennen. Ein entscheidendes Stück fügte mein Student Tobias Fischer in das Puzzle ein, indem er 1993 nach monatelangen Untersuchungen auf dem Galeras einen Zusammenhang zwischen der Freisetzung von Schwefeldioxid und den langperiodischen Beben ermittelte. Die Abnahme der Beben im Vorstadium der Eruption ging mit einer Verringerung der aus dem Krater entweichenden SO_2-Menge Hand in Hand. Als nach der Eruption die aufgestauten Gase entwichen, nahm die SO_2-Menge gewaltig zu.

Doch auch nach der Entdeckung dieses offenkundigen Musters konnten wir nicht jede Eruption des Galeras zuverlässig vorhersagen. Einem Ausbruch im April 1993 gingen *keine* langperiodischen *Tornillo*-Beben voraus. Im Juni konnten die Geologen von INGEO-MINAS nach einer Reihe von *tornillos* einen Ausbruch ankündigen. Doch im Laufe des Jahres zeigte sich auf den Seismographen des Observatoriums mindestens zweimal eine Reihe von *tornillos*, ohne dass es zu einem Ausbruch kam.

Wir mussten lernen, dass der Galeras ein eigenes Verhaltensmuster besaß. Gingen bei anderen Vulkanen Tausende langperiodischer Beben einem Ausbruch voraus, so waren es beim Galeras oft nur relativ wenige. Nach einer Untersuchung der langperiodischen Beben des Galeras hielten John Stix und fünf Kolumbianer fest: »Es ist problematisch, allein aus dem Vorkommen von … langperiodischen Signalen die Aktivität exakt vorherzusagen.«

Steve McNutt, Professor an der Universität von Alaska und eine Autorität auf dem Gebiet der langperiodischen Beben, sagte später: »Bei nur einem Ereignis pro Tag denkt man nicht, dass etwas passieren wird. Das war kein böses Omen. Der Galeras ist der erste Vulkan der Welt, bei dem wir nur *tornillos* und in so geringer Zahl gesehen haben. Die *tornillos* hätten schon meine Aufmerksamkeit erregt, denn sie sind ungewöhnliche Ereignisse. Ob ich jedoch angenommen hätte, dass es zu einer Eruption kommt? Ich glaube, nicht ... Unsere Erkenntnisse gewinnen wir meistens im Rückblick. Hinterher ist man immer klüger als vorher.«

Chouet meint dagegen, ich – oder sonst jemand auf der Konferenz – hätte die Eruption kommen sehen müssen und keinesfalls eine Gruppe auf den Vulkan führen dürfen. Er behauptet, weil der Eruption vom Juli 1992 eine Hand voll *tornillos* vorausging, hätte man beim Observatorium Alarm schlagen müssen, als sich Anfang Januar 1993 einige *tornillos* zeigten.

»Vor der vorigen Eruption gab es eine Sequenz, und jetzt sieht man wieder eine Sequenz«, sagte Chouet später. »Das hätte sofort Ihre Aufmerksamkeit erregen müssen.« Und weil ich auf der Konferenz der »Boss« war, hätte ich die örtlichen Seismologen nach irgendwelchen verdächtigen Anzeichen von Aktivität ausquetschen müssen.

»Aus meiner Sicht«, sagte Chouet, »war es vermeidbar, dass Menschen auf diesem Berg umkamen. Nach meiner Meinung ist irgendwann mit der Kommunikation etwas schief gelaufen, oder Mitteilungen wurden überhört.«

Das Problem ist, dass niemand Alarm schlug, was aber angesichts unseres damaligen Kenntnisstandes verständlich ist. Fernando Gíl Cruz, der kolumbianische Mitarbeiter von Chouet, hat mir kürzlich erklärt: »Die Bedeutung von so wenigen *tornillos* hat damals niemand erkannt. Dieses Muster verstanden wir erst nach [weiteren] Eruptionen. Im Januar hat niemand eine Gefahr gesehen.« Sogar Chouet selbst schrieb, dass der kolumbianische Vulkan, im Unterschied zu einem Vulkan wie Redoubt, »ein Musterbeispiel eines undichten Systems mit unmerklicher vorausgehender Aktivität« war.

Aus der Eruption vom 14. Januar haben wir eine Menge darüber gelernt, wie der Galeras sich verhält. Leider sind dabei Menschen ums Leben gekommen. Für mich ist es ein furchtbarer Schlag, dass wir einen solchen Preis zu zahlen hatten. Aber wie so oft in der Vulkanologie kommt der Fortschritt erst im Gefolge einer Katastrophe.

Während ich, auf Rettung hoffend, an den Hängen des Vulkans lag und immer mehr auskühlte, kam mir das Wort *tornillo* überhaupt nicht in den Sinn. Und auch auf den Gedanken, dass es eine seismische Warnung vor der Eruption gegeben haben könnte, kam ich nicht. Jetzt lag José Arlés nur wenige Meter von mir entfernt, tot, und der Gedanke an Igor und Nestor im Krater quälte und verwirrte mich. Wie hätten sie überleben können? Wie hätte Geoff überleben können? Wie hätte überhaupt jemand überleben können?

9

DIE RETTUNG

Asche legte sich auf die Windschutzscheibe des Jeeps, der Marta Calvache und Patty Mothes zum Galeras hinaufbrachte. Als sie am Antennenwald vorbeifuhren und sich dem Gipfel des Berges näherten, bekam der Fahrer Angst, näher an den Vulkan heranzufahren. Auch die beiden Soldaten auf dem Rücksitz, die Marta engagiert hatte, fürchteten sich. Marta und Patty verspürten ebenfalls Furcht, und während der Fahrt hatten sie über die Gefahren gesprochen. Patty äußerte die beruhigende Prognose, dass nach ihrer Erfahrung in Ecuador ein Vulkan wie der Galeras, wenn er seine Spitze weggesprengt und seine Gase ausgestoßen hatte, gewöhnlich nicht gleich wieder ausbrach.

Das mochte ja durchaus sein, doch lief es dem gesunden Menschenverstand zuwider, in die Mündung eines ausbrechenden Vulkans zu eilen, und die Bedenken dieser Männer waren sehr verständlich. Später gefiel mir das Ironische dieser Situation: In Kolumbien, dem Land der Machos, waren es zwei Frauen, die die Rettungsaktion für die Verletzten auf dem Galeras leiteten.

Als Marta und Patty hinter dem Betongebäude der Polizei über der Böschung des Amphitheaters ausstiegen, bot sich ihnen ein grausiges Bild. Vulkanische Bomben hatten die Scheiben des weißen Nissan Patrol zertrümmert und Löcher in das Dach und die Wände des Polizeipostens geschlagen. Der Boden war mit weiß glühenden eckigen Steinen übersät. Patty spuckte auf einen, und zischend verdampfte die Spucke. Der Vulkan grummelte noch, und das unheimliche Geräusch, das von ihm ausging, ähnelte dem Heulen eines Sturms. Als die Wolkenmassen gelegentlich aufrissen, sahen Marta und Patty aus dem Krater eine Aschensäule aufsteigen, die schmaler war als vorher und deren Farbe eher weiß als grau war. Patty erfuhr von Andy Adams, dass unten mehrere Männer noch am Leben seien; wie es den anderen gehe, wisse man nicht.

Die beiden Frauen standen oben auf der Böschung und spähten und lauschten nach Lebenszeichen im Amphitheater. Marta hörte nichts, aber Patty fing meinen Hilferuf auf. Wir waren seit Jahren befreundet, sie kannte meine Stimme.

»Durch den Nebel hörte ich Stans Rufe: ›Helft mir! Helft mir!‹«, berichtete Patty.»Es klang entmutigend. Am Morgen hatte ich ihn noch gesehen, und ich konnte an seiner Stimme erkennen, dass es ihm wirklich schlecht ging. Ich rief zurück: ›Ja, wir kommen, Stan! Wir kommen!‹«

Ich habe sie nicht gehört. Ich erinnere mich dunkel, Marta gehört zu haben, kann aber nicht sagen, wann mich ihre Stimme erreichte. Als Patty gegen 15 Uhr vom Rand der Böschung her rief – sie war vielleicht 450 Meter Luftlinie von mir entfernt –, lag ich seit über einer Stunde auf dem Vulkan, und mit der Zeit kühlte ich aus, und mein Verstand war nicht mehr ganz klar. Die Kälte war das Schlimmste – sie kam aus meinem Inneren und breitete sich aus, bis mein ganzer Körper bebte, um sich zu erwärmen. Bald kreisten meine Gedanken nur noch um das Warmwerden, und ich stellte mir vor, unter einem Haufen Decken in einem Bett zu liegen.

Die Rettungsmannschaften waren noch nicht eingetroffen. Carlos Estrada, der Fahrer und Gehilfe von INGEOMINAS, der mit uns auf dem Vulkan gewesen war, hatte gerade den Rand der Böschung erreicht und war bereit zu helfen. In rasender Fahrt kam Milton Ordoñez den Berg hinauf, ein Vulkanologe von INGEOMINAS, der den Ausbruch zu Hause in Pasto gehört hatte. Die beiden Soldaten bei Marta und Patty waren bereit, oben auf der Böschung zu bleiben und ihnen behilflich zu sein, weigerten sich jedoch, auf den Kegel hinunterzuklettern.

Estrada erspähte Luis LeMarie, der ungefähr die halbe Höhe

geschafft hatte, aber wegen der Bein- und Schlüsselbeinbrüche nicht mehr weiterklettern konnte. Er hangelte sich die steile Wand hinab, packte LeMarie und schaffte ihn halb tragend und halb schleppend nach oben.

Mit Estradas Hilfe kam LeMarie noch bis zum Polizeiposten, wo er auf einen Stuhl sank. Bleich, das Gesicht mit Asche befleckt, trank er etwas Wasser. Jemand half ihm, den Reißverschluss seiner gelben Jacke aufzuziehen. Er war außer Atem und hatte Schmerzen, versuchte aber trotzdem, die Fragen des kolumbianischen Fernsehteams zu beantworten, das vorher mit uns auf dem Vulkan gewesen war.

»Im Krater sind, glaube ich, der Russe, Igor, und Stanley umgekommen. Nein, Nestor. Dann Andrew und Mike und ich und Stanley und José Arlés, wir gingen voran. Es erwischte uns auf dem Abstieg, und da waren noch drei aus Pasto, junge Leute, und sie hat es sehr schlimm erwischt. Ich glaube, sie sind tot. Ich habe ihre Schädelverletzungen gesehen. Sie sind, glaube ich, von sehr großen Steinen getroffen worden.

Mike, Andrew und ich konnten uns rasch hinter einen Stein werfen, und das hat uns gerettet. Wir wurden aber von vielen Steinen an den Beinen getroffen, und ich glaube, meine Beine sind gebrochen. Wie ich es geschafft habe, heraufzuklettern, weiß ich nicht. Ich weiß nichts mehr.« Danach schloss er die Augen, und die Fernsehleute ließen ihn in Ruhe.

Mittlerweile, es war etwa 15.15 Uhr, war Milton Ordoñez von INGEOMINAS eingetroffen, und außerdem eine Hand voll Polizisten und Rotkreuzhelfer. Ein halbes Dutzend Leute packte sich Seile, Decken und eine Tragbahre und begann die Böschung hinunterzusteigen. Während Patty sich am Seil in der Andesitwand herabließ, sagte sie sich, dass der Vulkan sich verausgabt hatte und es Stunden dauern würde, bis er sich wieder aufgeladen hatte und erneut ausbrechen konnte. »Ich konnte gar nicht anders als hingehen und Stan und die anderen herausholen«, sagte sie später.

Als Ersten fanden sie Andy Macfarlane, der am unteren Rand der Böschung, rund 135 Meter von der Oberkante, zusammengebrochen war. Er hatte eine Haarrissfraktur am Schädel und Verbrennungen an Händen, Armen und Beinen. Seine Verletzungen waren zwar nicht lebensgefährlich, aber er geriet in einen Schockzustand. Als Patty und die anderen ihn fanden, bebte sein ganzer Körper, und er klapperte mit den Zähnen. Blut bedeckte seine linke Gesichtshälfte und war in den roten Haaren und im Bart angetrocknet. Er war bleich, seine halb geschlossenen Lider flatterten, und als Patty ihn ansprach, konnte er nur murmeln. Seine blaue Jacke trug überall Brandspuren. Als Patty und die anderen nach seinen Verwundungen sahen, deckten sie das T-Shirt des begeisterten Anglers auf, das die Aufschrift trug: FISH WORSHIP: IS IT WRONG?

»Er war wirklich bewegungsunfähig«, erinnerte sich Patty. »Ich konnte aber nicht feststellen, wodurch, denn die Beine schien er sich nicht gebrochen zu haben. Er war wohl nur in einem Schockzustand. Er sagte immer nur, dass er schrecklich friere. Er befand sich in einer Art Delirium.«

Patty und ein Rotkreuzhelfer breiteten eine Decke über Macfarlane, gaben ihm Wasser zu trinken und verbanden seine Wunde. Patty nahm ihren Alpakaschal ab und wickelte ihn um seinen Kopf. Dann versuchten Patty, Marta, Milton Ordoñez und ein Rotkreuzhelfer ihn zum Seil zu tragen, 45 Meter über ihnen auf dem steilen Hang. Es war ein hartes Stück Arbeit. Macfarlane war schwer, und es schien ewig zu dauern, ihn über das Geröll und die Steine nach oben zu bringen. Doch bald trafen weitere Helfer mit einer Trage ein. An dem einen Ende machte jemand ein Seil fest – es könnte das gewesen sein, das dort ständig befestigt ist –, und eine wachsende Schar von Rettern holte ihn hinauf.

Macfarlanes Erinnerungen stimmen nicht ganz mit denen seiner Helfer überein. Aber angesichts seines verwirrten und erschöpften Zustands ist es erstaunlich, an was er sich noch erinnerte. »Die Ersten, die mich erreichten, waren zwei Rotkreuzhelfer (?), die mir Wasser gaben und versuchten, mir beim Gehen zu helfen, einer auf jeder Seite«, schrieb er später.

Sie hatten offenbar Angst und riefen verzweifelt nach anderen, die am Absteigen waren. Ich wollte sie fragen, was sie dort so frühzeitig taten, denn es war immer noch gefährlich. Ich machte noch acht bis zehn Schritte, dann brach ich völlig zusammen, und von da ab konnte ich mich nicht mehr mit eigener Kraft bewegen. Kurz darauf war Patty da und fing an, mir Mut zuzusprechen und mich zu massieren, um meinen Kreislauf anzuregen, und sie ermutigte die anderen, es ebenfalls zu tun. Sie war ein wahrer Glücksengel aus Fleisch und Blut.

Ich weiß noch, dass ich hochschaute und den Hubschrauber kurz vom Rand der Caldera hervorschweben sah, bevor er landete. Nach einiger Zeit traf eine Bergsteigertrage aus Aluminium ein, auf der man mich festschnallte, die Trage wurde an dem Nylonseil festgemacht, am Anfang des steilen Stücks der Calderawand, und ich wurde leibhaftig dort herausgehievt. Ich war so ausgepumpt, dass meine Beine mich nicht auf der Trage stützen konnten, und ich rutschte nach unten, aber der Schmerz hat mich wahrscheinlich wach gehalten.

Andy Adams beobachtete vom Rand der Böschung aus die sich verstärkenden Rettungsmaßnahmen. Gerade dem Chaos entronnen, wunderte er sich, wie viele Menschen bereit waren, sich auf den noch immer bebenden Vulkan zu wagen, um die Verletzten zu bergen.

Nachdem sie Macfarlane aus dem Amphitheater heraufgehievt hatten, war ich, was damals allerdings niemand wusste, der letzte Überlebende auf dem Vulkan. Seltsam, dass ich von der Aufregung, als Marta, Patty und die Rettungsmannschaften Macfarlane fanden, nichts mitbekam. Ich erinnere mich nur noch dunkel an das Wummern der Hubschrauberflügel, ein Geräusch, das mich auf Rettung hoffen ließ. Ich fragte mich jedoch, ob sich die Leute wirklich auf den Kegel trauen würden.

Marta und Patty ließen Macfarlane in der Obhut des Roten Kreuzes zurück und stiegen erneut die Böschung hinab, um nach mir und anderen Überlebenden zu suchen. Mit von der Partie waren Milton Ordoñez, Carlos Estrada und Ricardo Villota, ein junger Gehilfe von INGEOMINAS. Während Marta durch den Graben auf den Kegel zueilte, sprach sie über Funk mit dem Observatorium in Pasto. Am anderen Ende war Fernando Muñoz, ein Vulkanologe, der sie darauf hinwies, dass der Vulkan noch immer von seismischer Aktivität erschüttert werde. Alle sollten unverzüglich den Vulkan verlassen. Marta schlug die Warnung jedoch in den Wind, fest entschlossen, keine Überlebenden auf dem Galeras zurückzulassen. »Man erwartete neue Eruptionen«, sagte sie. »Aber das kümmerte mich nicht. Jedenfalls habe ich keinen Gedanken daran verschwendet. Ich dachte nur an die Verletzten und nicht an einen erneuten Ausbruch.«

Am Kegel angekommen, teilten die Leute von INGEOMINAS sich auf. Schwefelgeruch erfüllte die Luft, und auf der Suche nach mir mussten meine Kollegen den glühend heißen Blöcken ausweichen, die überall herumlagen. Ich hatte meine Hilferufe eingestellt, und Marta huschte suchend über die unteren Hänge. In der einfarbigen Welt des Kegels war nicht leicht etwas auszumachen, denn frische Asche hatte alles mit einer dünnen grauen Decke überzogen, und das Auffinden eines hingestreckten Körpers wurde zusätzlich dadurch erschwert, dass der Hang mit großen Felsblöcken übersät war, die zum Teil schon lange dort lagen, zum Teil aber auch neu hinzugekommen waren und vor Hitze glühten. Ricardo Villota lief zu Marta hinüber, weil er gerade die Leiche von José Arlés mit aufgeschlagenem Schädeldach entdeckt hatte. Während er dazu ansetzte, sie über seinen Fund zu informieren, blickte sie zur Seite und erspähte eine mit Asche bedeckte Gestalt, die quer zur Flanke des Vulkans hingestreckt lag. Das war ich.

Ich hörte Marta meinen Namen rufen, und als ich aufblickte, sah ich sie über mir schweben. Meine Erleichterung war unbeschreiblich. Jetzt war ich mir sicher: Sie würde mich vom Vulkan herunterholen. Die genaue Zeit weiß keiner mehr, am allerwenigsten ich. Es muss gegen 15.45 Uhr gewesen sein, rund zwei Stunden nach der Eruption; darin sind sich diejenigen, die auf dem Kegel waren, einig. Wo genau ich lag, weiß auch keiner mehr; es muss in der unteren Hälfte des Kegels gewesen sein, rund 70 Meter unterhalb des Kraterrandes.

Es war ein schrecklicher Anblick. Mit Blut und Asche überzogen, lag ich auf der Seite, aus meinen verbrannten Kleidern ragten Knochen hervor, und mein Unterkiefer hing schlaff herab. Ich weiß nur noch, dass ich, als die Erleichterung verflogen war, umso stärker die Kälte und den Schmerz empfand. Marta sagt, ich hätte nicht über meine Kopfverletzung geklagt, sondern nur über mein zerschmettertes rechtes Bein. Ein Blick zeigte ihr, dass es in einem grotesken Winkel verdreht war. Sie gab mir etwas Wasser und deckte mich mit einer leichten Decke aus ihrem Rucksack zu. Patty Mothes kam, aber daran erinnere ich mich kaum. »Ich habe dir die Hand gehalten und gesagt: ›Stanley, ich bin Patty, und ich bin gekommen, um dir zu helfen. Jetzt sind wir da.‹ Dir kam eine Menge Blut aus dem Ohr und aus dem Kopf. Ich tat ein Halstuch oder so was drauf, um die Blutung zu stoppen.« Sie erinnert sich, dass ich die Worte murmelte: »Ich will Lynda sehen, ich will meine Kinder sehen, ich will leben.« Mal schien es, als sei ich bei klarem Verstand, dann wieder nicht.

»Du warst weit weg«, hat sie mir nachher erzählt. »Du hast an das Wesentliche gedacht, keine Belanglosigkeiten. Du wusstest wohl, dass du am Rande des Todes warst. Du warst schon ganz ausgekühlt, deine Körpertemperatur war ziemlich niedrig.«

Ein Rotkreuzhelfer tauchte auf und versuchte, mir angesichts des zerschmetterten Unterschenkels und Knöchels den Stiefel auszuziehen. Als ich vor Schmerz aufschrie, brüllte Patty ihn an, das Bein in Ruhe zu lassen.

Neben der Leiche von José Arlés, die in der Nähe lag, entdeckte Milton Ordoñez eine Kühlbox aus Hartschaumstoff. Milton schnitt ein Stück heraus und machte daraus eine Schiene, die er mit Schnürbändern an meinem rechten Unterschenkel befestigte. Dann legten Marta, Milton, Patty und Ricardo mich auf die Trage, die Marta vom Polizeiposten heruntergeschafft hatte. Sie hoben mich auf und schleppten mich mühsam durch das zerklüftete Gelände. Ich gab immer nur von mir, wie schrecklich kalt es mir sei. Einmal stieß ich einen Schmerzensschrei aus, weil einer der Träger gestolpert war. Bis zum Fuß der Böschung brauchten sie eine halbe Stunde. Dort standen weitere Retter mit einer Bergsteigertrage aus Aluminium bereit. Die Rotkreuzhelfer, etliche in leuchtend orangefarbenen Westen, betteten mich um und begannen mit dem mühsamen Aufstieg durch die Steilwand des Amphitheaters. Patty, Marta und mehrere Mitarbeiter von INGEOMINAS schwärmten auf dem Kegel aus, um nach weiteren Überlebenden zu suchen. Sie stießen auf die drei Touristen, die kein Lebenszeichen mehr von sich gaben. Dann fand Milton die Leiche seines Kollegen José Arlés. »Ich habe ihn umarmt«, erinnert sich Milton. »Ich habe geweint. Ich wollte nicht glauben, dass er tot ist. Vielleicht schläft er nur, dachte ich, aber er war steif und kalt.« Ricardo eilte hinzu. Als er den Körper seines Freundes José Arlés umdrehte, sah er das Gehirn bloßliegen, denn die hintere Schädeldecke war abgetrennt. Er fing an zu schreien. Milton schlug ihm ins Gesicht, damit er sich wieder beruhigte, und schickte ihn zurück, den Hang hinauf. Milton durchkämmte weiterhin die Flanken des Vulkans und stieß kurz unterhalb des Kegelrandes auf eine Leiche, von der er meinte, es sei Carlos Trujillo. Auch Ricardo Villota glaubte, Trujillo erkannt zu haben. Wen sie entdeckt hatten, ist bis heute ungeklärt, aber es war jedenfalls nicht die Leiche von Trujillo. Was von Trujillo noch übrig war, fand man schließlich auf der anderen Seite des Vulkans, hunderte Meter entfernt.

Auf dem Kegel herrschte das Chaos. Der Vulkan grollte wie ein riesiger Blasebalg, und die Retter, die auf seinen Flanken umherhuschten, fragten sich, ob der Galeras vielleicht noch einmal ausbrechen würde. Wie er sich auf den menschlichen Körper auswirkt, war für jeden erkennbar. Verwirrung stiftete allein schon die Entdeckung der drei Touristen. Waren es Vulkanologen? Leute aus der Gegend? Marta und den anderen Mitarbeitern von IN-GEOMINAS waren sie unbekannt – allerdings erschwerte der Zustand der Leichen auch eine rasche Identifizierung.

Nachdem sie mich gefunden hatten, setzten Marta und Patty die Suche nach Überlebenden fort. Von Igor Menjailow, Nestor García, Geoff Brown, Fernando Cuenca und Carlos Trujillo war keine Spur zu entdecken. Patty stieg 100 Meter zum Kegelrand hinauf. Es war ein schwerer Gang. Sie war allein, sie hatte kein Funkgerät, um sich mit dem Observatorium zu verständigen, und je höher sie stieg, desto größer wurden die glühenden Blöcke, die der Vulkan ausgeworfen hatte. Bei jedem Schritt wirbelte sie die

Asche auf, die das Geröll bedeckte, und mit Mühe schlängelte sie sich zwischen dem Auswurfmaterial hindurch. Bald stieß sie auf José Arlés. Dann entdeckte sie, etwas oberhalb, rund 45 Meter vom Kegelrand entfernt, die drei Touristen, deren Gehirn auf den Boden gesickert war. Sie besaß die Geistesgegenwart, sie zu fotografieren. Es sind Bilder, die einen nicht loslassen, die Körper mit schiefergrauer Asche bedeckt, die Gesichter totenbleich. Die Gestalten hoben sich kaum von der Flanke ab, so als seien sie mit dem Vulkan verschmolzen. Gut erkennbar waren ihre Tennisschuhe. Patty überlegte einen Augenblick, wie man die Leichen bergen könnte, verwarf den Gedanken aber sofort wieder. Die Lebenden gingen vor.

Als sie den Kraterrand erreicht hatte, konnte sie nicht mehr – die Anstrengung, die Höhe und die Angst hatten ihre Kraft aufgezehrt. Gas und Dampf strömten in einer weißen Säule aus dem Vulkan und erfüllten die Luft mit einem erstickenden Schwefelgestank. Der Boden des Kraters war mit großen, rot glühenden Blöcken bedeckt. Verzweifelt hielt sie nach Lebenszeichen, nach menschlichen Körpern Ausschau, aber ihre Augen sahen nichts als Felsen, Geröll und Asche. Da riss, nach stundenlanger Düsternis, plötzlich die Wolkendecke auf, und der strahlend blaue Himmel über den Anden wurde sichtbar. Balken von Sonnenlicht fielen auf den Vulkan.

Patty ging westwärts am Kraterrand entlang. Sie stieß auf eine völlig veränderte Landschaft, denn ein Großteil des westlichen Kraterrandes war weggesprengt worden. Sie wagte sich noch weiter nach Westen vor und stand schließlich auf einer unsicheren Klippe, die dem Vulkan vollkommen ausgesetzt war. Jetzt hätte der Galeras nur ein wenig zu husten brauchen, und es wäre mit ihr vorbei gewesen.

»Da packte mich die Angst«, erzählte Patty mir später. »Ich dachte an meinen Mann, und ich stieß eine Art Gebet aus, dass mir hier nichts passierte, denn ich kannte diesen Teil des Vulkans nicht. Ich schaute mich um nach Felsen, hinter die ich mich hätte ducken können, falls er noch einmal ausgebrochen wäre.«

Ein Rotkreuzhelfer kam die Flanke hinauf zu Patty geeilt. Auch er war erschöpft, und die Angst stand ihm ins Gesicht geschrieben. Patty sagte ihm mit einem Blick in die Runde: »*Todos estan muertos. Y me voy.* Alle sind tot. Und ich gehe.«

Sie blickte sich noch ein letztes Mal um und eilte den Kegel hinab.

Oben auf der Böschung machte das kolumbianische Fernsehteam Aufnahmen von den Rettungsmaßnahmen. Die Kamera war auf den Kegel gerichtet, einen grauen Monolithen unter einem blauen Himmel. Mit dem Zoom nahm die Kamera den oberen Teil des Kegels ins Visier, und es wurden mehrere farbige Punkte sichtbar. Waren es Rucksäcke? Oder Menschen? Es war nicht zu erkennen. Kurz darauf folgte die Kamera einem Mann, der den Vulkan hinabrannte, ein Pünktchen auf der Flanke des Galeras.

Am Fuß der Böschung ging ein Rettungsteam daran, mich auf der Trage hinaufzuhieven. Sie hatten ein oder zwei Seile an ihr festgemacht, und am oberen Ende der Wand aus vulkanischem Gestein, rund 100 Meter über mir, standen zwölf Männer und zogen.

»Nun legt euch mal ins Zeug!«, rief ein Retter bei laufender Kamera.

»Du sagst es! … Dann also los!«, rief einer zurück.

Während von oben gezogen wurde, gingen unten die Retter mit und hielten die Trage fest. Es ging quälend langsam. Ich weiß nur noch, dass mir der Schmerz durchs rechte Bein zuckte, wenn die Trage bei jedem Zug einen Ruck machte. Marta und Patty gingen neben mir, und Marta erinnert sich, dass ich immer wieder fragte: »Wann sind wir oben? … Warum dauert es so lange? … Sind wir bald da?«

Unterdessen wurden Luis LeMarie, Andy Macfarlane und Mike Conway von Rotkreuzhelfern mit einer Ambulanz weggebracht.

Patty glaubt, dass es 15 Minuten gedauert haben könnte, vielleicht etwas mehr, mich nach oben zu schaffen. Marta meint, es sei eine Stunde gewesen. Länger als das, sagen andere. Mir kam es endlos vor.

Ein kleiner olivgrüner Armeehubschrauber kam wie ein Insekt

herabgeschwebt und landete in bedenklicher Weise auf einem schmalen, steinigen Streifen am oberen Rand der Böschung. Er brachte ein paar Steine ins Rollen, die unweit der Gruppe, die mich auf der Trage nach oben schaffte, den Hang hinunterpolterten. Etwa um 17 Uhr, mehr als drei Stunden nach der Eruption und eine Stunde vor Einbruch der Dunkelheit, packte eine Gruppe von Helfern endlich meine Trage und setzte mich auf sicherem Boden ab. Inmitten des Tumults und der Rufe der Retter empfand ich eine vage Erleichterung. Was ich aber vor allem verspürte, war die Kälte, eine Kälte, wie ich sie noch nie in meinem Leben empfunden hatte.

Die Retter schafften mich an Bord des Hubschraubers. Ich erinnere mich deutlich, dass Patty mit mir einstieg und den Piloten beim Abheben bat, die Heizung aufzudrehen. Die heiße Luft, die mich daraufhin einhüllte, war eine solche Wohltat, wie ich sie nur selten erlebt habe.

Meine Erinnerung an die Heizung traf zweifellos zu. Aber was Patty anging, lag ich völlig daneben. Sie bat darum, mitzufliegen, aber der Hubschrauber war zu klein. Jahrelang war ich mir sicher, dass Patty mich begleitet hatte. Erst später erfuhr ich, dass sie und Marta oben auf dem Kamm über dem Galeras standen und zuschauten, wie der Hubschrauber abhob und sich in die Kurve legte, hinunter nach Pasto, das 1500 Meter unter uns lag.

Von ihren jeweiligen Exkursionen zurück, versammelten sich die anderen Wissenschaftler beim Observatorium und im Hotel Cuellar. Gerüchte, Besorgnis, Fehlinformationen und Trauer hier wie dort. Mein alter Freund Chuck Connor schüttelte seine Grippesymptome ab, zog sich an und ging in die Hotelhalle, wo sich nach und nach die Vulkanologen einfanden. Er versuchte, jemanden von INGEOMINAS aufzutreiben, der mit ihm zum Galeras hinauffuhr, aber alle wiesen ihn mit dem Hinweis ab, weitere Retter würden nicht benötigt. Also ging Chuck zum Observatorium, wo sich mehr als ein Dutzend Mitarbeiter und Konferenzteilnehmer versammelt hatten. Als er hereinmarschierte, schaute die Empfangsdame ihn ungläubig an. Sie hatte gehört, er sei auf dem Galeras ums Leben gekommen.

Bei INGEOMINAS wusste man schon, dass José Arlés tot war, und vielen standen Tränen in den Augen, hatten sie doch einen ihrer beliebtesten Kollegen verloren. Doch was sonst noch an Informationen kursierte, war zum größten Teil falsch. Über mich hieß es abwechselnd, ich sei tot beziehungsweise unverletzt. Andy Macfarlane, sagte einer, sei tot, und Mike Conway, der geringfügige Verletzungen hatte, sei schwer verwundet. Leute hasteten aus einem der engen Büroräume in den anderen und prüften die rußbedeckten Trommeln der Seismographen, die noch immer stärkere Beben unter dem Vulkan registrierten. Die Verletzten, sagte jemand, würden ins Zentralkrankenhaus gebracht, und da er im Observatorium wenig ausrichten konnte, begab Connor sich auf den Weg, um nach seinen Kollegen zu schauen.

Das staatliche Krankenhaus der Provinz Nariño ist ein in gebrochenem Weiß gehaltener fünfstöckiger Betonbau im Südosten von Pasto. Es ist für die gängigen Operationen gerüstet, zum Beispiel an Blinddärmen, nicht jedoch für komplizierte Eingriffe wie etwa Bypasslegungen am Herzen. 1993 gab es dort weder einen Computertomographen noch Arzneien, die über den elementaren Bedarf hinausgingen. Dafür gab es ein engagiertes, gut ausgebildetes Personal, und als die verletzten Wissenschaftler nach und nach eintrafen, wurden sie von Ärzten und Schwestern bestens versorgt.

Um 17.30 Uhr befanden sich Luis LeMarie, Andy Macfarlane und Mike Conway in der Notaufnahme, einer Reihe von Räumen mit beigen Wänden, grauen Steinfußböden und braunen Untersuchungstischen. Man nahm sich ihrer Verbrennungen, Knochenbrüche und Schockzustände an, wobei Luis wegen des Schlüsselbeinbruchs die größte Aufmerksamkeit zuteil wurde. Pete Hall, der fließend Spanisch spricht, begab sich, von seiner Exkursion im Azufral-Tal zurück, gleich ins Krankenhaus und kümmerte sich um die Behandlung seiner Kollegen. Mein Hubschrauber landete in einem Stadion in der Stadtmitte, und von dort brachte mich eine Ambulanz gegen 18 Uhr ins Krankenhaus. Pete stand in der Notaufnahme, als man mich hereinrollte. Was er sah, war eine mit feuchter Asche bedeckte Gestalt mit blutverklebtem Gesicht und versengtem Parka, deren rechter Fuß, an einer oder zwei Sehnen hängend, auf der Trage hin und her schwang. Die Gestalt stöhnte und schrie. Pete hatte keine Ahnung, wer das war. »Wie heißen Sie?«, brüllte er.

Ich öffnete die Augen und soll Pete zufolge zurückgeschrien haben: »Ich bin Stanley Williams!«

Von diesem Abend weiß ich fast nichts. Wie Pete sagt, brauchten die Ärzte und Schwestern erst einmal eine halbe Stunde damit zu, mich auszuziehen und die Asche abzuwaschen, die mich von oben bis unten bedeckte. Dabei purzelten die 10000 Dollar heraus, die ich mir ins Hemd gesteckt hatte. Eine Schwester tat das Geld in eine schwarze Plastiktüte und brachte es aus dem Raum. Beim Abwaschen der Aschenschichten kam allmählich das Ausmaß meiner Verletzungen zum Vorschein. Der Schlamassel mit meinem rechten Bein war unübersehbar, während die exponierte Schädelfraktur erst erkannt wurde, nachdem die Kruste von Blut und Asche von meinem Kopf entfernt worden war.

Wenn ich an jenen Tag zurückdenke, staune ich über die glücklichen Zufälle, die mir überleben halfen. Ich weiß noch immer nicht, wie ich es fertig brachte, »nur« mit einer Schädelfraktur davonzukommen, während den vieren, die mir auf dem Vulkan am nächsten waren, der ganze Schädel aufgerissen wurde. Der zweite glückliche Zufall begegnete mir im Krankenhaus. Ich brauchte unbedingt einen Neurochirurgen, und wäre die Eruption zehn Tage früher passiert, hätte ich in diesem Provinzkrankenhaus keinen angetroffen. Doch am 6. Januar, gerade mal acht Tage vor der Eruption, hatte ein überaus fähiger Neurochirurg in Pasto seinen Dienst angetreten. Am Abend des 14. Januar rief das Krankenhaus bei ihm an. Der Galeras war ausgebrochen. Einer der Wissenschaftler war von einem vulkanischen Geschoss am Kopf getroffen worden. Er möge bitte sofort kommen.

Dr. Porfirio Muñoz Bermeo war damals erst 31 Jahre alt. Ein untersetzter, gut gekleideter Mann mit einem breiten runden Gesicht und schütter werdendem braunen Haar, hatte er seine Fachausbildung als Neurochirurg noch nicht einmal 14 Tage zuvor an der Staatsuniversität in Bogotá beendet.

»Ich fand einen Mann vor, der sehr schläfrig und benommen

war«, erinnerte sich Dr. Muñoz. »Er war sehr erschöpft, doch zugleich war er rastlos. Er konnte nicht gut sprechen. Die Tatsache, dass er alert war, deutete auf ein großes Trauma am Gehirn hin. Er hatte multiple Traumata und eine exponierte Fraktur des Schläfenbeins. Er verlor Gehirnflüssigkeit.«

Dr. Muñoz sah, dass über dem linken Ohr ein Schädelteil von 2,5 Zentimeter Durchmesser eingeschlagen war. Er sah exponiertes Hirngewebe und darin Schädelsplitter. Er wollte jedoch Details sehen, die nur ein CT liefern konnte, und so bestellte er einen Krankenwagen, der mich zur Stadtmitte in eine Klinik bringen sollte, die über einen Computertomographen verfügte. Inzwischen waren Patty und Marta kurz vor Einbruch der Dunkelheit mit einem Hubschrauber vom Vulkan abgeflogen. Vom Stadion, wo er landete, eilten sie zum Krankenhaus und kamen an, als ich gerade zum CT gebracht werden sollte. Pete Hall war glücklich, seine Frau zu sehen, aber ihr Wiedersehen fiel kurz aus. Patty war bereit, mich zur Klinik zu begleiten. Während ich darauf wartete, in den Zylinder geschoben zu werden, war ich erschöpft und klagte darüber, dass mir kalt sei.

Da die Schwester nichts tat, um meine Körpertemperatur zu erhöhen, sagte Patty zu ihr: »Hören Sie, ich verlange, dass Sie sofort etwas Wasser warm machen und seine Füße baden, weil er friert. Und legen Sie ihm eine heiße Kompresse aufs Gesicht.« Dann legte Patty ihre Arme um mich. Ihre Wärme war himmlisch.

Peter Baxter hatte bei dem Versuch, im Auto zum Vulkan mitgenommen zu werden, nur zu hören bekommen, er solle sich lieber um die Versorgung der Verletzten kümmern, die schon in Pasto waren, und so fuhr er zum Krankenhaus. Als ich vom CT zurückkam, sprach er mit Dr. Muñoz über meine Verletzungen. Die CT-Ergebnisse waren nicht ermutigend. Der Doktor sah, dass Schädelsplitter ins Gehirn gedrungen waren und um ein Haar den Sinus sigmoideus getroffen hätten, einen etwa einen Quadratzentimeter großen Bereich, der venöses Blut aus dem Gehirn ableitet. Ohne Operation bestand die Gefahr einer Infektion, einer inneren Blutung und einer Hirnschwellung.

»Das war eindeutig eine ernste Verletzung«, sagte Dr. Muñoz

später. »Wäre Stan nicht operiert worden, würde er wahrscheinlich nicht mehr leben.«

Peter hatte Bedenken wegen der relativ einfachen Ausstattung des Krankenhauses, aber der junge Neurochirurg machte Eindruck auf ihn, und so war auch er der Meinung, dass eine Operation unumgänglich sei. Als man mich zum Operationssaal im zweiten Stock rollte, ging er mit und versicherte mir, dass ich in guten Händen sei. Ich war jedoch so benommen, dass ich nicht recht begriff, was vor sich ging.

Krankenpfleger rollten mich in einen hellen Operationssaal mit weiß gekachelten Wänden und einem weißen Steinfußboden. Während man mich vorbereitete und anästhesierte, ging Dr. Muñoz in Gedanken die Operation durch. Bis dahin hatte er noch keine größere Operation selbstständig durchgeführt; als Assistenzarzt hatte er immer nur zusammen mit einem erfahrenen Chirurgen operiert. Doch seine Ausbildung und sein ruhiges Selbstvertrauen waren eine gute Vorbereitung.

Er sondierte die Wunde, um die Schädigungen festzustellen: eine eingedrückte Schädelfraktur. Ein Riss in der Dura Mater, der harten Außenhaut des Gehirns, ein Hämatom, ein Blutgerinnsel, an der äußeren Hirnhaut. Knochen- und Steinsplitter im Hirngewebe. Lazerationen im Hirngewebe. Verlust von Hirnflüssigkeit. Luft zwischen Gehirn und Schädel. Die offene Schädelfraktur rettete mir seltsamerweise das Leben, weil dadurch Hirnflüssigkeit und Blut aus dem Schädel austreten konnten. Wäre mein Schädel nicht eingedrückt worden, hätte ich wahrscheinlich innerhalb von Stunden infolge des wachsenden Drucks auf das Gehirn das Leben verloren.

Dr. Muñoz holte die kleinen Steine, Knochensplitter und Körnchen vulkanischen Auswurfs aus dem Gehirn heraus. Er schnitt das zerstörte Hirngewebe weg, saugte es ab und entfernte das Blutgerinnsel. Er verätzte die gesunden Gewebe, um einem Blutverlust und einem künftigen Hämatom vorzubeugen. Er spülte die Verletzung mit Salzlösung aus, zwang die Luft zwischen Schädel und Gehirn heraus und verabreichte intravenös hohe Dosen Antibiotika. Der heikle Eingriff dauerte drei Stunden. Während der Arbeit entdeckte er etwas, das später, als ich davon erfuhr, nur den Eindruck in mir verstärkte, dass mein Überleben auf bemerkenswerten Zufällen beruhte. Einer der Schädelsplitter steckte weniger als drei Millimeter vom Sinus sigmoideus entfernt, der weitgehend wie eine Vene funktioniert. Wäre er durchtrennt worden, wäre ich auf Galeras innerhalb von Minuten verblutet.

Als er fertig und das Loch in meinem Kopf verbunden war, hatte ich ein pfirsichkerngroßes Stück meines Gehirns eingebüßt. Dr. Muñoz war zuversichtlich, dass ich überleben würde, aber er war sich nicht sicher, was die langfristigen Schäden anging.

»Es konnte natürlich Folgen haben«, sagte er später. »Die Verletzung konnte sein Gedächtnis, seine Sprache, sein Verhalten beeinträchtigen, und sie konnte Anfälle hervorrufen.«

Chuck Connor, Peter Baxter und mein Student Toby Fischer warteten auf Dr. Muñoz, als er um Mitternacht aus dem Operationssaal trat. Als Erstes drückte er Connor eine Liste mit Medikamenten in die Hand, darunter Antibiotika und entzündungshemmende Mittel, die im Krankenhaus nicht vorrätig waren. Er trug Connor auf, die nachts geöffneten Apotheken nach den Arzneien abzuklappern. Er sagte ihm, ich würde durchkommen, er wisse aber nicht, wie stark mein Gehirn von dem Schlag beschädigt worden war. Connor war erleichtert, aber Baxter hegte noch leise Zweifel, dass ich überleben würde.

Peter machte sich vor allem Sorgen wegen einer möglichen Infektion. Dr. Muñoz schien zwar ein ausgezeichneter Chirurg zu sein, doch die Intensivstation, auf der ich mich erholte, war nur mit dem Nötigsten ausgestattet, und die Vorkehrungen gegen eine Infektion waren unzulänglich. Peter hatte in den Vereinigten Staaten angerufen, um mich mit einer Flugambulanz ausfliegen zu lassen, aber das Flugzeug würde frühestens in einem Tag eintreffen.

Um ein Uhr in der Nacht fuhr Connor los, um nach den Medikamenten zu suchen. Seit der Eruption waren fast zwölf Stunden vergangen, und seine Grippesymptome waren verflogen. »Ich bekam einen Adrenalinstoß, der mich wie eine Rakete durchfuhr, und ich fühlte mich vollkommen wohl«, sagte er. Innerhalb einer Stunde hatte er alle Medikamente, die ich benötigte.

Baxter war erschöpft und verzweifelt über das Schicksal seines

Freundes Geoff Brown. Am Abend hatte er erfahren, dass man Brown und vier weitere Wissenschaftler bis Einbruch der Dunkelheit nicht gefunden hatte. Die Suche war bis Tagesanbruch unterbrochen worden. »Das hat mich echt umgeworfen. Ich nahm an, dass Geoff verletzt war und sie ihn bloß nicht gefunden hatten. Ich forderte sie auf: ›Ihr müsst mit dieser Such- und Rettungsaktion weitermachen!‹ Sie sagten jedoch, es sei zu gefährlich. Ich stellte mir also vor, dass er da oben irgendwo lag und erfrieren würde, weil die Temperatur nachts unter den Gefrierpunkt fiel. Man konnte da oben überleben, wenn man unverletzt war. Wenn man aber schwer verletzt war, würde man nicht überleben, und ich nahm an, dass er bis zum Morgen an Unterkühlung sterben würde. Ich war deprimiert, weil ich in dem Krankenhaus war und wusste, wie seine erste Reaktion gewesen wäre: Er wäre hinaufgegangen und hätte nach mir gesucht.«

Irgendwann nach Mitternacht gingen Pete Hall und Patty Mothes zu meinem Lieblingsrestaurant, dem »Punto Rojo«, einer rund um die Uhr geöffneten Cafeteria. Überwältigt von den Ereignissen des Tages, stocherten sie lustlos in ihrem Essen und sprachen über die Eruption. In dem nahezu leeren Restaurant war es ungemütlich. Hall hat mir später geschildert, worum es in dem Gespräch ging: »Hier waren wir Wissenschaftler, wir hätten Bescheid wissen müssen. Wir hätten wissen müssen, was im Gange war, und dabei dachten wir, der Vulkan sei zu diesem Zeitpunkt unbedenklich. Wir dachten, wir könnten ohne größere Probleme in den Vulkan gehen und ihn untersuchen. Wir sahen keine vorausgehende Aktivität, aus der wir hätten entnehmen können, dass etwas nicht stimmte.«

Patty war emotional vollkommen fertig, aber während sie dort saß, hatte sie kein Verlangen, ins Hotel zurückzukehren und sich hinzulegen. »Schlafen zu gehen kam mir unwichtig vor, gemessen an dem, was geschehen war«, schrieb sie mir später. »Es bereitete mir Qualen, all die verstümmelten Körper, die zertrümmerten Schädel und all die traumatisierten Überlebenden zu sehen.«

Sie berichtete von dem, was sie gemacht hatte, und erst da ging ihr auf, wie riskant die Rettungsaktion gewesen war und welches

Glück sie, Marta und die anderen gehabt hatten, dass der Galeras nicht erneut ausgebrochen war. Sie hatten nur ein Ziel im Sinn: auf den Kegel gehen und ihre Kollegen herunterholen, und sie hatten es so unbeirrt verfolgt, dass sie ohne Schutzmasken und -helme hinaufgestiegen waren. Sie empfand Dankbarkeit, dass sie noch am Leben war. Und sie konnte nicht begreifen, dass alles in nur wenigen Stunden so furchtbar schief gegangen war. Während sie davon sprach, gingen ihr die Eindrücke des Tages durch den Kopf, und sie war verzweifelt über das Verschwinden von Geoff Brown. Am Vorabend hatten wir noch mit Geoff zusammen gegessen, sagte sie zu ihrem Mann. Und jetzt war er nicht mehr da.

Die Sorge um das Schicksal von Brown verstärkte sich, als sie mit Pete vom »Punto Rojo« zum Hotel ging. Die Nacht war ungewöhnlich kalt, selbst für eine 2700 Meter hoch gelegene Stadt. Patty schaute in Richtung Galeras, und bei dem Gedanken an Brown, Menjailow und die anderen schüttelte es sie. Wenn einer verletzt auf dem Vulkan liegt, dachte sie, wird er die Nacht nicht durchstehen.

Die Nachricht von der Eruption ging binnen 24 Stunden um die Welt. Die Angehörigen der Toten, Verletzten und Vermissten erfuhren von dem Unglück durch verworrene Telefonanrufe und ungenaue Medienberichte. Da das Schicksal von fünf Wissenschaftlern noch ungeklärt war, erreichte die Wirklichkeit – und der Schmerz – manche Familien stufenweise. Andere wurden mit der Wahrheit auf einen Schlag konfrontiert.

So war es bei der Frau von José Arlés, Monica Gonzales Vallejo. Viele hatten den jungen Wissenschaftler auf der Flanke des Galeras gesehen, und an seinem Schicksal bestand kein Zweifel. Monica war bei José Arlés' Familie in Manizales zu Besuch, als jemand am Nachmittag anrief und sagte, der Galeras sei um zwei Uhr ausgebrochen. Ihr erster Gedanke war: Dann geht es José Arlés und den anderen gut, denn um zwei waren sie gewöhnlich vom Vulkan herunter und wieder in Pasto. Sie fuhr mit José Arlés' Bruder zur INGEOMINAS-Zweigstelle in Manizales, wo ihr Mann als Student gearbeitet hatte. Die Mitarbeiter sagten, über ihren Mann lägen keine Meldungen vor. Es schien ihr fast, als wichen sie ihr aus, und so steckte sie sich eine Zigarette an, griff nach einer Tasse Kaffee und begann auf und ab zu wandern. In dem Büro spielte ein Radio.

»Dann kamen die Nachrichten, und der Sprecher sagte, auf dem Galeras habe es einen Ausbruch gegeben, und unter den drei identifizierten Opfern sei José Arlés Zapata«, berichtete Monica mir später. »Ich war verzweifelt. Die Leute versuchten mich zu trösten. Sie sagten, warte doch mal, bis wir die wirklichen Tatsachen kennen. Aber die Frau eines der Geologen kam zu mir. Sie umarmte mich weinend und sprach mir ihr Mitgefühl aus, und da wusste ich es. Als die Zeitungen erschienen, wusste ich es.«

Die Gewissheit erfolgte am späten Nachmittag, als ein Beamter von INGEOMINAS anrief und mitteilte, dass José Arlés tatsächlich unter den vier bestätigten Toten sei.

»In so einem Augenblick«, sagte Monica, »wird es in der Seele ganz leer.«

Die getrennt lebende Frau von Nestor García, Dolores Ocampo, war in ihrem Büro in Manizales. Auch ihr Radio brachte die Nachricht. Der Sprecher unterbrach das reguläre Programm und sagte, der Galeras sei ausgebrochen, und das Schicksal derer, die auf dem Vulkan waren, sei unbekannt. Sie rief sofort Nestors Mutter an, die an diesem Nachmittag ihren zwölfjährigen Sohn Marcello bei sich hatte.

Marcello fragte seine Mutter, was sie dächte. »Ich antwortete ihm, dass ich Nestor kenne und wisse, wie sehr er an seiner Arbeit hängt, und daher sei es möglich, dass ihm etwas zugestoßen sei.«

Nestors Eltern hatten von der Eruption ebenfalls durchs Radio erfahren. Sein alternder Vater sagte sofort: »Ach, mein Sohn ist umgekommen.« Er bekam Brustschmerzen, und die Familie rief einen Arzt. Aber Nestors Mutter Argelia Parra de García hoffte noch, dass ihr Sohn überlebt habe. »Weil er so ein guter Sportler war, dachte ich, er könnte davongekommen sein und sich in Sicherheit gebracht haben.«

Am Nachmittag flogen ihre 18-jährige Tochter Paula und Nestors zwei Schwestern nach Pasto. Am späten Abend trafen schlimme Nachrichten ein, aber es war noch nicht jede Hoffnung verloren. Nestor wurde zwar vermisst, doch die Behörden sagten, er könne noch am Leben sein.

Anna Lucía Torres, die Frau Carlos Trujillos, befand sich im Provinzkrankenhaus in Pasto, wo sie als Sozialarbeiterin tätig war. Kurz nach zwei erzählte ihr ein Kollege, soeben sei der Galeras ausgebrochen. Sie rief bei allen möglichen Stellen an, und jemand sagte ihr, sie solle sich keine Sorgen machen, denn Carlos sei den Tag über auf einer Exkursion in Sandona gewesen. Doch ihre Schwester, die sie am Nachmittag abholen kam, sagte, im Radio seien die Toten genannt worden, und Carlos Name sei als erster erwähnt worden. Anna brach in Tränen aus, aber als es Nacht wurde, war sein Tod noch immer nicht bestätigt. Er wurde noch vermisst, und die Suche war bis Freitagmorgen unterbrochen worden.

Gloria Benavides, deren Ehemann Efrain Guerrero mit ihrem Sohn Yovany und dessen bestem Freund zum Vulkan hinaufgewandert war, hatte die Explosion nicht gehört. Am frühen Nachmittag rief ihr Schwager an und sagte, es habe eine Eruption gegeben. Sie wusste, dass ihr Mann und ihr Sohn um diese Zeit auf dem Galeras gewesen sein mussten, und so riefen sie und ihre 14-jährige Tochter verzweifelt beim Krankenhaus, bei der Armee, bei den Zivilschutz-Behörden und beim Roten Kreuz an. Niemand konnte ihr etwas Konkretes sagen. Am Abend saßen sie und ihre Tochter zu Hause und beteten. Die Stunden vergingen. Als ihr Mann und ihr Sohn um zwei Uhr nachts noch immer nicht zurück waren, war Frau Benavides sich sicher, dass sie nicht mehr lebten.

In England, das Pasto um sechs Zeitzonen voraus ist, erfuhr Evelyn Brown, Geoffs Frau, erst am Freitagmorgen von dem Unglück. Sie war zur Open University gefahren, an der sie unterrichtete. Vor einer Sitzung ging sie auf eine Tasse Kaffee in die Cafeteria. Sie bemerkte einige Leute aus Geoffs Department und winkte ihnen zu. Sie wirkten irgendwie bedrückt. Dann kam Chris Wilson, der stellvertretende Leiter des Departments, zu ihr herüber.

»Leider habe ich eine schlechte Nachricht für Sie«, sagte er. »Setzen Sie sich lieber.«

Sie dachte, ihr Mann sei endlich seiner besessenen Arbeitswut erlegen, und fragte: »Hat er einen Herzanfall erlitten?«

»Nein, wenn's das nur wäre«, erwiderte er. »Es hat eine Eruption gegeben.«

Wilson erklärte, Geoff und einige weitere Wissenschaftler, die auf dem Vulkan waren, seien nicht gefunden worden.

Evelyn befürchtete von Anfang an das Schlimmste. Sie rief ihre Töchter an, um ihnen zu sagen, dass der Galeras ausgebrochen sei und ihr Vater vermisst werde. Miriam, die älteste, war in London auf der Arbeit und fand die Nachricht, als sie heimkam, auf ihrem Anrufbeantworter vor. Die Nachricht, dass ihr Vater möglicherweise umgekommen war, erschütterte sie, aber noch mehr verstörte sie die Vorstellung, er könne verletzt auf dem Vulkan liegen.

Ruth, die mittlere, war zu Hause in Nottingham, als ihre Mutter anrief. Sie mochte es nicht glauben und hoffte, dass er überlebt hatte. »Man lehnt sich erst einmal zurück und denkt: Bestimmt werden sie ihn bald finden«, erinnerte sich Ruth. »Gleich werden sie melden, dass er zurück ist.« Sie war den Nachmittag über mit ihrem Freund zusammen und weinte. Fernsehen und Rundfunk meldeten den Ausbruch; es hieß, Geoff Brown werde vermisst und sei vermutlich tot. Sie war wütend, dass man ihren Vater schon begrub, während sein Schicksal noch ungewiss war, und beschwerte sich bei einem Sender. (In England wie überall gab es nur schlechte Nachrichten. Peter Baxters Frau in Cambridge erhielt einen Anruf, ihr Mann sei umgekommen. Eine amerikanische Zeitung meldete meinen Tod.)

Ruth rief ihre jüngere Schwester Iona an, die bei einer Orchesterprobe war. »Als ich es hörte«, erinnerte sich Iona, »konnte ich zuerst nicht glauben, dass mir das passierte. Dann erfasste mich eine Panik. So etwas habe ich seitdem nicht mehr erlebt. Mir war übel, speiübel.«

Als die Stunden des Freitags verstrichen und keine Nachricht kam, gab Geoffs Familie allmählich jegliche Hoffnung auf. Evelyn wurde mehrmals von Peter Baxter angerufen. »Er konnte es einfach nicht akzeptieren. Immer wieder sagte er mir: ›Ich bin sicher, dass er auftauchen wird. Er gehört zu den Typen, die so etwas überleben.‹«

Bei Ljudmila Menjailowa auf der Halbinsel Kamtschatka rief

am 15. Januar einer von Igors russischen Kollegen an. Er druckste nicht lange herum, sondern sagte es unverblümt: Ihr Mann und ich seien umgekommen. In einem kurz danach eingehenden Fax hieß es, ich hätte überlebt, doch Igor und andere seien tot. Von den folgenden Stunden und Tagen weiß Ljudmila, die mehr als 30 Jahre glücklich verheiratet war, kaum noch etwas, außer dass sie Beruhigungsmittel gespritzt bekam.

Sofia Naboko, Igors Mutter, war ebenfalls auf Kamtschatka. Ljudmila hatte sie angerufen, ihr Sohn sei von einer Eruption überrascht worden und werde vermisst. Sofia hatte den stalinistischen Terror und den Zweiten Weltkrieg überstanden und wusste, was Kummer heißt. Jetzt ließ sie sich ihren Schmerz nicht anmerken. »Ljudmila hat es mir gesagt, und ich habe nicht geweint. Ljudmila hat geweint. Ich kann es nicht. Mag sein, dass meine Stimme manchmal zittrig war, aber geweint habe ich nicht.«

Irina, Igors einziges Kind, war mit ihrer kleinen Tochter in Moskau zu Hause, als eine Freundin ihrer Mutter anrief und wissen wollte, wo ihr Vater sei. In Kolumbien, antwortete Irina.

»Es wurde etwas über ihn im Fernsehen gemeldet«, sagte die Frau. »Sie sagten, irgendwo in Lateinamerika sei ein Vulkan ausgebrochen. Als einer von denen, die vermutlich ums Leben gekommen sind, wurde Igor Menjailow genannt.«

»Von da an war es schrecklich«, erinnerte sich Irina. »In Wirklichkeit sagten sie nicht, er sei getötet worden, sie sagten, man habe ihn nicht gefunden. Man suche nach ihm, hieß es, aber wie es weiterging, erklärte uns keiner. An Nachrichten aus einem so fernen Land kamen wir nicht heran. Es war furchtbar, ein Albtraum.«

In der Stadt Tula, nicht weit von Moskau im Herzen Russlands gelegen, war Larissa, seit zwei Jahren mit Fernando Cuenca verheiratet, bei ihren Eltern auf Besuch. Es war der 15. oder der 16. Januar, als um fünf Uhr früh ein Anruf aus Kolumbien kam. Einer von Fernandos Kollegen teilte ihr mit, Fernando werde vermisst und sei vermutlich bei einem Ausbruch des Galeras umgekommen. »Ich weiß nicht, wie ich es überstanden habe«, sagte Larissa. »Ich habe es nur meiner Mutter zu verdanken. Sie hat mich da herausgezogen. Nicht eine Sekunde hat sie mich allein gelassen.«

Meine Frau befand sich am späten Nachmittag des Tages, an dem der Galeras ausbrach, in der Poststelle des Geologie-Departments der Arizona State University im Tempe, Arizona. Da kam jemand zu ihr und sagte, der Vorsitzende Ed Stump wolle sie sprechen. Lynda ging zu ihm, und Stump berichtete ihr von der Eruption des Vulkans. Meine Frau, die auch Geologin ist, war zunächst entzückt:»Toll! Da kriegen sie ja eine Eruption zu sehen!«

»Ganz so toll ist es nicht«, erwiderte Stump. Dann informierte er Lynda, dass es mehrere Verletzte gegeben habe, darunter auch ich. Einer meiner Kollegen von der Arizona State University auf der Konferenz hatte Stump berichtet, ich hätte mir beide Knöchel gebrochen. Erschüttert fuhr Lynda nach Hause. Die Nachrichten, die per Telefon aus Kolumbien kamen, wurden im Laufe des Abends immer düsterer. Mehrere seien bei der Eruption umgekommen. Ich hätte eine Schädelfraktur, Verbrennungen und beide Beine gebrochen. Irgendwann rief Peter Baxter an und sagte, ich würde am Gehirn operiert.

»Soll ich runterkommen?«, fragte Lynda.

»Ja«, antwortete er, und sein Tonfall machte deutlich, dass mein Überleben nicht gesichert sei.

Lyndas Mutter aus Arkansas war auf Besuch und konnte sich um die Kinder kümmern. Am Freitag um zwei Uhr nachts war Lynda auf dem Flughafen Phoenix und wartete auf die Maschine nach Miami. Sie hatte Angst, allein in ein entlegenes Gebiet eines gefährlichen Landes zu fliegen. Ihr fiel ein, dass unter Umständen keiner von uns zurückkommen könnte, und wir hatten kein Testament gemacht. So saß sie denn in den menschenleeren, von Leuchtstoffröhren taghell erleuchteten Räumen des Skyharbor Airport von Phoenix und legte auf ein paar Fetzen Papier ein Testament nieder, steckte sie in einen Umschlag, adressierte ihn an unser Haus und warf ihn ein. Dann rief sie ihre Mutter an und sagte, sie solle nicht beunruhigt sein, wenn sie den Brief erhalte. Es sei nur eine Vorsichtsmaßnahme.

Um 2.30 Uhr bestieg sie die Maschine nach Miami, wo sie in eine Maschine nach Bogotá umstieg. Ein kolumbianischer Student, der neben ihr saß, las eine Zeitungsmeldung über den Ausbruch, in dem es hieß, viele Wissenschaftler seien umgekommen. Während des Fluges nach Süden machte sie sich darauf gefasst, bei der Landung zu erfahren, dass ich tot war. Beinahe noch schlimmer war die Aussicht, dass ich eine schwere Hirnverletzung erlitten haben könnte. Lyndas Vater und einer ihrer Brüder sind Neurochirurgen. Sie hatten ihr gesagt, sie müsse mit dem Schlimmsten rechnen.

Stump hatte derweil ein Flugzeug für eine Notverlegung bestellt. Während meine Frau über die Karibik flog, hob in Miami ein weißer Learjet ab, an Bord ein Arzt und eine Schwester, Richtung Pasto.

An Freitag, den 15. Januar, habe ich keine Erinnerung. Voll gepumpt mit Schmerzmitteln, nahm ich nichts wahr außer einem verschwommenen Bild von Ärzten und Schwestern, die sich über mich beugten. Meine Beine waren dermaßen zerschmettert, dass die kolumbianischen Ärzte sie nur grob eingipsten, in der richtigen Überlegung, dass dieser Schaden am besten in den Vereinigten Staaten behoben werden konnte. Peter Baxter, der sich weiterhin um mich kümmerte, kam am Freitagmorgen und stellte erleichtert fest, dass ich bei Bewusstsein war und sprach, wenn auch nicht immer Sinnvolles. Vor allem sorgte er sich wegen einer möglichen Infektion, aber das war überflüssig. Meine Wunden waren zwar voller Asche und Stein, aber infiziert wurden sie nicht – vulkanisches Auswurfmaterial ist völlig steril.

Chuck Connor kam ins Krankenhaus und stattete allen Verletzten einen Besuch ab. Von ihm erfuhr ich, dass José Arlés umgekommen war und dass Igor, Geoff, Nestor und die anderen Wissenschaftler vermisst wurden und offenbar tot waren. Ich weiß nichts mehr von diesem Moment, aber Peter sagt, dass mir Tränen in den Augen standen. So ergeht es mir bis heute, wenn ich an die Eruption zurückdenke.

Der Sturm seismischer Aktivität auf dem Galeras hatte sich gelegt, und am nächsten Morgen stiegen in aller Herrgottsfrühe Such- und Rettungstrupps zum Vulkan hinab. Stundenlang suchten sie den Kegel und den Krater ab, fanden aber von den fünf verschollenen Wissenschaftlern keine Spur. Dafür bargen sie die sterblichen Überreste von José Arlés und den drei Touristen. Diese wurden, in Leichensäcke gehüllt, auf einer Trage zum Rand des Amphitheaters hinaufgehievt und mit dem Hubschrauber ins Provinzkrankenhaus gebracht.

Die Gewissheit des Todes ihrer Angehörigen traf die Witwe von José Arlés und die Familien der Touristen vernichtend. Noch schlimmer war aber wohl die Ungewissheit für die Familien und Freunde der Vermissten. Waren die Männer einfach spurlos verschwunden? Manche hofften, dass die Wissenschaftler verletzt worden und in benommenem Zustand an der offenen westlichen Flanke des Galeras hinabgezogen waren. In diesem Fall konnten sie sich irgendwo im Dschungel um den Rio Azufral befinden und jederzeit in einem der Dörfer an den unteren Hängen des Galeras auftauchen. Viele mochten nicht glauben, dass es so erfahrenen Vulkanologen wie Igor, Geoff und Nestor nicht möglich gewesen war, auf irgendeine Weise durchzukommen, und dass sie von der Kraft, die sie so lange inspiriert hatte, am Ende besiegt wurden.

Peter Baxter, der die Hartnäckigkeit und Entschlossenheit von Geoff Brown auf dem Ätna und anderen Vulkanen erlebt hatte, hielt an dem Gedanken fest, dass sein Freund in Kürze wieder auftauchen würde.»Ich wusste, dass Geoff herauskommen würde, wenn es irgendeine Möglichkeit gab«, sagte er.»Ein, zwei Tage lang glaubte ich immer noch, dass er es geschafft haben könnte und man ihn irgendwo auf den Hängen finden würde, schwer verletzt, aber noch am Leben. Er hatte doch diese unglaubliche Fähigkeit, es immer wieder zu versuchen und eine Schwierigkeit zu überwinden.«

Im Hotel Cuellar absolvierten einige Konferenzteilnehmer halbherzig eine letzte Sitzungsrunde. Die Stimmung war trostlos, denn manche trauerten um ihre toten und vermissten Kollegen. Am INGEOMINAS-Observatorium entdeckten Seismologen auf dem Seismographen die vereinzelten *Tornillo*-Signale in den Tagen vor der Eruption. Erstmals wurde eingeräumt, dass eine so geringe Zahl von *tornillos* ein Hinweis auf kommende Probleme gewesen sein könnte.

Als die Sonne am Freitag unterging, stellten die Zivilschutz-

Verantwortlichen die Suche für diesen Tag ein. Aus Cali und anderen Städten waren frische Rettungstrupps mit Hunden eingetroffen, die die Suche am Samstag fortsetzen sollten.

Lynda, die kein Spanisch spricht, wurde bei der Landung in Bogotá am Freitagnachmittag von zwei Vertretern der US-Botschaft in Empfang genommen. Sie bemerkte den finsteren Gesichtsausdruck, mit dem sie sie in einen gesonderten Raum auf dem Flughafen geleiteten, und rechnete mit der Eröffnung, ich sei tot. Sie wussten aber nichts Neues. Ein Flugticket nach Pasto hatten sie ihr nicht besorgen können. Lynda wollte mich jedoch unbedingt sehen, bevor ich mein Leben aushauchte, und rief einen kolumbianischen Kollegen von mir in Bogotá an. Seine Frau eilte zum Flughafen und half ihr, eine Maschine nach Cali zu bekommen, das ungefähr auf dem halben Weg nach Pasto liegt. Nachts in der Drogenhauptstadt Kolumbiens angekommen, saß Lynda drei Stunden auf dem Flughafen, bis sie endlich ihren Verbindungsmann vom Flugambulanz-Service fand. Der Flughafen von Pasto liege im Nebel, erklärte der Mann. Die Flugambulanz warte in Cali auf einen Wetterumschlag. Der Mann brachte sie in ein Hotel, erklärte ihr, sie könne eventuell am nächsten Morgen weiterfliegen, und gab ihr eine Schlaftablette. Einer Tablette, die sie von einem Fremden in Cali bekommen hatte, mochte sie nicht recht trauen, und so nahm sie zögernd die Hälfte ein, doch als sie nach einigen Minuten nichts Nachteiliges bemerkte, schluckte sie auch die andere Hälfte und schlief die ganze Nacht durch.

Am nächsten Morgen weckte sie ein Anruf des Piloten der Flugambulanz. In Pasto erwarte man, dass der Nebel sich lichte, sagte er, und sie hofften in Kürze zu starten. Kurz nach Mittag hob Lynda in dem Learjet ab, dessen Besatzung aus zwei Piloten, einer Schwester und einem jungen kubanisch-amerikanischen Arzt bestand. Der Jet schlängelte sich durch die Anden und näherte sich dem Flughafen von Pasto, einem holprigen geteerten Streifen von wenigen hundert Metern Länge, der aus den Anden herausgehauen wurde. Die Rollbahn endet vor einer mehr als 1000 Meter tiefen Schlucht. Beim Landeanflug muss sich der Pilot erst zwischen den Bergen hindurchwinden und dann rasch zum Sinkflug auf der schmalen Rollbahn ansetzen. Es kommt vor, dass der Flughafen plötzlich innerhalb von Minuten in dichte Wolken gehüllt ist. An diesem Tag machte der Pilot seine Sache ausgezeichnet. Die Landung hat er später damit verglichen, eine Maschine in einem Meer von Bergen auf einem Flugzeugträger abzusetzen.

Auf dem Flughafen stellte sich ein Vertreter der amerikanischen Botschaft mit einem eigenen Learjet vor, den Lynda für einen CIA-Agenten hielt. Er sei »in der Gegend«, sagte er und bot seine Hilfe an. Lynda dankte ihm und fuhr mit dem Arzt und der Schwester davon, über die haarsträubenden Gebirgsstraßen der Provinz Nariño ins 40 Kilometer entfernte Pasto.

Marta, Peter Baxter und Chuck Connor erwarteten sie im Krankenhaus. Sie umarmte Marta und Chuck, die sie kannte, und eilte schnurstracks zu meinem Krankenzimmer. Ohne die Umgebung eines Blickes zu würdigen, begleitete Peter sie durch die schmuddeligen Korridore und führte sie ins Zimmer. Mein Kopf war mit einem blutdurchtränkten Turban umwickelt, mein Gesicht war geschwollen, meine Beine waren in Gips gehüllt, meine Hände waren schwarz von dem Kriechen in der Asche, und rings um das Bett hingen die Infusionsschläuche. Alles in allem fand Lynda, dass ich gut aussah. Nachdem sie damit gerechnet hatte, eine Leiche oder ein im Koma liegendes Wesen vorzufinden, war sie erleichtert, dass ich aufrecht im Bett saß und mich den Schwestern gegenüber verständlich auf Spanisch äußern konnte. Sie trat neben mein Bett, beugte sich vor und umarmte mich, und wir fingen beide zu weinen an. Ich weiß noch, dass mich beim Blick in ihre grünen Augen Gefühle der Liebe, der Erleichterung und der Hoffnung übermannten. Ihre Gegenwart machte auf der Stelle die Trostlosigkeit des Krankenhauses vergessen, und ich fühlte mich schon halbwegs zu Hause. Mit mir sei alles in Ordnung, sagte ich und erkundigte mich nach den Kindern. Sie sei gekommen, mich aus dem Krankenhaus abzuholen, sagte sie, und wir flögen nun heim.

Ich redete fast ununterbrochen, sehr zu Lyndas Erleichterung. Aber dann fiel ihr auf, dass ich Wörter verwechselte, mich wiederholte und Sätze nicht beendete. Das hatte sie schon einmal an mir beobachtet, als ich nach der Promotion als Forschungsassistent an der Universität Chicago arbeitete. Eines Morgens hatte der Fahrer eines Cadillac auf vereister Straße die Kontrolle über seinen Wagen verloren, war auf meine Fahrspur geschlittert und in meinen Wagen gekracht. Ich erlitt eine leichte Gehirnerschütterung, und als ich Lynda anrief, um ihr von dem Unfall zu berichten, schweifte ich ab und wusste nicht mehr, was ich ihr noch Sekunden vorher gesagt hatte. Sie kam von Dartmouth nach Chicago geflogen, um bei mir zu sein, und nach ihrer Ankunft stellte sie eine deutliche Besserung bei mir fest.

»Damals war es, als hätte ich ihm Leben eingehaucht, und wenn es überhaupt möglich war, wollte ich ihm jetzt wieder Leben einhauchen«, schrieb sie später.

Als ich an jenem Nachmittag unablässig redete, war Lynda zuversichtlich, dass ich bald wieder zur Normalität zurückkehren würde, so wie damals nach dem Verkehrsunfall. Ihr war nicht klar – was übrigens zu diesem Zeitpunkt keiner von uns wissen konnte –, dass ich nie wieder derselbe sein würde wie vorher. Nach Galeras sollte es in unserer Beziehung keine »Normalität« mehr geben.

(Während meines Krankenhausaufenthalts hatte ich etwas von den 10000 Dollar in Hundert-Dollar-Scheinen gemurmelt, die ich auf dem Vulkan bei mir hatte. In der Vermutung, dass das Geld sich in der Notaufnahme befand, gingen meine Kollegen auf die Suche, ohne recht daran zu glauben, dass sie einen so großen Bargeldbetrag finden würden. Unweit des Platzes, an dem ich am Donnerstagabend behandelt worden war, entdeckten sie in einem Abstellraum eine Plastiktüte auf dem Fußboden. Sie schauten hinein und fanden darin zu ihrer hellen Freude das Bündel Geldscheine, ein Beweis dafür, dass es in diesem notorisch gesetzlosen Land noch ehrliche Menschen gab. Marta und John Stix bestritten mit dem Geld Ausgaben für die Konferenz.)

Lynda fuhr mit mir in einem Krankenwagen zum Flughafen, wo Marta, Peter Baxter, Chuck Connor und Dr. Muñoz uns Lebewohl sagten. (Meine verletzten Kollegen Luis LeMarie, Mike Conway und Andy Macfarlane sollten innerhalb der nächsten zwei

Tage heimkehren.) Der junge Neurochirurg hatte in der Flugambulanz mitfliegen und mich auf dem Weg nach Phoenix versorgen wollen, doch ohne US-amerikanisches Visum war ihm das nicht möglich. Ich verabschiedete mich von dem Doktor, und Lynda dankte ihm und umarmte ihn. Ich weiß noch, wie man mich in das anheimelnde, makellose Innere der Learjet-Ambulanz schob und ich dachte: Das ist ein bemerkenswertes Flugzeug. Ist es wirklich für mich?

Lynda saß am Fußende der Trage, der Arzt und die Schwester nahmen am Kopfende Platz. Weil sie befürchteten, dass sich meine Hirnverletzung durch eine starke Luftdruckveränderung verschlimmern könnte, wiesen Dr. Muñoz und der Flugambulanz-Arzt den Piloten an, unterhalb von 8000 Fuß zu bleiben, einer niedrigen Flughöhe, die uns zweimal zum Auftanken zwingen würde. Ich gab mich einem Gefühl ungetrübter Erleichterung hin, als ich auf die sauberen Laken gehoben wurde, all die medizinischen Hightech-Geräte erblickte und die beruhigende Präsenz des amerikanischen Arztes und der amerikanischen Schwester spürte. Die Schwester schob mir einen Infusionsschlauch in den Arm, legte mir eine Manschette an und maß meinen Blutdruck. Der Learjet heulte auf. Wir rumpelten über die Startbahn und waren Sekunden später in der Luft.

Morgen werden wir in Phoenix sein, dachte ich beim Einschlafen.

Auf dem Heimflug wachte ich gelegentlich auf, um bald wieder einzuschlummern. Lynda saß zu weit weg, um mir die Hand zu halten, aber wenn sie hin und wieder zu mir sprach, wackelte ich als Antwort mit den Zehen. Zum Auftanken landeten wir in Belize, umgeben von einer bedrückenden Feuchtigkeit und riesigen Moskitos. Ein weiteres Mal tankten wir in Brownsville, Texas, auf.

Lynda trug die Wildlederjacke, die ich ihr zu Weihnachten geschenkt hatte. Während ich schlief, weinte sie, und die Tränen tropften auf den Ärmel der Jacke. Wenn sie sich nicht gerade um mich sorgte, fragte sie sich, ob die Tränen wohl Flecken auf dem Weihnachtsgeschenk hinterlassen würden.

10

VERDUNKELUNG DER SONNE

Am Morgen des 16. Januar, eines Samstags, waren wieder Rettungstrupps mit Hunden auf dem Vulkan und suchten den Kegel und die Flanken ab. Die Hoffnung, noch jemanden lebend zu finden, waren geschwunden, aber die Behörden wollten unbedingt die Leichen bergen. Doch wieder wurde nichts daraus. Man hatte die Suchhunde an der Unterwäsche der Vermissten schnuppern lassen, doch die Schwefelwolken, die aus dem Vulkan drangen, beeinträchtigten ihr Riechvermögen. Bei den Angehörigen der Vermissten und den Wissenschaftlern von INGEOMINAS wuchs die Frustration. Es musste doch eine Spur von den Männern geben.

Die Konferenz – oder das, was von ihr noch übrig war – löste sich am Samstag auf. Einige Kollegen, darunter Tobias Fischer und das Team vom Los Alamos National Laboratory, blieben da und bestiegen sogar noch zweimal den Kegel, ein mutiger Schritt, an dem hinterher endlos Kritik geübt wurde, denn der Vulkan hätte ja wieder ausbrechen können. Chuck Connor blieb noch ein paar Tage, um sicherzustellen, dass seine verletzten Kollegen in die Vereinigten Staaten und nach Ecuador zurückkehrten. Aber Pasto ging ihm auf die Seele.

»Als ich dann abflog, dachte ich: Endlich komme ich hier raus«, sagte er später.

Am Samstag, drei Tage nach der Eruption, kamen rund 75 Personen, darunter Familienangehörige von Carlos Trujillo, auf dem

Galeras zusammen, um die Suche fortzusetzen. In das Suchgebiet wurde jetzt auch die offene westliche Flanke des Vulkans einbezogen, denn in diese Richtung war der Hauptstoß der Explosion verlaufen. In Planquadrate aufgeteilt, gingen die Suchtrupps methodisch die mittlere Flanke des Berges ab, und bald wurden sie fündig. Rund 500 Meter unterhalb des Kraterrandes machten Suchende ein größeres dunkles Objekt aus, und als sie näher herangingen, stellten sie fest, dass es sich um den oberen Rumpf und den Kopf eines Menschen handelte. Der Rumpf war »gar gekocht«, aber nicht »ausgedörrt oder verkohlt wie bei Verbrannten«, sagte Peter Baxter. Die Hitze hatte das Körperfett schmelzen lassen, also musste die Temperatur mindestens 500 bis 600 Grad betragen haben. Die Gesichtszüge waren von der Hitze und von vulkanischen Geschossen zerstört worden, und es waren Brocken vulkanischen Gesteins und Asche in den Körper eingedrungen.

Man rief Trujillos Schwager Tomás Torres herbei. Er starrte das schwarze Objekt auf der Geröllhalde an und erklärte: »Das kann nicht Carlos sein.« Aber dann sah er sich die Hände an, und an einem Finger steckte Carlos' Ring. Anhand zahnärztlicher Unterlagen wurde hinterher bestätigt, dass es sich bei dem Torso tatsächlich um Carlos Trujillo handelte.

Als der Vulkan ausbrach, war Trujillo zusammen mit Geoff Brown und Fernando Cuenca am westlichen Rand entlanggegangen. Baxter kam später zu dem Schluss, dass die Wucht der Explosion seinen Körper 500 Meter weit geschleudert hatte. Irgendwann hatte ein großer Stein die Leiche in zwei Stücke zerrissen. Was Baxter jedoch irritierend fand, waren scheinbare Spuren eines pyroklastischen Stroms am Oberkörper. Als die anderen Überlebenden und ich an der südöstlichen Flanke des Galeras lagen und fürchteten, von einer aus dem Krater aufsteigenden *Nuée ardente* getötet zu werden, war möglicherweise an der offenen westlichen Flanke ein kleinerer pyroklastischer Strom niedergegangen und hatte Trujillos bereits verbrannte und zerrissene Leiche auch noch gekocht.

Im weiteren Verlauf der Suche stießen die Retter mit ihren Spürhunden weit unten am Hang auf verstreute Fleischfetzen und kleine Lachen geronnenen Blutes. Aber nichts, was sie fanden, war groß genug, um es mitzunehmen, außer einem ein Zoll langen Stück, das anscheinend von einer Speiseröhre stammte. Es wurde zwecks ärztlicher Untersuchung in eine Plastiktüte gesteckt.

Nicht weit von Trujillos Torso entfernt entdeckte der Suchtrupp die verschmorten Überreste der Aluminiumteile von Geoff Browns Gravimeter. Das Glasfasergehäuse war weggesprengt. Wie Ingenieure von der Universität Cambridge berechneten, konnte nur ein rasanter Temperaturanstieg um mindestens 200 Grad die Verschraubungen gelöst und das Gehäuse von dem Aluminiumkasten im Inneren getrennt haben. Die Suchtrupps fanden außerdem den aus Kunststoff bestehenden Filtereinsatz einer Schutzmaske, der durch die Explosionshitze an einem Stein festgeschmolzen war.

Sonst fanden die Rettungstrupps, die die Flanken durchkämmten, an diesem Tag nichts. Am Abend war klar, dass die Vermissten, abgesehen von Trujillos Torso, in der ersten Ausbruchsphase in Stücke zerrissen worden waren. Igor Menjailow und Nestor García, die es im Krater erwischt hatte, waren buchstäblich zerstäubt und über die Anden verteilt worden. Geoff Brown und Fernando Cuenca, die am Kraterrand standen, waren von so vielen Steinen mit solcher Wucht getroffen worden, dass auch von ihnen keine Spur mehr blieb. So grauenhaft sie waren – diese Todesfälle verschafften uns doch einen gewissen Trost: Der Tod war augenblicklich eingetreten.

Das Ende für die anderen vier – José Arlés und die drei Touristen – war fast ebenso schnell gekommen. José Arlés war, wie die Autopsie ergab, gestorben, als ein heißer Stein ihn in der rechten Gesichtshälfte traf, seinen Schädel zertrümmerte und ein ausgedehntes Hirntrauma verursachte. Da man Kohlenmonoxid in seiner Lunge fand, musste er vor dem Tod noch ein paar Atemzüge heißer, gasgefüllter Luft eingeatmet haben.

Einer der Touristen starb durch einen Steinhagel, der Kopf und Rumpf massiv schädigte und ihn augenblicklich tötete. Sein Rückgrat war, wie die Autopsie zeigte, an mehreren Stellen durch Steine gebrochen worden, die sein Rückenmark durchtrennten, große Blutgerinnsel hervorriefen und seinen Oberkörper arg verformten.

Vulkanische Bomben hatten ihm ferner die Rippen gebrochen, beide Lungenflügel und die Luftröhre zerrissen und abgelöst, das Herz abgelöst sowie Aorta und Milz zerfetzt. Der Tourist, schrieb Baxter, wurde irgendwann »durch die Luft gegen eine harte Steinoberfläche geschleudert, und die plötzliche Verzögerung verursachte die inneren Bruchverletzungen«. Die Leiche wies außerdem zahlreiche Verbrennungen auf, weil die Kleidung des Touristen nach seinem Tod Feuer gefangen hatte.

Der zweite Tourist war einer vulkanischen Bombe zum Opfer gefallen, die seinen Schädel pulverisierte und massive Hirnschädigungen hervorrief. Außerdem waren der linke Oberschenkelknochen und Rippen gebrochen, und die Leiche wies am rechten Arm, auf der rechten Rumpfseite und an der rechten Handfläche Verbrennungen auf. »Diese Verletzungen«, schrieb Baxter, »entstanden, als er von fliegenden Steinen am Kopf getroffen wurde und mit den Knien auf heiße Steine fiel. Ein anderer Stein traf ihn, als er auf den Knien lag und sich mit der Hand auf einen heißen Stein stützte, im Schulterblattbereich, was die Rippenbrüche und den Lungenriss verursachte.«

Auch der dritte Tourist starb, nachdem heiße vulkanische Geschosse ihn mehrfach an Kopf und Brust getroffen hatten. Sein Schädel war zertrümmert, das linke Bein an mehreren Stellen gebrochen, der linke Fuß am Knöchel nahezu abgetrennt – ganz ähnlich wie bei mir – und der obere linke Lungenflügel gerissen. 18 Prozent seiner Körperoberfläche erlitten Verbrennungen dritten Grades.

Diese Todesfälle zeigten, dass jedem, der in einem Krater oder in seinem Umfeld auch nur von einer winzigen Eruption erwischt wird, unvorstellbare Schäden drohen. Schon bei einer kleinen Explosion fliegen vulkanische Geschosse mit Geschwindigkeiten von bis zu 400 Metern pro Sekunde aus dem Krater. Das ist mehr als die Mündungsgeschwindigkeit der Kugeln bei den gängigen Handfeuerwaffen – rund 300 Meter pro Sekunde – und nicht viel weniger als die Geschwindigkeit von Schrapnell aus Artilleriegranaten, die 450 bis 600 Meter pro Sekunde erreicht. Gewöhnlich sind vulkanische Bomben jedoch weit größer als diese Metallsplitter, und die Folgen sind verheerend. Baxter hat eine Sterbewahrscheinlichkeit von 90 Prozent errechnet, wenn jemand am Rumpf oder Kopf von einem Vulkanfragment getroffen wird, das bei einem Gewicht von einem englischen Pfund [450 Gramm] auf eine Fluggeschwindigkeit von rund 30 Metern pro Sekunde kommt. Auf dem Galeras erreichten viele Geschosse die zehnfache Geschwindigkeit und wogen 5, 10, 100 oder gar 1000 Pfund. Es ist leicht einzusehen, dass solche Projektile einen menschlichen Körper schnell vernichten können.

Solche Unfälle sind allzu häufig. Baxter führt eine kleine Eruption an, die sich 1979 auf dem Ätna ereignete und bei der neun Touristen umkamen, die am Rand des Bocca-Nuova-Kraters standen. Sie starben wie meine Kollegen, weil sie von vulkanischen Bomben getroffen wurden. Andere Touristen erlitten noch in einer Entfernung von 400 Metern Verletzungen.

Zwei Monate nach der Eruption des Galeras wurden zwei ecuadorianische Vulkanologen, die im Krater des Guagua Pichincha arbeiteten, von vulkanischen Bomben getötet, die durch einen kleinen, dampfgetriebenen Ausbruch herausgeschleudert wurden.

Eine ähnliche Tragödie ereignete sich im Juli 2000 auf dem Vulkan Semeru, der in einem abgelegenen Teil von Java 3675 Meter hoch aufragt. Semeru ist seit Jahrzehnten aktiv, und in regelmäßigen Abständen kommt es zu kleinen Eruptionen, die 10 bis 30 Sekunden dauern. Nach einer internationalen Konferenz stieg eine Gruppe von acht indonesischen, amerikanischen und israelischen Vulkanologen zum Vulkan hoch. Am 25. Juli standen sie um 6.21 Uhr in der Nähe des Kraterrandes, als es zu einer ungewöhnlich starken Eruption kam, die vulkanische Bomben in einer unerwarteten Richtung ausschleuderte. Der Ausbruch war von kurzer Dauer – weniger als eine Minute –, aber er tötete zwei indonesische Vulkanologen, die, von vulkanischen Geschossen am Kopf getroffen, massive Hirnschäden erlitten. Drei amerikanische Wissenschaftler wurden verletzt, einer davon schwer, und auch ein israelischer Vulkanologe erlitt Verletzungen. Einer der Verletzten war der bekannte Vulkanologe Lee Siebert von der Smithsonian Institution. Der Abtransport der Verwundeten dauerte über 30 Stunden, die Bergung der Leichen Tage.

»Wenn ich mir die räumliche Verteilung der Opfer und die Größe der Bomben anschaue, wird mir klar, dass ich und die anderen Überlebenden verdammtes Schwein gehabt haben«, schrieb der Vulkanologe Michael Ramsey von der Universität Pittsburgh in einer E-Mail an seine Kollegen. Diese Tragödie machte nochmals deutlich, dass unser Beruf ungeheuer gefährlich ist. Binnen zwei Jahrzehnten, von 1979 bis 2000, fanden während der Arbeit auf Vulkanen 23 meiner Kollegen den Tod. 16, darunter die sechs Wissenschaftler auf dem Galeras, starben bei Eruptionen. Fünf kolumbianische Wissenschaftler und Ingenieure kamen 1986 ums Leben, als ihr Hubschrauber auf dem Nevado del Ruiz in eine Gletscherspalte stürzte. 1982 ertranken zwei japanische Wissenschaftler, die von der Untersuchung eines isländischen Vulkans zurückkehrten, in einem Fluss. Bedenkt man, dass weltweit nur rund 300 Wissenschaftler auf aktiven Vulkanen arbeiten, sind 23 Todesfälle innerhalb von 21 Jahren ungeheuer viel.

Die tödliche Reichweite der Eruption, die mich niederstreckte und meine Kollegen tötete, betrug nur wenige hundert Fuß, und weiter als bis Pasto war sie nicht zu sehen und zu hören. Was mich jedoch fasziniert und mit Ehrfurcht erfüllt, sind Ausbrüche mit weltweiten Auswirkungen, die Klimaänderungen, Hungersnöte, Völkerwanderungen und in vorgeschichtlicher Zeit Massenaussterbensereignisse hervorriefen. Durch Erdbeben sind in den letzten 400 Jahren zehnmal mehr Menschen umgekommen als durch Eruptionen – 2,6 Millionen gegenüber 250000 –, doch keine Naturkatastrophe ist mit solch tief greifenden weltweiten Folgen verbunden wie ein Vulkanausbruch.

Die verheerendsten Auswirkungen hatten, wenn wir weit zurückschauen, nicht explosive Ausbrüche, sondern ungeheure Austritte von Magma an die Erdoberfläche. Sie haben ihren Ursprung in so genannten Hot Spots im Erdmantel, die im Schnitt etwa 650 Kilometer tief liegen, zum Teil aber auch in 2900 Kilometer Tiefe. Diese Magmasäulen sind an die Oberfläche gedrungen und haben große Basaltplateaus auf dem Meeresgrund geschaffen. Aus ihnen sind Inseln wie Hawaii und Island entstanden. Und sie haben sich auf die Kontinente ergossen und rings um den Globus etwa ein Dutzend ausgedehnter »Flutbasalt«- Plateaus entstehen lassen, wie man sie etwa am Columbia River im pazifischen Nordwesten der Vereinigten Staaten antrifft. In einigen Fällen traten aus diesen Spalten so riesige Gasmengen aus, dass ein Großteil der Sonneneinstrahlung absorbiert wurde, wodurch die Erde sich drastisch abkühlte, mit der möglichen Folge eines Massenaussterbens.

Zu einem solchen Ereignis kam es am Ende des Perm, vor rund 248 Millionen Jahren, in Sibirien. Aus Rissen und Spalten ergoss sich eine Flut von Magma und bedeckte eine Fläche von der Größe Deutschlands bis zu einer Mächtigkeit von 3000 Metern. Diese Eruptionen, die sich über Hunderttausende von Jahren hinzogen, haben nach Ansicht vieler Wissenschaftler drastisch das Klima beeinflusst und eine Rolle beim so genannten Großen Sterben gespielt. Dieses Ereignis, das größte Massenaussterben der Erdgeschichte, ließ 95 Prozent aller Meerestierarten und 70 Prozent aller Familien von Landwirbeltieren verschwinden, darunter Riesenamphibien und -reptilien. Diese Massenvernichtung fällt zeitlich exakt mit den sibirischen Eruptionen zusammen.

Eine andere massive Flutbasalt-Eruption, diesmal in Indien, könnte bei der Vernichtung der Dinosaurier vor 65 Millionen Jahren eine Rolle gespielt haben. Einige Fachleute behaupten, nicht vulkanische Aktivität in Indien, sondern der Einschlag eines Kometen oder Asteroiden habe die Sonneneinstrahlung abgeblockt, sodass es zu einer raschen Abkühlung und zum Aussterben kam. Es könnten jedoch auch beide Lager Recht haben. Nach neueren Theorien könnte, während die indischen Eruptionen Gas, Magma und Asche ausschleuderten, zusätzlich ein Asteroid auf die Erde gekracht sein. Es ist durchaus möglich, dass die Dinosaurier einem solchen Doppelschlag zum Opfer gefallen sind.

Wer in diesem Punkt auch immer richtig liegen mag – zweierlei steht außer Frage. Erstens folgte dem Ausströmen von Magma aus großen Spalten in Sibirien und Indien eine drastische Abkühlung. Zweitens hätte ein solches Ereignis heute verheerende Folgen.

»Ganz sicher würde eine auch nur bescheidene Flutbasalt-Eruption heute das Weltklima dramatisch beeinflussen und die Zukunft der Menschheit in Frage stellen«, schrieb Peter R. Hooper von der Washington State University. Der Mensch hatte in den letzten 1000 Jahren nur einmal Gelegenheit, etwas zu beobachten, das entfernt den großen Basaltfluten ähnelt. Es war zwar unendlich viel kleiner als die Eruption in Sibirien und Indien, doch die Folgen waren verheerend.

Die Eruptionen ereigneten sich 1783 in Island, das geologisch betrachtet wenig mehr ist als ein Basaltklumpen, der sich aus dem Nordatlantik erhebt. Island liegt auf dem Mittelatlantischen Rücken, der sich ständig verbreitert, wobei die östliche Flanke um drei viertel Zoll [1,9 Zentimeter] pro Jahr in Richtung Europa und die westliche Flanke mit der gleichen Geschwindigkeit in Richtung Nordamerika wandert. Island liegt zufällig auch über einem Hot Spot, und im Sommer 1783 stieg eine ausgesprochen kräftige Magmafahne aus den Tiefen der Erde auf und löste eine Naturkatastrophe aus, die ein Fünftel der Bevölkerung Islands hinwegraffte.

Zentrum der Eruptionen war ein 818 Meter hoher Berg namens Laki unweit der windgepeitschten, baumlosen Südküste Islands. Rund 600 Menschen fristeten dort mit Landbau, Fischerei und dem Sammeln von Wildgräsern und Eiern der Zugvögel ein karges Dasein. Am 8. Juni tat sich am Laki die Erde auf, und aus Spalten und Kegeln, die schließlich einen 24 Kilometer langen Spalt bildeten, begannen sich Ströme von Magma zu ergießen. Glühende Fontänen schossen 1400 Meter hoch, und die Gas- und Aschenwolke, die zeitweise eine Höhe von 13 Kilometern erreichte, war aus einer Entfernung von 300 Kilometern zu sehen. Es quoll so viel Magma hervor, dass die Menge bisweilen den Fluten des Amazonas nahe kam.

Die Vulkanologie kann sich glücklich schätzen, dass ein scharfer Beobachter, der Pastor Steingrimmsson, dessen Gemeinde von den Lavamassen überflutet wurde, Zeuge der Eruptionen war. Als Zeitgenosse von Sir William Hamilton teilte Steingrimmsson dessen Leidenschaft für die Beobachtung der Natur, wenn möglich aus größter Nähe.

Für Steingrimmsson kündigten sich die Eruptionen an einem klaren, stillen Sonntag an. Im Norden bemerkte er über einer niedrigen Bergkette eine »schwarze Sandwolke«, die sich rasch in seine Richtung ausbreitete, den Himmel verdunkelte und schwarze Asche auf den Boden regnen ließ. Die Asche reizte Augen und Haut der Menschen, machte Löcher in Gänsefußblätter und hinterließ bei frisch geschorenen Schafen Brandmarken.

In den folgenden Tagen breitete sich die Lava im Flusstal des Skafta aus. Bevor sie der Ströme ansichtig wurden, hörten die Anwohner laute Explosionen, wenn das geschmolzene Gestein sich in Feuchtgebiete und Bäche ergoss. Nistende Vögel flogen fort und ließen ihre Eier im Stich, die »wegen ihres üblen Geruchs und Schwefelgeschmacks kaum zu genießen waren«, schrieb Steingrimmsson. Von dem Nebel vergiftet, fielen Pieper, Zaunkönige und andere kleine Vögel tot vom Himmel. In den Flüssen und Teichen gingen die Forellen ein. Das Gras, zuvor »grün und üppig«, welkte und war mit Asche bedeckt. Rinder und Schafe wollten kein Futter fressen, außer es war mit älterem Heu vermischt.

»Erst ging das Fleisch, dann die Milch der Tiere zurück«, schrieb Steingrimmsson. »Es ist kaum mit Worten zu beschreiben, wie die Schafe dahinwelkten. Keiner war so weitblickend, zu erkennen, dass es das Beste gewesen wäre, sie zu schlachten, solange sie noch Fleisch auf den Knochen hatten und zusammengetrieben werden konnten, damit wenigstens wir etwas zu essen hatten.«

Mitte Juni war das 500 Meter breite und 150 Meter tiefe Skafta-Tal von der vorrückenden Lavawand »vollständig ausgefüllt«. Kein Isländer kam in den Strömen um, doch sie verschlangen Bauernhäuser und Weideland. »Die feurige Flut floss so geschwind wie ein Fluss, der im Frühling von Schmelzwasser angeschwollen ist«, schrieb Steingrimmsson. »Große Klippen und Steinblöcke wurden mitgerissen und polterten umher wie große, rot glühende schwimmende Wale.«

Im Juli war die Sonne verschwunden, und das Vieh erkrankte zunehmend an der Einnahme der Niederschläge des Laki. Zuerst wurden Maul, Nüstern und Füße gelb. Dann »legten sie sich einfach hin und starben auf der Stelle«. Damit begann eine Fluorose-

Epidemie, eine Krankheit, bei der sich durch eine überhöhte Aufnahme von vulkanischem Fluor die Knochen erweichen und die Zähne ausfallen, sodass die Tiere nicht mehr stehen und fressen können.

Am Sonntag, dem 20. Juli, hielt Pastor Steingrimmsson einen Gottesdienst in der Gegend von Sida. Ein Lavastrom hatte sich der Kirche bis auf wenige hundert Meter genähert und schien sie binnen Stunden verschlingen zu wollen. Als die Gläubigen zusammenströmten, konnten sie durch den Dunst kaum das Kirchengebäude erkennen. Die Erde bebte, und die Blitze, die durch die stark geladene, von Asche erfüllte Luft zuckten, waren so grell, dass sie das Innere der Kirche erhellten. Steingrimmsson schloss die Tür und schickte sich an, zusammen mit seiner Gemeinde zu sterben.

»Ich war ebenso wie alle anderen in der Kirche innerhalb ihrer Mauern vollkommen frei von Furcht. Während des Gottesdienstes, den ich ein wenig über das gewohnte Maß hinaus verlängerte, ließ niemand erkennen, dass er fliehen oder gehen wollte. So lang das Gespräch mit Gott auch währte, es war keinem zu lang ... Alle waren bereit, dort zu sterben, wenn das Sein Wille war.«

Als die Gläubigen aus der Kirche traten, stellten sie verblüfft fest, dass die Lava sich in einem 130 Meter breiten und 36 Meter tiefen Bett gesammelt hatte und dann zum Stillstand gekommen war. Alle erklärten es zu einem Wunder, und in Island sprach man seither von der Feuerpredigt.

In anderen Teilen Südislands hielt die Lavaflut bis Februar an. Der blaue Nebel und Aschenstürme von den Eruptionen vergifteten die Landschaft über Hunderte von Kilometern. Erst starben die Tiere, dann die Menschen.

»Die Pferde verloren ihr ganzes Fleisch, bei manchen begann die Haut längs des Rückgrats abzufaulen, das Schwanz- und Mähnenhaar faulte und ging aus, wenn man fest daran zog«, schrieb Steingrimmsson. »An den Gelenken bildeten sich harte Schwellungen. Der Kopf wurde geschwollen und verunstaltet, und die Kiefer wurden so schwach, dass die Tiere kaum Gras abrupfen oder fressen konnten. Die Eingeweide verfaulten, die Knochen schrumpften und verloren jede Kraft.«

Ähnliche Leiden befielen Schafe und Rinder; ihre Hufe und Schwänze fielen ab, und ihre Knochen wurden so weich, dass die Tiere unter ihrem eigenen Gewicht zusammenbrachen. Bald waren die Isländer, die sich von verdorbenem Fleisch und vergiftetem Wasser ernährten, in einem ebenso kläglichen Zustand.

»Was als Fleisch galt, roch faul, und es war bitter und voller Gift, sodass Etliche, die es verzehrten, starben«, schrieb Steingrimmsson. »An den Rippengelenken, den Rippen, den Handrücken, Füßen und Beingelenken bildeten sich Wülste, Wucherungen und Stoppeln. Der Körper wurde aufgedunsen, die Mundhöhle und der Gaumen schwollen an und platzten, was quälende Schmerzen und Zahnweh hervorrief. Die inneren Funktionen und Organe waren betroffen von Schwäche, Atemnot, Herzrasen, übermäßiger Harnausscheidung und mangelnder Kontrolle über diese Teile. Dies verursachte Durchfall, Ruhr, Würmer und entzündliche Wucherungen an Hals und Schenkeln.«

Bis Ende 1784 waren mehr als 10000 Stück Rindvieh, die Hälfte des isländischen Bestandes, eingegangen. Zu Grunde gingen außerdem 190000 Schafe und 27000 Pferde, drei Viertel der gesamten Herden.

Island erlitt damals die schlimmste Hungersnot seiner Geschichte. Wer nicht floh, musste Häute, Felle und Seile kochen. Zum Brotbacken mengte man Heu unter altes Mehl. Man grub Wurzeln aus und aß Löwenzahnblätter. Man fand alte Fischknochen im Sand, säuberte sie, zerstieß sie und mischte sie in die Milch. Manche verzehrten Pferdefleisch, was sich zumeist als tödlich erwies. Allein in Steingrimmssons Pfarrgemeinde starben zwischen 1783 und 1785 215 von 601 Einwohnern. In ganz Island kamen bei der »Nebelhungersnot« 10 521 Menschen um, ein Fünftel seiner 49 863 Einwohner. Am Ende war die Bevölkerung des Landes auf den tiefsten Stand in 500 Jahren gesunken.

Die Laki-Eruptionen machten sich weit über Island hinaus bemerkbar. Die rasch nach Südosten treibende Gas- und Aschenwolke verursachte Ernteschäden auf den Färöer-Inseln und in Norwegen. Danach breitete die Wolke sich Ende Juni nach Süden aus und hüllte London, Sankt Petersburg, Paris, Florenz und andere Städte in ihren erstickenden Dunst. Am 1. Juli tauchte der vulkanische Nebel in Syrien auf, und er wehte sogar bis ins Altai-Gebirge, das im Süden Sibiriens an der Grenze zur Mongolei liegt. In Frankreich, Deutschland, Holland, Schweden und Polen hielt sich der blaue Nebel ein halbes Jahr lang.

Der »Trockennebel« war das Gesprächsthema Europas. Anfangs ließ der Dunst, indem er ein Abstrahlen der Wärme ins All verhinderte, die Temperaturen steigen, und er rief auf den Britischen Inseln sowie auf dem Kontinent eine unheimliche Stimmung hervor. Pfarrvikar Gilbert White in dem englischen Dorf Selborne nannte den Sommer »verblüffend und unheimlich und voller grausiger Phänomene«. Ein britischer Beobachter sprach vom »trüben und matten Auge« der Sonne. Horace Walpole sagte: »Die Sonne geht unter wie ein rot glühender Zinnteller.«

»Die Gerste wurde braun und verwitterte an den Enden ebenso wie die Blätter des Hafers«, schrieb Pfarrer Sir John Cullum. »Bäume ... warfen massenhaft ihr Laub ab und streuten es auf die Wege, als wäre es Herbst. Alle Pflanzen erschienen, als habe man in ihrer Nähe ein Feuer entfacht, das ihre Blätter verwelken ließ und sie entfärbte.«

In Paris erregte der Nebel die Neugier von Benjamin Franklin, dem Botschafter der Vereinigten Staaten in Frankreich, der die zutreffende Vermutung äußerte, der blaue Nebel habe etwas mit der Eruption in Island zu tun.

»Dieser Nebel war permanenter Natur; er war trocken, und die Strahlen vermochten ihn offenbar kaum aufzulösen, wie sie es mit einem feuchten Nebel mühelos tun«, schrieb Franklin ein Jahr später. »Sie wurden im Durchgang durch ihn sogar dermaßen geschwächt, dass sie, im Brennpunkt eines Brennglases gesammelt, kaum ein Stück Papier zu entflammen vermochten.«

Franklin fiel auf, dass der folgende Winter ungewöhnlich kühl war, und er führte das auf den »allgegenwärtigen Nebel« zurück, der die Sonnenstrahlen blockierte. Er hatte erfahren, dass Hekla und ein anderer isländischer Vulkan ausgebrochen waren, und vermutete, dass der trockene Nebel seine Ursache in »der ungeheuren Menge Rauch« haben könnte, »die während des Sommers fortwährend dem *Hecla* in Island entströmte, und jenem anderen Vulkan, der in der Nähe dieser Insel aus dem Meer aufstieg, dessen Rauch möglicherweise von wechselnden Winden über den nördlichen Teil der Welt verbreitet wurde«.

Die gravierendsten Folgen von Laki machten sich erst in den Wintern danach bemerkbar. Vulkanische Asche sinkt mit ihren großen Teilchen zu Boden oder wird innerhalb von Wochen oder Monaten aus der unteren Atmosphäre ausgewaschen. Doch bei großen Vulkanausbrüchen wie jenem des Laki werden enorme Mengen von Schwefeldioxid und anderen Gasen hoch in den Himmel hinaufgeblasen. Die SO_2-Moleküle reagieren mit der Sonnenstrahlung und Wasserdampf und kondensieren zu winzigen Tröpfchen Schwefelsäure. Diese Aerosole steigen auf in die Stratosphäre – ungefähr 16 bis 32 Kilometer über der Erde –, wo sie sich jahrelang halten können. Die Aerosole absorbieren und blockieren dann einen Teil der Sonnenstrahlen, was die Stratosphäre aufheizt, aber die untere Atmosphäre abkühlen lässt. In geschichtlicher Zeit folgte auf machtvolle Eruptionen oft eine mehrjährige beträchtliche Abkühlung. Das war auch der Fall beim Ausbruch des Laki.

Der Winter 1783/84 war einer der kältesten, die je in Nordamerika und Europa verzeichnet wurden. Im Osten der Vereinigten Staaten lagen die Temperaturen rund 4,5 Grad unter dem 225-jährigen Mittelwert. Der Geologe Charles A. Wood, vormals bei der NASA, hat ermittelt, dass dieser Winter der längste der frühen US-amerikanischen Geschichte war, wobei Neuengland die längste Phase mit Temperaturen unter dem Gefrierpunkt verzeichnete. Die Wasserwege im Osten, schreibt Wood, froren in einem Maße zu, wie man es noch nicht erlebt hatte. Der Delaware war in Philadelphia vom 26. Dezember 1783 bis zum 12. März 1784 von festem Eis bedeckt. Die Chesapeake-Bucht war länger zugefroren als jemals, seit es Aufzeichnungen darüber gab. Der Hafen von Charleston, South Carolina, war im Februar von einer so dicken Eisschicht bedeckt, dass die Leute darauf Schlittschuh liefen. Am bemerkenswertesten war aber wohl, dass im März der Mississippi bei New Orleans gefror und Eisschollen von dreieinhalb bis neun Metern Länge und einer Dicke von 60 bis 90 Zentimetern sich am Ufer türmten.

Nordeuropa erging es nicht besser. Auch auf Island war es in diesem Winter 4,5 Grad kälter als gewöhnlich, und das Meer um die Insel war länger zugefroren als jemals seit Menschengedenken. In Stockholm, Kopenhagen, Edinburgh, Berlin, Genf und Wien lagen die Temperaturen um 2,7 bis 3,3 Grad Celsius unter dem Mittelwert des späten 18. Jahrhunderts.

Auch der folgende Winter war in Nordamerika und Europa ungewöhnlich kalt; in den Vereinigten Staaten lagen die Durchschnittstemperaturen weiterhin um 2,7 bis 3,3 Grad Celsius unter dem 225-jährigen Mittelwert. Die strengen Winter von 1783/84 und 1784/85 hingen nach Ansicht einiger Klimatologen nicht mit dem Ausbruch des Laki zusammen, sondern stellten Wetteranomalien dar, die überall auf der Welt immer wieder vorkommen. Die meisten Vulkanologen und Klimaforscher sind jedoch überzeugt, dass die Erde sich wegen der massiven Gas- und Aschenemissionen des Laki abkühlte.

Doch gemessen an den großen Flutbasalt-Eruptionen war der Laki, so beeindruckend er auch war, ein winziges Ereignis. Das wird an der folgenden Gegenüberstellung deutlich: Bei der Laki-Eruption ergossen sich zwölf Kubikkilometer Lava und Asche aus der Erde. Während der sibirischen Flutbasalt-Eruptionen brachen im Laufe von einer Million Jahren 1,5 Millionen Kubikkilometer Lava und Asche aus der Erde hervor, mehr als das Hunderttausendfache. Dass es nach einer solchen Katastrophe überhaupt noch Leben auf der Erde gab, grenzt an ein Wunder.

32 Jahre nach der größten nichtexplosiven Eruption der Neuzeit erlebte die Welt die mächtigste explosive Eruption der Geschichte, die das globale Klima noch stärker beeinflusste als der Ausbruch des Laki und weltweit sehr viel stärkere soziale Folgen hatte. Die Explosion ereignete sich im April 1815 auf dem Tambora, einem der zahlreichen Vulkane, die sich – einschließlich des Krakatau, der 68 Jahre später ausbrach – in einer Kette durch die Inselwelt

Indonesiens ziehen. (Diese »Halskette« der ostindischen Vulkane ist Bestandteil des pazifischen »Feuergürtels«.) Der Tambora, auf der dicht bevölkerten Insel Sumbawa gelegen, war mit 4300 Metern der höchste Berg Ostindiens.

Bei der vermutlich mächtigsten Eruption der letzten 10 000 Jahre stieß Tambora 70 bis 100 Kubikkilometer Magma, Gas und Asche aus, das Hundert- bis Hundertfünfzigfache der Menge des Mount Saint Helens. Noch in 2500 Kilometer Entfernung war die Explosion vom 10. April zu hören, und die Eruptionssäule stieg 48 Kilometer hoch zum Himmel auf. Ihr Einsturz erzeugte mindestens acht massive pyroklastische Ströme, die sich 19 Kilometer weit vom Gipfel ergossen und die Bevölkerung von Sumbawa gewaltig dezimierten. Asche ging noch in einer Entfernung von 1300 Kilometern nieder und stürzte alles in einem Umkreis von 480 Kilometern um Tambora zwei Tage lang in Dunkelheit. Eine vulkanisch induzierte Tsunami, vermutlich von pyroklastischen Strömen verursacht, die ins Meer rasten, breitete sich 1200 Kilometer weit aus. 60 Zentimeter Bims verstopften die Javasee in der Nähe von Tambora und behinderten die Schifffahrt; noch vier Jahre später stießen Segelschiffe auf Ansammlungen von vulkanischem Schutt. Der Vulkan warf so viel Material aus, dass er einstürzte und eine klassische Caldera bildete, die bei einem Durchmesser von 6,5 Kilometern 800 Meter tief ist. Bei dem Einsturz wurde der Vulkan um 1400 Meter gestutzt. Heute hat er eine Höhe von 2860 Metern.

Der Ausbruch des Tambora war so vernichtend wie kein anderer, von dem wir wissen, und forderte zwischen 92 000 und 117 000 Menschenleben. Rund 10 000 Menschen kamen unmittelbar in pyroklastischen Strömen um, der Rest bei Hauseinstürzen, Hungersnöten und Epidemien, als die Inseln Sumbawa, Lombok und Bali unter einer Ascheschicht versanken.

Mit dem Ausbruch von Tambora gelangten außerdem rund 180 Millionen Tonnen vulkanischer Aerosole in die Stratosphäre, eine ungeheure Menge, die mit verantwortlich dafür war, dass mehrere Jahre lang in vielen Teilen der Welt ungemein kühles Wetter herrschte. Zunächst erzeugte die gewaltige Infusion von Gas und

Asche in Atmosphäre und Stratosphäre ungewöhnliche Sonnenuntergänge, denn die Sonnenstrahlen wurden durch einen vulkanischen Dunst gefiltert. Mit leuchtenden Rot- und Orangetönen durchzogen, erregten die Sonnenuntergänge im Sommer und Herbst 1815 die Bewunderung der Briten. Der englische Landschaftsmaler J. M. W. Turner hat sie in all ihrer Intensität auf die Leinwand gebannt.

Doch so richtig machten sich die Auswirkungen von Tambora erst im folgenden Jahr bemerkbar, das man in den Vereinigten Staaten als das »Jahr ohne Sommer« bezeichnet. Im Osten Nordamerikas und in Europa lagen die Temperaturen beträchtlich unter dem Normalwert, und mehrere starke Sommerfröste sowie eine erheblich verkürzte Wachstumsperiode bewirkten Missernten, die in den Vereinigten Staaten und in Teilen Europas Hungersnöte nach sich zogen. In Amerika lösten Kälte und Missernten eine große Westwanderung aus, und auch in Europa förderten die Hungersnöte einen Drang nach Westen – in Richtung der Vereinigten Staaten.

Für die Bürger der jungen amerikanischen Republik waren die Jahre 1810 bis 1815 kälter gewesen als üblich, was man mit Sonnenfleckenaktivität und anderen Sonnenanomalien in Zusammenhang brachte. Die Ernten waren im Nordosten der Vereinigten Staaten in den Jahren 1813, 1814 und 1815 schlechter ausgefallen als sonst. In den Jahren 1815 und 1816 hatten die Amerikaner die eindrucksvollen Sonnenuntergänge gesehen und einen anhaltenden Dunst bemerkt, der der Sonne eine rote Aura verlieh.

Auf dem Papier erscheint der Sommer 1816 im Osten der Vereinigten Staaten nicht drastisch kälter als seine Vorgänger – nur 1,7 Grad Celsius unter dem Mittelwert. Die Junitemperaturen lagen 2,8 Grad Celsius unter dem Mittelwert. Doch ein außergewöhnlicher Schneesturm im Juni und eine Häufung von Frösten zwischen Mai und September wirkten sich auf die Landwirtschaft verheerend aus. In der zweiten Juniwoche schneite es in 15 der 19 Bundesstaaten, und in Teilen Neuenglands lag der Schnee 45 Zentimeter hoch. Mitte Mai suchten strenge Fröste Neuengland sowie Pennsylvania und New Jersey heim. Mitte Juni sowie am

9. Juli, am 21. und am 30. August gingen erneut harte Fröste über Neuengland hinweg.

Chauncey Jerome, der Historiker der amerikanischen Uhrenindustrie, der in Plymouth, Connecticut, zu Hause war, vermerkte: »Am 10. Juni holte meine Frau die Wäsche steif gefroren herein. Am 4. Juli beobachtete ich mehrere Männer beim Wurfringspiel – sie hatten am helllichten Tag dicke Mäntel an.«

In New Haven, Connecticut, lag die Durchschnittstemperatur im Juni 1816 3,9 Grad Celsius unter der Norm. In Montpelier, Vermont, erfroren viele Schafe, und man fand in den Feldern eine erstaunlich große Zahl toter Vögel. Die Kälte erreichte auch den tiefen Süden, der ungewöhnlich späte Fröste erlebte, unter denen die Ernte litt, darunter auch der Zuckerrohranbau in Louisiana. Selbst in der Karibik fiel das Jahr außerordentlich kühl aus und senkte die Ernteerträge auf Kuba und anderen Inseln.

Am stärksten hatte aber Neuengland zu leiden. Die Wachstumsperiode, sonst zwischen 120 und 160 Tagen, verkürzte sich in Maine auf 70, in New Hampshire auf 75 und in Massachusetts auf 80 Tage. Viele der von den Sommerfrösten betroffenen Gebiete hatten außerdem unter Dürre zu leiden. In weiten Teilen Neuenglands wurde dadurch der Mais, das Hauptanbauprodukt, praktisch vernichtet, und in weiten Landesteilen wurden auch die Apfelernte und der Gemüseanbau durch Fröste zerstört. In New Hampshire ging aus Futtermangel das Vieh zu Grunde.

Diese Katastrophen zogen eine Hungersnot nach sich, besonders im Norden Neuenglands und im Hinterland von New Hampshire und Vermont. Menschen nährten sich von Waschbären, Murmeltieren und Igeln. Statt der vernichteten Feldfrüchte gruben sie nach Wurzeln und sammelten Gräser.

Dass ihre Leiden möglicherweise durch einen Vulkan in Ostindien ausgelöst wurden, wussten sie nicht. Sie wussten nur, dass sogar die Luft eine teuflische Färbung angenommen hatte und der Winter im Sommer gekommen war. Viele fragten sich, ob das Ende der Welt bevorstehe, und weil der Kirchenbesuch rapide anstieg, sprach ein Historiker von »der größten religiösen Erweckung, die das Land je erlebt hat«. Andere hielten es für besser, nicht tatenlos auf die Wiederkunft Christi zu warten, und brachen nach Westen auf. Im Herbst 1816 zogen Oststaatler scharenweise in den mittleren Westen der Vereinigten Staaten. Allein Indiana nahm in diesem Jahr 42000 Oststaatler auf.

Noch schlimmer trafen die Kälte und die Ernteschäden den Osten Kanadas. Und auch Europa litt unter einem außergewöhnlich kühlen Sommer, der für die Landwirtschaft schlimme Folgen hatte. In ganz Europa, von den britischen Inseln bis nach Italien, lagen die Temperaturen um 2,8 Grad Celsius unter dem Mittelwert. England verzeichnete die niedrigsten Junitemperaturen seit Anbeginn der Geschichte, einen Mittelwert von knapp 13 Grad. In Irland kam es im Gefolge einer Missernte bei Weizen, Hafer und Kartoffeln, hervorgerufen durch einen außergewöhnlich kühlen und feuchten Frühling und Sommer, zu einer Hungersnot.

In Frankreich verzögerte sich die Weinlese in noch nie da gewesenem Ausmaß, weil der Sommer und Herbst ungewöhnlich kalt waren. Auch in der Schweiz, in Deutschland und anderen Ländern Mitteleuropas gingen die Ernteerträge wegen des kalten, regnerischen Wetters stark zurück. Nicht nur folgten den katastrophalen Ernten mehrere Jahre mit mageren Erträgen in ganz Europa – hinzu kam, dass die napoleonischen Kriege gerade zu Ende gegangen waren, aus denen Deutschland besonders geschwächt hervorging. Zwischen 1815 und 1817 verdoppelte sich der Weizenpreis in Europa, und in manchen Teilen Deutschlands vervierfachte er sich. Es kam zu Hungerrevolten, und den Hungersnöten, die in weiten Teilen Deutschlands ebenso herrschten wie in Irland, Ungarn und Siebenbürgen, fielen Zehntausende zum Opfer.

Carl von Clausewitz bereiste 1817 das preußische Rheinland und sah »heruntergekommene, kaum menschenähnliche Gestalten, die um die Äcker herumschleichen und unter den ungeernteten und schon halb verfaulten Kartoffeln, die gar nicht erst reif geworden waren, nach etwas Essbarem suchen«.

Die Hungersnöte und der Mangel setzten von Irland bis Mitteleuropa eine Woge der Auswanderung nach den Vereinigten Staaten, Kanada und Russland in Gang.

Lord Byron hatte im Sommer 1816 seine Frau in England verlassen und war, um dem trüben britischen Klima zu entgehen, zum Genfer See gereist. Er versank in Schwermut, als auch dort tagaus, tagein das Wetter eisig und der Himmel regenverhangen war. In der Villa Diodati waren noch andere Gäste. Zu ihnen zählte Mary Shelley, die im Hause blieb und *Frankenstein* schrieb. In der Villa gefangen, schrieb auch Byron.

Weder er noch sonst jemand kam auf die Idee, dass der ständige Dunst, die Kälte, die Missernten und die sozialen Unruhen in Europa auch nur entfernt etwas mit einem Vulkan am anderen Ende der Erde zu tun haben könnten. Gleichwohl ist in dem Gedicht *Finsternis*, das Byron in diesem Sommer verfasste, davon die Rede, dass ein Vulkan die Erde zu verdunkeln und Menschenleben zu vernichten vermag.

> Mir kam ein Traum – es war nicht ganz ein Traum.
> Die schöne Sonne war verglüht; die Sterne
> Verdunkelt kreisten in dem ewigen Raum,
> Weglos und ohne Strahl; blind zog die Erde
> In mondesleerer Luft. Der Morgen kam
> Und ging und kam, und brachte keinen Tag.
> Die Menschen, grausend in der kalten Öde,
> Vergaßen ihre Leidenschaften, schrien
> Nach Licht, selbstsüchtig betend, und sie lebten
> Um offene Feuer – königliche Throne,
> Paläste, Hütten, jede Wohnstatt wurde
> Verbrannt, damit das Dunkel sich erhelle;
> Volkreiche Städte wurden eingeäschert –
> Und bei den Flammen drängten sich die Menschen,
> Nur einmal noch ins Antlitz sich zu schauen.

11

DIE WIEDERHERSTELLUNG

Am Sonntag, dem 17. Januar, dreieinhalb Tage nach der Eruption, landete die Learjet-Flugambulanz in aller Frühe in Phoenix. Ein Ärzteteam erwartete mich – vielleicht ein wenig zu viel des Guten, doch andererseits hatten sie es bisher noch nicht mit dem Überlebenden eines Vulkanausbruchs zu tun gehabt. Ich wurde ins Barrow Neurological Institute gebracht, wo bald darauf ein Hirnchirurg Lynda zur Seite zog und ihr erklärte: »Wir haben Glück, dass er noch lebt. Es ist gut, dass er Sie erkannt hat. Er wird selbstständig Nahrung zu sich nehmen und sich die Zähne putzen können, aber darüber hinaus können wir zum gegenwärtigen Zeitpunkt noch nichts sagen.«

Ein orthopädischer Chirurg, der erschöpft und ungepflegt wirkte und entschieden den Eindruck machte, über die Behandlung eines verletzten Vulkanologen um drei Uhr morgens nicht gerade froh zu sein, hob auch nicht sonderlich die Stimmung. Nach der Abnahme des Gipses von meinen Beinen betrachtete er sich die herausragenden Knochen und zerquetschten Fleischteile, und dann sagte er: »Diese Geschenkpackungen aus Südamerika mag ich gar nicht.« Damit war für Lynda das Maß voll. Er solle sich erst einmal ausruhen, erklärte sie ihm; sonst brauche er sich um ihren Mann nicht mehr zu kümmern. Eine halbe Stunde später war er wieder da, erfrischt und manierlich anzusehen.

Die Ärzte verständigten sich darauf, dass es das Beste sei, mich zunächst einmal gründlich zu reinigen und mit der schweren Arbeit der Wiederherstellung am Montag zu beginnen. Mir war alles recht. Ich war froh, noch am Leben zu sein und in der antiseptischen Umgebung eines amerikanischen Krankenhauses, umgeben von Ärzten und Schwestern, die Englisch sprachen und den Eindruck machten, dass sie durchaus in der Lage waren, mich wieder zusammenzuflicken.

An jenem Montag, an dem die Ärzte daran gingen, mein zerfetztes rechtes Bein wieder zu flicken, unterzog ich mich der ersten von insgesamt 17 Operationen, die meinem Körper wieder zu einer gewissen Ähnlichkeit mit seinem vorherigen Zustand verhelfen sollten. Manchmal kam ich mir wie Frankenstein vor, denn die Chirurgen nahmen mir beinahe den rechten Fuß ab, um ihn, besser ausgerichtet, wieder anzubringen, und sie trennten mir praktisch ein Ohr ab, um die Schäden dahinter zu beheben. Außerdem schnitten sie Fleischstücke und Teile vom Schädel heraus und setzten sie anderswo wieder ein. Diese Tortur zog sich über beinahe zwei Jahre hin. Ich kann Ihnen jedoch verraten, dass das, was ich physisch durchmachte, nichts war im Vergleich zu den psychischen Belastungen infolge meiner Hirnverletzung. Ich hätte gern ein Bein dafür gegeben, wenn mich nur nie eine vulkanische Bombe am Kopf getroffen hätte.

Wo soll ich anfangen? Am besten mit den einfachen »Reparaturen«.

Da mein Kiefer gebrochen war, banden die Ärzte ihn fest, sodass ich einen Monat lang von flüssiger Nahrung leben musste. Meine Nase war ebenfalls gebrochen, und die Chirurgen richteten sie wieder, aber beim ersten Mal klappte es nicht, und so unternahmen sie einen zweiten Versuch. Sie übertrugen einige Hautstücke auf meine verbrannten Beine. Sie zogen mir die Drähte aus dem Kiefer, aber da er sich nicht voll öffnete, behoben sie das Problem bei einer mikrochirurgischen Operation. Sie nahmen an meinem Ohr und an beiden Beinen plastische Operationen vor. An meiner Hirnverletzung konnten sie nicht viel tun, aber ich hatte immer noch ein zweieinhalb Zentimeter großes Loch im Kopf, wo ich einen Teil meines Schädelknochens verloren hatte. Also trennte ein Neurochirurg ein kreisrundes Stück aus meinem Schädel heraus, spaltete es in zwei Stücke auf, schmirgelte sie ein bisschen ab und stöpselte anschließend die beiden Löcher in meinem Kopf zu.

Nach drei Wochen im Krankenhaus fiel mir auf, dass ich mit dem linken Ohr nichts hörte. Ich hatte zweifellos gute Ärzte, aber jeder sah sich nur für sein Fachgebiet zuständig. Keiner hatte mich als ganze Person betrachtet, und so stellte sich erst nach einem Monat heraus, dass die Eruption das Gehör in einem Ohr zerstört hatte. Kleine Steine hatten mein Trommelfell durchschlagen und Knöchelchen im Mittelohr gebrochen. Der Ohrchirurg machte mich auf und sah, dass ich buchstäblich Steine im Kopf hatte. Er holte sie heraus, reinigte das verletzte Gewebe und formte einen der gebrochenen Knochen neu. Die Nerven im Innenohr waren unbeschädigt, und er war zuversichtlich, dass ich mein Hörvermögen wiedererlangen würde. Doch nach der Operation war ich noch immer taub. Es gab eine weitere Operation. Nichts hatte sich geändert. Ein Spezialist an der House Ear Clinic in Los Angeles unternahm einen Versuch – mit dem gleichen Resultat. Alle Ärzte waren ratlos. Jetzt trage ich ein Hörgerät.

Die eigentliche Herausforderung war jedoch das zerschmetterte rechte Bein. Direkt über dem Knöchel beinahe abgetrennt, hatte es vier Zentimeter Knochen verloren. An jenem ersten Montag schloss und nähte Dr. Charles Gauntt die Wunden und sicherte das Bein in einem Metallgestell, das aus zwei parallelen, 45 Zentimeter langen Stäben bestand. Von den Stäben aus reichten Schrauben durch mein Fleisch bis in den zertrümmerten Knochen. Drei Wochen lang tat ich keinen Schritt, danach humpelte ich an Krücken. Zwei Monate später unternahm Dr. Gauntt eine Knochentransplantation, um meinem Bein wieder zu seiner normalen Länge zu verhelfen. Er entnahm ein Stück Knochen aus meinem Becken und setzte es in die Lücke ein, wo ein Teil von meinem Bein fehlte. Er nähte mich zu, schraubte das Gestell wieder an meinem Bein fest und entließ mich in die Ungewissheit.

Drei Monate später war es an der Zeit zu prüfen, ob die Knochentransplantation gelungen war. Mittels einer Bohrkurbel drehte Dr. Gauntt die Schrauben heraus. Ich habe eine hohe Schmerztoleranz, aber das war unerträglich, weil der Knochen in die Schrauben gewachsen war. Einer Ohnmacht nahe, bat ich den Doktor um ein Schmerzmittel, das er mir auch gab, und nachdem wir ein Weilchen gewartet hatten, nahm er mithilfe der Bohrkurbel den Fixateur ab. Als er entfernt war, sahen wir beide, dass sich die Transplantation als Fehlschlag erwiesen hatte. Mein rechter Unterschenkel schien direkt über dem Knöchel aus Wackelpudding zu bestehen, und der Fuß begann wieder hin und her zu pendeln. Angesichts der Schwere meiner Verletzung war mit einer gängigen Knochentransplantation nichts auszurichten. Dr. Gauntt erläuterte mir die Optionen, die ich hatte. Er konnte mir den Unterschenkel amputieren und mich mit einem künstlichen Glied versehen. Oder ich konnte für den Rest meines Lebens an Krücken gehen. Beides sagte mir nicht sonderlich zu. Was man denn sonst noch machen könne, wollte ich wissen. Dr. Gauntt erwiderte, es gebe in Phoenix einen orthopädischen Chirurgen, der sich mit dem Ilasarow-Ringfixateur auskenne, der auch unter der Bezeichnung »russischer Vogelkäfig« bekannt sei. Die von einem sowjetischen Chirurgen entwickelte Vorrichtung wurde benutzt, um massive Brüche zu heilen und Knochen zu strecken. Angesichts meiner Situation erschien mir der »russische Vogelkäfig« durchaus verheißungsvoll.

Ich begab mich zu Dr. Vincent J. Russo jr. Er erklärte, die Vorrichtung sei genau das Richtige für meinen Fall. Am 9. Juli 1993, einen Tag vor meinem einundvierzigsten Geburtstag, unterzog ich mich einer weiteren Operation. Dr. Russo brachte mehrere Stunden damit zu, den »Vogelkäfig« zu installieren. Zuerst brach er mir den gesunden Knochen direkt unterhalb des Knies. Dann entfernte er das tote und verletzte Knochengewebe aus meinem linken Unterschenkel und richtete die gebrochenen Teile ein. Anschließend brachte er den Ilasarow-Fixateur als stützende Struktur an. Er bestand aus drei durch Stahlstäbe verbundenen Stahlringen, die den Unterschenkel umfingen. Danach trieb Dr. Russo eine Reihe von langen Schrauben und Titandrähten durch mein Fleisch in den Knochen und auf der anderen Seite wieder heraus.

Ich setzte meine ganze Hoffnung in den »Vogelkäfig«, denn wenn das nichts half, würde ich für den Rest meines Lebens ein

Krüppel bleiben. Das Prinzip dieser Vorrichtung ist einfach; es geht von der Fähigkeit von Knochen aus, zu wachsen und sich neu zu bilden. Jeden Tag sollten die Knochen unterhalb meines Knies durch eine Schraubendrehung um einen Millimeter auseinander gezogen werden. Die an der Stelle des sauberen Bruchs allmählich wachsende Lücke würde dann durch neues Knochengewebe gefüllt werden, das ähnlich wie Stalagmiten und Stalaktiten aufeinander zuwachsen würde. Theoretisch sollten mir dann nach neun Monaten anderthalb Zoll neuer Beinknochen gewachsen sein. Der untere Bruch, von der Ilasarow-Halterung vollständig gestützt, konnte derweil zusammenwachsen und heilen.

Das Ganze klingt schmerzhafter, als es war, aber lästig war es schon. Bei all den Stäben und Drähten, die durch mein Fleisch- und Knochengewebe drangen, musste ich die Eintritts- und Austrittslöcher täglich mit antibakterieller Seife reinigen. Auch kam es immer wieder vor, dass die straff gespannten Drähte mit einem Knall zerrissen. Einmal riss ein Draht, als ich gerade Vorlesung hielt – die Studenten wunderten sich, und aus der kleinen Wunde sickerte Blut an meinem Bein herunter.

Obwohl ich ziemlich lädiert war, machte meine Genesung anfangs rasche Fortschritte, und nach einem Monat konnte ich das Krankenhaus verlassen. Die Neurochirurgen und Neuropsychologen fanden, dass ich mich bemerkenswert gut erholt hatte, wiesen jedoch einschränkend darauf hin, dass Verletzungen im Schläfenbereich Anfälle, Depressionen und Beeinträchtigungen der mentalen Funktion nach sich ziehen können. Doch damals war ich optimistisch, denn der Nebel in meinem Gehirn lichtete sich. Nicht eine Sekunde zweifelte ich daran, dass ich wieder genesen und erneut auf Vulkanen arbeiten würde.

Das ständige Herumflicken an meinem Körper ließ mir wenig Zeit zum Nachdenken, aber wenn ich einmal zur Ruhe kam, quälte mich der Gedanke, dass Igor, Geoff, Nestor, José Arlés und die anderen der Eruption zum Opfer gefallen waren. Nicht etwa, dass ich mir auf meinem Krankenlager immer wieder jenen Tag auf dem Galeras vergegenwärtigt und überlegt hätte, was wir hätten tun müssen, damit es anders ausgegangen wäre. Wir hatten auf dem Vulkan getan, was wir tun mussten, und mich plagte kein Schuldgefühl. Aber meine Freunde fehlten mir sehr, und ich hatte großes Mitgefühl mit ihren Angehörigen.

Es kam mich hart an, diese Todesfälle zu akzeptieren, doch Briefe und Besuche von meinen Freunden und Kollegen gaben mir Trost. Ein sehr bewegendes Schreiben kam von Evelyn, Geoffs Witwe, die zwei Wochen nach der Eruption an Lynda schrieb:

> Ich bitte dich, [Stan] davon zu überzeugen, dass er wegen Geoff und der anderen, die umgekommen sind, kein schlechtes Gewissen zu haben braucht. Geoff war ein Hasardeur. Er hat immer etwas riskiert und mögliche Vorteile gegen potenzielle Gefahren abgewogen. War der Vorteil auch nur geringfügig größer, hat er sich für die Sache entschieden. Selbst wenn er gewusst hätte, dass es ziemlich wahrscheinlich ist, dass der Vulkan jeden Tag ausbrechen kann, wäre er trotzdem in den Krater gegangen, weil die durch Messungen gewonnenen Erkenntnisse das Risiko lohnten; dessen bin ich mir ganz sicher.
>
> Wenn er sich einmal zu etwas entschlossen hatte, konnte ihn niemand aufhalten. Ich bin selbst Geologin an der Open University, und daher sind mir die Gefahren, denen Geoff sich aussetzte, seit Jahren bekannt. An dem Unfall ist niemand anderer schuld als die liebe alte Natur – und darin steckt ein zarter Wink: Wir mögen uns zwar einbilden, irgendwann könnten wir geologische Risiken beherrschen und manipulieren, aber die Erde tut doch, was sie will.
>
> Geoff ist in seinem Leben immer aufs Ganze gegangen, und erst Weihnachten hat er zu seinen Töchtern gesagt, er würde, wenn er zwischen einem Herzanfall oder einem Verkehrsunfall (beides sehr hohe Risiken bei ihm) und jener Art Unfall wählen könnte, der ihm zugestoßen ist, den letzteren bei weitem vorziehen. Er starb, während er das tat, woran er die größte Freude hatte – ein seltenes Privileg, das nur wenigen von uns beschieden sein wird.

In jenen ersten Wochen und Monaten wurde ich nicht nur durch Operationen, Physiotherapie und Beileidsbezeigungen abgelenkt. Die Medien machten sich über die Geschichte her, besonders nachdem ich der *New York Times* ein längeres Interview gegeben hatte, das zur Grundlage eines ausführlichen Artikels in der Ausgabe vom 9. Februar 1993 wurde. Nach seiner Veröffentlichung wurde ich von den Medien mit Anfragen überhäuft, vor allem vom Fernsehen. Ich trat in den *Nightly News* von NBC und in der Sendung *Today* auf. Anschließend wurde ich in zahlreichen Dokumentarberichten herausgestellt, zum Beispiel von *National Geographic*, *Discovery* und *Dateline NBC*. Ich hatte meine 15 Minuten Berühmtheit und noch einige mehr, und es gefiel mir durchaus. Ich hatte es schon immer als Teil meiner Aufgabe als Wissenschaftler verstanden, zur Aufklärung des Publikums beizutragen, seien es nun meine Studenten oder die Zuschauer von Tom Brokaw. Ich konnte schon immer gut die komplizierten Sachverhalte der Vulkanologie auf unkomplizierte Weise wiedergeben, und nach der Eruption entdeckte ich außerdem, dass das Gespräch mit Reportern und Fernsehteams eine angenehme Abwechslung war, die mein ohnehin nicht geringes Selbstgefühl stärkte. Irgendwann merkte ich jedoch, dass diese pausenlosen Auftritte ungewollte Nebenfolgen hatten.

Es vergingen Monate und Jahre, bis ich begriff, dass ich nicht mehr das Wunderkind war, das ich vor dem Galeras-Abenteuer gewesen war. Ich war körperlich schwächer geworden, mein Geist war nicht mehr so scharf, und ich leistete nicht mehr die wegweisende Arbeit, die ich vor 1993 geleistet hatte. Diese Lücke füllte ich zunehmend damit aus, dass ich den Überlebenden mimte. Ich war nicht länger ein bahnbrechender Vulkanologe. Ich war der Typ, der die Eruption, bei der sechs andere Wissenschaftler umgekommen waren, überstanden hatte. Ich war der Typ von der Titelseite der *New York Times*. Beim Einkaufen wurde ich von Leuten wiedererkannt. Für Freunde und Bekannte wurde ich zu demjenigen, der es geschafft hatte, lebend vom Vulkan herunterzukommen. Ich wurde zu »Mister Galeras«.

Meine Bekanntheit hatte noch einen weiteren bedauerlichen Aspekt. Obwohl drei andere Augenzeugen – Mike Conway, Andy Macfarlane und Luis LeMarie – sich an einen anderen Ablauf des Geschehens unmittelbar vor dem Ausbruch erinnerten, hielt ich an meiner Version fest, die die Rolle der anderen herabsetzte. Meinem Gedächtnis zufolge habe ich meine drei Kollegen und die Touristen vom Kraterrand fortgeschickt. Somit war ich der letzte Überlebende, der am Rand des Vulkans stand, als dieser explodierte. Diese Geschichte habe ich der Presse immer wieder erzählt. Einige Kollegen machten mich zwar darauf aufmerksam, dass meine Version stark von jener der anderen Überlebenden abwich, aber ich blieb bei meiner Darstellung, weil ich von ihrer Richtigkeit fest überzeugt war. Ich habe nie behauptet, der einzige Überlebende zu sein, doch in einigen Nachrichtensendungen wurde mir dieses Etikett angeheftet. Als Katie Couric mich dann in der Sendung *Today* den einzigen Überlebenden nannte, widersprach ich nicht. Ich war der Leiter der Exkursion, ich war der Überlebende mit den schwersten Verletzungen, und ich stand an jenem Tag im Mittelpunkt des Geschehens. Aber das reichte nicht, aus welchem Grund auch immer. Ich fuhr fort, das Ausmaß, in dem die drei übrigen Überlebenden betroffen waren, herunterzuspielen, und das bedaure ich. Peter Baxter hat meinen Fall später mit einem Neurologen diskutiert, den er in Cambridge kannte. Aus der Tatsache, dass ich ein subdurales Hämatom erlitten hatte, folgerte der Fachmann, dass ich, nachdem ich am Kopf getroffen worden war, für einige Zeit – vielleicht nur für Sekunden – das Bewusstsein verloren haben musste. Für ihn war es außerdem sehr wahrscheinlich, dass ich mich an die Ereignisse unmittelbar vor dem Schlag nicht mehr voll zu erinnern vermochte. Patienten, die bei einem Autounfall Kopfverletzungen erleiden, können sich oft nicht mehr die letzten Momente vor dem Zusammenstoß ins Gedächtnis zurückrufen, und es ist ihnen auch nicht erinnerlich, dass sie das Bewusstsein verloren haben. Je schlimmer die Verletzung, desto größer der Gedächtnisverlust. Nach meiner Erinnerung stürzten in den letzten Sekunden vor dem Ausbruch Steine an den Kraterwänden herab; meine Kollegen erinnern sich, dass es Minuten vorher war. Nach meiner Erinnerung habe ich meinen Kollegen gesagt, sie sollten mit dem Abstieg vom Kegel beginnen – aber haben sie es dann auch getan? Heute ist mir klar, dass ich wegen des Schlages, der mich am Kopf traf, Ereignisse unmittelbar vor dem Ausbruch vergessen oder durcheinander gebracht haben könnte. Merkwürdig ist nur, dass ich diese Situation so deutlich vor mir sehe. Mike, Luis und Andy werden sagen, meine Version sei falsch. Dass meine Erinnerung an die Ereignisse unmittelbar vor dem Ausbruch fehlerhaft sein könnte, räume ich ein. Da wir aber alle ein Trauma erlitten haben, halte ich auch ihre Darstellung nicht für der Weisheit letzten Schluss.

Wo auch immer die Wahrheit liegen mag, eines ist unbestreitbar: Meine Hirnverletzung mit all ihren physischen und psychischen Auswirkungen hat mir seit dem 14. Januar 1993 täglich zu schaffen gemacht. Das zerschmetterte Bein war unangenehm, aber das ließ sich abstellen. Im Mai 1994, zehn Monate nachdem mir der russische Vogelkäfig verpasst worden war, operierte mich Dr. Russo und nahm mir die Vorrichtung ab. Es hatte geklappt. Der zerstörte Teil meines rechten Unterschenkels war zusammengewachsen, und die Beinverlängerung war gelungen. Ich hatte unterhalb des Knies ein neues, anderthalb Zoll langes Stück Bein, und dank Physiotherapie und Gymnastik lernte ich schließlich, zu laufen ohne zu humpeln.

Doch nur einen Monat später bewies mein beschädigtes Gehirn, dass es nicht so leicht zu heilen war. Am 4. Juni 1994 bereitete ich mich darauf vor, am nächsten Tag nach Chile zu fliegen, um auf einem Vulkan zu arbeiten, der kurz zuvor aktiv geworden war – meine erste Reise zu einem Vulkan seit dem Drama auf dem Galeras. Meine Genesung verlief positiv, und ich war zuversichtlich, wieder meine gewohnte berufliche Tätigkeit aufnehmen zu können.

Wie gewöhnlich wachte ich auf, führte den Hund aus und kroch dann mit einer Tasse Kaffee für Lynda wieder ins Bett. Sie erinnert sich, dass sie durch ein heftiges Rütteln aus einem gesunden Schlaf erwachte. Zuerst dachte sie, es sei der Hund, der morgens fast immer auf unser Bett springt, aber dann drehte sie sich um und sah, wie ich mit den Armen um mich schlug. Meine Augen waren verdreht, der Körper starr, das Gesicht lief blau an. Ich durchlitt einen epileptischen Anfall; die Neurologen hatten die ganze Zeit damit gerechnet, aber Lynda und ich dachten, dass es mir erspart bliebe. Der Anfall legte sich, und als ich wieder zu Bewusstsein kam, beugte Lynda sich über mich.

»Stanley! Kannst du mich hören? Weißt du, was passiert ist? Wir müssen sofort ins Krankenhaus. Du hattest einen Anfall, und sie müssen dich untersuchen.«

Mein Sohn Nick, der so ziemlich alle Comedy-Serien im Fernsehen kennt, darunter auch »Frasier«, kam während des Anfalls ins Schlafzimmer, sah, was los war, rannte die Treppe hoch und verkündete seiner Schwester: »Papa hat einen Frasier!«

Das war das Einzige, was ich an der Sache lustig fand. Die Reise nach Chile fiel ins Wasser, der Anfall war ein großer Rückschlag. Ein epileptischer Anfall gleicht einem elektrischen Gewitter im Gehirn, einer exzessiven Entladung von Neuronen, die tödlich enden kann. Eine größere Hirnläsion, erklärten meine Neurologen, hätte häufig Anfälle zur Folge, gegen die man etwas tun müsse. Ich begann Dilantin einzunehmen, das erste von mehreren Antiepileptika, die ich ausprobieren sollte. Mir kam die Arznei schlimmer vor als die Krankheit, denn ich wurde von Schläfrigkeit, Reizbarkeit und anderen Symptomen heimgesucht, die einer Ehe nicht gut tun. In den 18 Monaten seit der Eruption war Lynda eine geduldige und einfühlsame Pflegerin gewesen, und unsere Beziehung kam allmählich wieder ins Lot. Doch nach dem Anfall begann eine Abwärtsentwicklung in unserer Ehe.

Oft werde ich von Leuten gefragt, ob ich nicht, nachdem ich dem Tod so nahe war, jeden Morgen beim Erwachen Gott danke, dass ich noch am Leben bin. Ob ich nicht das Leben mit anderen Augen sehe und intensiver lebe als vorher, wollen sie wissen. Gern täte ich ihnen den Gefallen, in einem bewegenden Zeugnis zu erklären, ich sei ein anderer Mensch geworden. Leider kann ich es nicht. Natürlich bin ich dankbar, mit dem Leben davongekommen zu sein, und anfangs erschien mir das Leben wirklich süßer. Doch dieses Gefühl verlor sich allmählich, und ich musste einsehen, dass ich nicht »ein anderer Mensch geworden« war, aber mich verändert hatte. Ich brachte Wörter und Zahlen durcheinander, vergaß leicht etwas, wurde rasch müde, kam mit der Arbeit nicht mehr so voran, konnte mich schlecht konzentrieren, hatte Schwierigkeiten, die Dinge in den Griff zu kriegen – und was das Betrüblichste war: Das höhere, abstrakte Denken, auf das es bei der wissenschaftlichen Forschung ankommt, fiel mir schwer.

Vor 1993 hatte ich immer drei oder vier Studenten, die bei mir ihr Diplom machen wollten, und jederzeit jonglierte ich mit mehreren laufenden Projekten. Forschungsmittel einzuwerben war für mich ein Kinderspiel. Doch in dem Maße, wie meine Genesung voranschritt, fiel mir auf, dass die Studenten, die Forschungsmittel und die Forschungsprojekte verschwanden. Es ärgerte mich, dass ich nicht mehr der Wissenschaftler war, der ich einmal gewesen war, es ärgerte mich, dass ich mich so schlecht fühlte, und es ärgerte mich, dass meine Familie unter meinem Zustand litt. Die Erfahrung, dass die geistigen und körperlichen Fähigkeiten nachlassen, zieht sich bei den meisten Menschen über Jahrzehnte hin. An mir konnte ich es mit eigenen Augen innerhalb von ein, zwei Jahren beobachten, und das machte mich wütend. Aber das hat auch sein Gutes, denn es war mein Zorn, mein Wunsch, wieder der Wissenschaftler zu sein, der ich einmal war, was mich in den letzten sieben Jahren aufrechterhalten hat.

Von alledem ließ ich mir äußerlich nichts anmerken. Im August 1994 reiste ich zum ersten Mal – von insgesamt sechs Malen – wieder auf den Galeras, und mehrmals war ein Fernsehteam dabei. Ich war kaum mit den Leuten von *Dateline NBC* gelandet, als der Galeras begann, langperiodische *Tornillo*-Signale zu senden. Diesmal traute ich mich nicht in die Nähe des Kraters, aber dem Reporter Robert Bazell erklärte ich, was ich seither jedem Reporter erklärt habe: dass der Galeras mich nicht besiegt, dass ich keine Angst vor dem Vulkan hätte. Dass ich ihn weiterhin studieren würde. Dass ich den Galeras am Ende bezwingen würde.

Ein Jahr darauf ging ich zum ersten Mal wieder in den Krater. Es war wieder so bewölkt wie am 14. Januar 1993, als ich, meine Befürchtungen beiseite schiebend, die Böschung des Amphitheaters hinabstieg. Als ich den Kegel erklomm und mich mühsam durch das Geröll arbeitete, auf dem ich und die anderen niedergestreckt worden waren, spürte ich eine gewisse Unruhe. Doch ich konzentrierte mich auf die Gasproben, die Marta und ich nahmen, und sagte mir, dass der Blitz schon nicht zweimal hintereinander an derselben Stelle einschlagen wird. Tags darauf wagte ich mich wieder in den Krater, was ich schon oft ohne Schwierigkeiten getan hatte. Aber diesmal erschöpfte mich der zweite Aufstieg. Ich kam nur mit Mühe wieder die Wand des Amphitheaters hinauf. Geschwächt, wie ich war, bekam ich drei Tage später eine Lungenentzündung und musste für zwei Tage ins Krankenhaus von Pasto. Wieder einmal zeigte mir der Galeras, wer der Herr im Hause ist.

Obwohl ich merkte, dass ich nur noch mit halber Kraft arbeitete, reiste ich weiter durch die Welt, um aktive Vulkane zu studieren. Während einer schleichenden Depression und endloser Selbstzweifel – ein quälendes Gefühl, das ich vor der Eruption nicht gekannt hatte – hielten mich die Ziele aufrecht, die das Motiv meiner Berufswahl waren: die Vorhersage von Vulkanausbrüchen zu verbessern und Menschenleben zu retten. Ich war stolz auf die Arbeit, die ich 15 Jahre lang als Vulkanologe geleistet hatte, und ich wollte dem Galeras um keinen Preis zugestehen, dass er ihr ein Ende machte. In Dick Stoibers Fußstapfen tretend, verbesserte ich die Anwendung des Korrelations-Spektrometers, und ich bereiste weiterhin Vulkane, von Mittelamerika bis zu den Kurilen im Fernen Osten Russlands, um vulkanische Gase zu untersuchen. 1994 spürte ich wieder den vertrauten Adrenalinstoß, als ich nach Mexiko eilte, um das Schwefeldioxid zu messen, das aus dem erneut aktiv gewordenen, 5465 Meter hohen Popocatépetl strömte. Einige Monate später flog ich nach Papua-Neuguinea, wo die beiden Vulkane Vulcan und Tavurvur gleichzeitig ausbrachen.

Die acht Kilometer auseinander liegenden Vulkane, die Simpson Harbor einrahmen, liegen auf dem Außenrand einer großen Caldera, die in den letzten 5000 Jahren durch massive Eruptionen entstanden ist. Die blauen Wasser der Bucht bedecken die Überreste eines alten, implodierten Vulkans und bilden einen hervorragenden natürlichen Hafen, der im Zweiten Weltkrieg ein Bollwerk der Japaner war. Beide, Vulcan und Tavurvur, sind etwa zehn Kilometer von der 50000 Einwohner zählenden Stadt Rabaul entfernt, und als sie gleichzeitig ausbrachen, fürchteten wir, dass die ganze Caldera kurz vor einer katastrophalen Eruption stehen könnte.

In den Achtzigerjahren war die Caldera von zahlreichen Erdbeben erschüttert worden und hatte sich um 90 Zentimeter gehoben.

Wissenschaftler vom Vulkan-Observatorium Rabaul leisteten Hervorragendes bei der Aufklärung der Bevölkerung über die Gefahr, der Festlegung von Fluchtwegen und der spielerischen Einübung von Evakuierungsmaßnahmen. Ich war 1983 und 1989 dort, nahm Gasproben und unterwies die Wissenschaftler in der Anwendung eines Korrelations-Spektrometers, das sie mit meiner Hilfe von Kanada erwarben.

Am 18. September 1994 wurde Rabaul von mehreren Erdbeben erschüttert. Am nächsten Morgen um sechs eröffnete der Tavurvur den Ausbruchsreigen. Kurz danach brach der vom selben Magmakörper gespeiste Vulcan aus, dessen Aschen- und Gassäule 19 Kilometer in den Himmel ragte. Die Einwohner von Rabaul räumten die Stadt in rascher, geordneter Weise, und das war gut, denn innerhalb weniger Stunden war die Stadt unter einer rund 50 Zentimeter dicken Aschenschicht begraben, deren Gewicht viele Dächer einstürzen ließ. Dank der reibungslosen Evakuierung starben nur fünf Menschen.

Ich kam mehrere Tage nach dem Beginn der Eruptionen und flog über eine Stadt, deren üppiges Grün durch den Aschenregen vernichtet worden war. Tausende von flüchtig errichteten Bauten waren zu einem grauen Trümmerhaufen zusammengestürzt. Mein Student Steve Schaefer und ich richteten das Korrelations-Spektrometer aus dem Flugzeugfenster und maßen 23000 Tonnen SO_2, die täglich aus der Mündung des Tavurvur schossen, eine gewaltige Menge. Sie sank innerhalb von zehn Tagen auf 2700 Tonnen täglich, ein klarer Hinweis darauf, dass Tavurvur – Vulcan hatte seine Aktivitäten bereits eingestellt – den Höhepunkt seines Ausbruchs hinter sich hatte, auch wenn die Aschenfahne noch immer aus dem Krater schoss.

Schaefer und ich flogen außerdem mit einem Hubschrauber zum Fuß des Tavurvur, wo die Asche fast 90 Zentimeter hoch war, und schaufelten einen Querschnitt des vulkanischen Auswurfs zusammen. Wir befanden uns nur 800 Meter unterhalb des Kraters, und das Krachen der Eruptionen war ohrenbetäubend. Wir spürten die Stoßwelle der Explosionen, und als wir aufschauten, sahen wir Blöcke so groß wie Kühlschränke aus der Mündung des Tavurvur fliegen. Der Ausbruch des Galeras lag erst 20 Monate zurück und war mir noch frisch in Erinnerung, weshalb wir die Asche in größter Eile zusammenrafften. Der Hubschrauber stand mit laufendem Motor in der Nähe.

Aus der chemischen Zusammensetzung der Aschenproben vermochten wir zu ermitteln, dass das Magmareservoir, das die Vulkane speiste, allmählich zur Neige ging. Auf Grund dieser Feststellung konnten wir – in Verbindung mit den nachlassenden SO$_2$-Emissionen – gegenüber den Behörden mit akzeptabler Gewissheit erklären, dass der Höhepunkt der Eruption vorüber war. Wir hatten die Ereignisse nicht vorhergesagt, aber wir leisteten unseren Beitrag zur Beantwortung zweier wichtiger Fragen, die sich im Gefolge einer Eruption stellen: Ist es wirklich vorbei, und können die Leute in ihre Häuser zurückkehren?

In den letzten 25 Jahren hat die Vulkanologie so rasche und so weit gehende Fortschritte gemacht, dass es uns inzwischen möglich ist, manche Eruptionen vorherzusehen. Mit zunehmender Genauigkeit können wir ermitteln, wann ein Vulkan sich aufheizt. Als große Frage bleibt, ob die gesteigerte Aktivität nur »Rauschen der Natur« ist oder ob ein Ausbruch bevorsteht. In dieser Hinsicht bleibt noch viel zu tun. So würde denn auch kein Vulkanologe jemals das Wort »vorhersagen« benutzen. Schon das Wort »vorhersehen« macht uns nervös. Aber wenn alles sich gut entwickelt – wenn ein Vulkan sich lehrbuchmäßig verhält und wir eine Menge Geld und Arbeitszeit investieren –, können wir auch auf Erfolge verweisen. Ein Beispiel war der Pinatubo auf den Philippinen.

Dieser auf der Hauptinsel Luzon gelegene, 1750 Meter hohe Vulkan war seit 500 Jahren nicht ausgebrochen. Er wirkte harmlos, aber ausweislich der geologischen Funde hatte er in den letzten 5500 Jahren bei drei gewaltigen Eruptionen umfangreiche pyroklastische Ströme, Schlammfluten und Aschenfälle erzeugt.

Ende 1990, Anfang 1991 kündigte eine Reihe von Erdbeben das Ende der Untätigkeit des Pinatubo an. Philippinische und amerikanische Beobachter verfolgten das Geschehen sehr aufmerksam, nicht zuletzt, weil die Clark Air Force Base, ein US-amerikanischer

Stützpunkt mit 14 500 Soldaten und ihren Angehörigen, nur 24 Kilometer entfernt war. Chris Newhall, ebenfalls ein Zögling von Dick Stoiber, kam Ende April mit einem Trupp von USGS-Wissenschaftlern, die seit langem eng mit philippinischen Geologen zusammenarbeiteten. Die Philippinen sind ein Land mit hoher vulkanischer Aktivität, und ihre Wissenschaftler kennen sich – ebenso wie das USGS-Team – damit aus, einem aktiven Vulkan bei einem Kurzbesuch rasch den Puls zu fühlen. (Der Erfolg am Pinatubo verweist auf ein Paradox der Vulkanologie: Wir bräuchten mehr Eruptionen, um sie exakter prognostizieren zu können. Wenn die Meteorologen heute zuverlässig die Wege von Wirbelstürmen vorherzusagen im Stande sind, dann deshalb, weil sie Hunderte von Stürmen studieren konnten.)

Philippinische und USGS-Vulkanologen errichteten ein Netz von sieben seismischen Stationen rings um den Pinatubo und beobachteten im Mai und Anfang Juni eine zunehmende Zahl von Erdbeben unter dem Vulkan. Sie stellten außerdem langperiodische Beben fest, ein Zeichen dafür, dass magmatische Fluide an die Oberfläche drangen. Die Fumarolen des Vulkans wurden mit steigendem Gasdruck zu donnernden Austritten. Mit Hilfe eines Korrelations-Spektrometers ermittelten die Geologen eine drastische Zunahme der Schwefeldioxid-Emissionen. Am 31. Mai gingen die SO_2-Emissionen dann plötzlich zurück, ein Hinweis darauf, dass die Öffnungen des Vulkans verstopften.

Am 7. Juni grollten 1500 Beben unter dem Vulkan. Da die Geologen eine unmittelbar bevorstehende Eruption erwarteten, begannen die lokalen Behörden mit der Evakuierung von 58 000 Menschen, die im Umkreis von 32 Kilometern in gefährdeten Bereichen wohnten, zu denen auch die Flusstäler zählten, die im Ernstfall pyroklastische Ströme und Schlammlawinen aufnehmen würden. Um die Gefährlichkeit des Pinatubo zu veranschaulichen, führten die Geologen das Video »Understanding Volcanic Hazards« von Maurice Krafft vor, und viele wurden von der Notwendigkeit der Evakuierung überzeugt. Während der Vorführung des Films wurden Maurice und Katia von dem pyroklastischen Strom am Unzen getötet.

Am 10. Juni, als die Flanken des Pinatubo schwollen und sich in seinem Krater ein Magmadom bildete, evakuierte die amerikanische Regierung 14 500 Soldaten und ihre Angehörigen auf der Clark Air Force Base. Zwei Tage später schleuderten zwei Eruptionen eine Gas- und Aschensäule 21 Kilometer empor und deponierten Asche in der Umgebung. Am 15. Juni erreichte der Ausbruch des Pinatubo seinen Höhepunkt. Eine klassische plinianische Eruption schleuderte eine Säule aus Asche und Gas 33 Kilometer in den Himmel empor und ließ pyroklastische Ströme entstehen, die 16 Kilometer weit die Flusstäler hinunterrasten und soeben erst evakuierte Dörfer verschlangen. Gleichzeitig streifte ein gewaltiger Taifun die Insel Luzon, und durch die Verbindung von Ausbruch und Wirbelsturm entstanden rund zehn große Schlammströme, die sich bis in eine Entfernung von 25 Kilometern vom Krater ergossen. Über einer Fläche von 4000 Quadratkilometern ging eine fünf Zentimeter dicke Aschenschicht nieder, die auch die Clark Air Force Base unter sich begrub. Der Ausbruch des Pinatubo warf siebenmal soviel Schutt aus wie der Mount Saint Helens und zählt zu den mächtigsten Eruptionen des 20. Jahrhunderts. Es kamen jedoch relativ wenige Menschen um – etwa 300 –, von denen die meisten von Hausdächern erdrückt wurden, die unter dem Gewicht der Asche einstürzten.

Die Wissenschaftler vor Ort konnten den Ausbruch vorhersagen, weil der Vulkan seine Aktivität stufenweise steigerte und klare Signale aussandte, dass er sich zu einer großen Explosion rüstete. Die philippinischen und amerikanischen Geologen leisteten bei der Beobachtung des Vulkans hervorragende Arbeit, und als sein Ausbruch unmittelbar bevorstand, hatten die Behörden über 10 000 Menschen evakuiert. Hätte man nichts getan, wären vielleicht Tausende oder gar Zehntausende getötet oder verletzt worden.

Unsere Fähigkeit zu einer weiteren Vorhersage wie am Pinatubo wächst zusehends. Die verlässlichsten Methoden zur Enthüllung der Aktivität eines Vulkans sind nach wie vor die Beobachtung seiner seismischen Signale und die Ermittlung seiner Gasemissionen. Die Erdbebenüberwachung mit Hilfe ausgeklügelter Computerprogramme hat inzwischen einen solchen Stand erreicht, dass Wissenschaftler nachträglich so etwas wie ein CT-Bild vom Inneren des Pinatubo vorlegen konnten, aus dem die Größe seiner Magmakammer hervorging. Bei weiteren Fortschritten der Seismologie wird es meinen Kollegen vielleicht einmal möglich sein, solche Bilder in Echtzeit zu erzeugen und das Aufsteigen des Magmas zur Oberfläche zu verfolgen. Sie werden mit anderen Worten zu etwas im Stande sein, wovon die Geologen schon immer träumen: in die Erde hineinschauen.

Das alles erfordert mehr Geld, und davon bekommt die Vulkanologie wenig. Die NASA verfügt jährlich über rund 14 Milliarden Dollar. Was die amerikanische Bundesregierung für die Vulkanforschung aufwendet, ist im Vergleich dazu verschwindend wenig. Die National Science Foundation vergibt jährlich etliche Millionen Dollar an Forschungsmitteln, und der USGS erhält rund 20 Millionen Dollar im Jahr. Schon zusätzliche 10 Millionen Dollar würden unsere Wissenschaft erheblich voranbringen.

Wann und wo wird sich die nächste vulkanische Katastrophe ereignen? Wir wissen es im Grunde nicht, aber es gibt einige Dinge, die wir mit Sicherheit sagen können. Erstens: 1500 aktive Vulkane weltweit bedrohen potenziell rund 500 Millionen Menschen. Zweitens: Das rapide Bevölkerungswachstum in den Entwicklungsländern führte dazu, dass weit mehr Menschen als jemals zuvor in der Nähe von Vulkanen leben. Drittens: Jedes Jahr brechen weltweit rund 50 Vulkane aus. Viertens: Eine Eruption wie am Mount Saint Helens erlebt die Welt alle zehn Jahre, einen Ausbruch wie den am Pinatubo können wir alle 100 Jahre beobachten, und mit einer so massiven Eruption wie der des Tambora ist alle 500 bis 1000 Jahre zu rechnen. Fünftens: Die Erde ist von weit mächtigeren Eruptionen als diesen geformt worden, und irgendwann – vielleicht in 2000, vielleicht in 50 000 Jahren – werden wir einen apokalyptischen Ausbruch erleben, der Millionen von Menschenleben fordern und das Erdklima nachhaltig verändern könnte. Doch 50 000 Jahre – das ist weit weg, und lange vorher könnte uns eine andere Katastrophe erledigt haben.

Ich begriff erst nach und nach, welche Gefahr die Vulkane der

Erde darstellen. 1978 verhalf Dick Stoiber mir zu der Einsicht, dass rund 90 Prozent der Bevölkerung Guatemalas auf Ablagerungen von pyroklastischen Strömen leben. Zwei Jahre später beobachtete ich am Mount Saint Helens, welch phänomenale Zerstörung ein Ausbruch anrichten kann, der aus geologischer Sicht ziemlich geringfügig war. 1983 in Indonesien war es wiederum Dick Stoiber, der mich ermutigte, die Realitäten zu sehen und zu erkennen, dass 175 Millionen Einwohner des Landes in einem Gebirge von hochexplosiven Vulkanen leben, darunter der Tambora und der Krakatau. 1985 am Nevado del Ruiz erfuhr ich aus nächster Nähe, dass ein ferner Vulkan innerhalb von Stunden eine ganze Stadt auslöschen kann.

Die Vereinigten Staaten haben 67 Vulkane, die in den letzten Jahrtausenden aktiv waren, davon 15 in den Staaten des Westens, 52 in Alaska und 10 auf Hawaii. Am aktivsten sind die in Alaska, aber sie liegen durchweg weit von menschlichen Ansiedlungen entfernt. Von den 15 aktiven Vulkanen in den westlichen Bundesstaaten sind einige periodisch aktiv, einige liegen in der Nähe großer Ballungsräume, und die meisten sollten genauer beobachtet werden. Einer der größten unberechenbaren Faktoren ist der Mammoth Mountain, ein malerischer, 3390 Meter hoher Gipfel in der kalifornischen Sierra Nevada östlich des Yosemite-Nationalparks. An Winterwochenenden strömen 30000 Skifahrer und Touristen in das Gebiet um den Mammoth Mountain, von denen die wenigsten wissen, dass sich unter den Abhängen, die sie hinuntersausen, ein aktives Vulkansystem befindet. Mammoth liegt am Rand der Long-Valley-Caldera, eines 32 mal 16 Kilometer großen Beckens, das vor 700000 Jahren durch eine Eruption entstand, die 500-mal mächtiger war als der Ausbruch des Mount Saint Helens. Long Valley hat jedoch noch vor 500 Jahren Eruptionen erlebt, und in den letzten 20 Jahren haben zahlreiche Anzeichen – Kohlendioxidemissionen, die Anhebung des Calderabodens und zahllose Erdbeben, darunter eines, das ein Schulgebäude in der Nähe stark beschädigte – uns daran erinnert, dass dieses Vulkansystem alles andere als untätig ist. USGS-Wissenschaftler rechnen in der nächsten Zeit nicht mit einem Ausbruch, aber sie beobachten den Mammoth Mountain und das Long Valley aufmerksam – machen sie uns doch deutlich, dass das, was wir als *terra firma*, als festes Land, wahrnehmen, oft von Natur aus unbeständiger Boden ist.

Der Mount Saint Helens ist das augenfälligste Beispiel eines gefährlichen Vulkans, doch seine Nachbarn in der Kaskadenkette sind alles andere als harmlos. Einer der Vulkane, die uns Sorgen machen, ist der Mount Rainier, den die Vereinten Nationen zusammen mit dem Galeras zum »Dekadenvulkan« erklärten, einem Vulkan, der intensiv beobachtet werden sollte. Der Rainier ist 4390 Meter hoch und knapp 120 Kilometer von Seattle entfernt, dessen Vororte sich immer näher an den Vulkan heranschieben. Der letzte Ausbruch erfolgte 1825, und von hochexplosiven Eruptionen ist nichts bekannt. Sein Gipfel ist jedoch mit Schnee und Eis bedeckt, und schon eine kleine Eruption – wie die von 1985 am Nevado del Ruiz – könnte beträchtliche Schlammströme auslösen. In der Umgebung des Mount Rainier findet man Anzeichen früherer Schlammströme, darunter die Osceola-Ablagerung, die 35-mal so mächtig ist wie der *lahar* des Nevado del Ruiz. Vor 5000 Jahren ergossen sich die Osceola-*lahars* von den Hängen des Mount Rainier und reichten bis zum Puget Sound, 80 Kilometer nach Nordwesten vom Vulkan entfernt. Auf diesen Ablagerungen leben rund 100000 Menschen, und ihre Zahl wächst von Jahr zu Jahr. Der USGS hat seismische Messstationen auf dem Berg errichtet und müsste im Fall eines Ausbruchs frühzeitig Bescheid wissen. Die Behörden sollten jedoch die Anzeichen der alten Osceola-Ablagerungen beachten und die Bebauung in *lahar*-Zonen längs der Flusstäler beschränken. Wenn die Vulkanologie uns etwas gelehrt hat, dann dies: Die Vergangenheit ist das Vorspiel des Kommenden.

Es gibt keinen klareren Beleg für dieses Axiom als den Vesuv. Wenn die Vulkanologen sich heute auf der Erde umschauen, wo eine Katastrophe drohen könnte, dann steht der Vesuv bei allen ganz oben auf der Liste. Der berühmteste Vulkan der Welt hat alles, was für ein richtiggehendes Desaster nötig ist. Er ist in den letzten 2000 Jahren regelmäßig ausgebrochen und hat dabei eine bunte Mischung von tödlichen und zerstörerischen vulkanischen

Gefahren entfesselt, darunter pyroklastische Ströme, Aschenfälle, Tsunamis und Lavaströme. Gegenüber den Jahren 79 oder 1631, als bei mächtigen plinianischen Eruptionen Tausende umkamen, hat die Bevölkerung im Umkreis des Vesuv, in dem auch Neapel liegt, um ein Vielfaches zugenommen. Innerhalb der Reichweite dieses Vulkans leben heute drei Millionen Menschen, und mit 19000 Einwohnern pro Quadratkilometer ist die Region eine der am dichtesten bevölkerten der Welt. Innerhalb einer Sechs-Kilometer-Zone um den Vulkan sind etwa eine Million Menschen beheimatet, und nach der Einschätzung von Fachleuten wie Peter Baxter wären sie bei einem größeren Ausbruch fast alle gefährdet.

Die letzte große Eruption des Vesuv erfolgte im Jahre 1944, also vor rund zwei Generationen, eine hinreichend große Zeitspanne, um die Menschen vergessen zu lassen, welche Gefahr der Vulkan darstellt. Heute breiten sich an seinen Hängen Siedlungen und Weinberge aus, wie schon zu Zeiten Plinius' des Älteren. Die Stadt Torre del Greco, unmittelbar südlich des Vesuv am Golf von Neapel gelegen, ist in den letzten Jahrtausenden mehrmals zerstört worden. Dennoch zählt sie heute so viele Einwohner wie noch nie. Neapel selbst liegt zwischen dem großen Vulkan und den Campi Phlegraei, den »Flammenden Feldern«, aus deren Spalten Asche, pyroklastische Ströme und Lava austreten.

Um zu begreifen, was der Vesuv heute in der Region Neapel anrichten könnte, braucht man nur nachzulesen, was Plinius der Jüngere geschrieben hat, und die geologischen Zeugnisse zu betrachten. Plinius der Jüngere und seine Mutter wurden vom äußeren Rand eines pyroklastischen Stroms eingeschlossen, der vom Vesuv über den Golf von Neapel hinweg bis zum 32 Kilometer westlich gelegenen Misenum raste. Auf seinem Weg liegen heute dicht bevölkerte Bezirke Neapels und seiner Umgebung. Ein solcher pyroklastischer Strom könnte derzeit alles, was auf seinem Weg liegt, zerstören und Neapel in Brand stecken. Plinius' Onkel kam in dem abgeschwächten Ausläufer eines pyroklastischen Stroms um, der bis zum 16 Kilometer südlich des Vulkans gelegenen Stabiae reichte. Eine solche Nuée ardente würde nun zahlreiche Städte, Dörfer und Vororte im Schatten des Vesuv verheeren.

Der Ausbruch von 79 ist nur eine von vier großen plinianischen Eruptionen, die den Vesuv in den letzten 2000 Jahren erschüttert haben; die anderen ereigneten sich in den Jahren 472, 512 und 1631. Bei der Eruption von 1631 kamen in pyroklastischen Strömen und Aschenfällen mindestens 4000 Menschen um. Der Vulkan hat sich daneben in Dutzenden kleinerer Ausbrüche bemerkbar gemacht, die sich zwischen 1631 und 1944 auf 18 Eruptionszyklen verteilen. Viele dieser Eruptionen forderten Menschenleben, darunter auch der Ausbruch von 1794, den Sir William Hamilton beschrieb und dem über 400 Menschen zum Opfer fielen.

Vulkanologen können fast immer sagen, ob der Vesuv (oder sonst ein Vulkan) sich aufheizt. Das Problem ist, dass wir oft nicht sagen können, ob er und gegebenenfalls wann er ausbrechen wird. Darunter leidet unsere Glaubwürdigkeit beim allgemeinen Publikum. So war es etwa Anfang der Achtzigerjahre, als der Südrand der Phlegräischen Felder von einer Erdbebenserie erschüttert wurde und zugleich die Erde sich unter dem Druck aufsteigenden Magmas zu wölben begann. In der Hafenstadt Pozzuoli hob sich der Boden am Hafen um rund 2,40 Meter, sodass Boote nicht mehr am Kai festmachen konnten. Im Oktober 1984 wurden klugerweise 40000 Menschen aus Pozzuoli und Umgebung evakuiert. Als es dann nicht zu einem Ausbruch kam, warfen Einwohner und Politiker den Wissenschaftlern wütend vor, sie hätten blinden Alarm geschlagen. Die Entscheidung, eine Evakuierung anzuordnen, war wie immer keine einfache Sache. Manchmal gibt der weitere Verlauf den Wissenschaftlern und Politikern Recht, wie etwa am Pinatubo. Es kommt aber auch vor, wie eben in Pozzuoli, dass wir auf Nummer sicher gehen und uns dann den Zorn der Öffentlichkeit zuziehen.

Am Vesuv traten solche Probleme verschärft zu Tage, weil unter italienischen Vulkanologen heftig darüber gestritten wurde, wie man der Gefahr am besten begegnet. Das Vesuv-Observatorium, das erste seiner Art überhaupt, hat zusammen mit Zivilschutz-Verantwortlichen einen Katastrophenplan aufgestellt, der die am stärksten gefährdeten Gebiete definiert und Evakuierungsmaßnahmen vorschreibt. Sollte der Vesuv wieder erwachen, wird das Observatorium je nachdem, wie hoch die Gefahr eingeschätzt wird, einen siebenstufigen Alarmzustand erklären. Vorgesehen ist, innerhalb von sieben Tagen mindestens 600 000 Menschen per Bahn zu evakuieren. Kritiker, zu denen auch der umstrittene Vulkanologe Flavio Dobran gehört, haben gegen diese Strategie jedoch eingewandt, dass der Vulkan der Region unter Umständen nicht eine ganze Woche Zeit lässt, bevor er ausbricht, und dass es zu einem unbeschreiblichen Chaos führen würde, wollte man über eine halbe Million Menschen per Bahn in Sicherheit bringen. Dobran hat als Theoretiker den Ablauf künftiger Eruptionen und pyroklastischer Ströme in Computermodellen durchgespielt und besteht darauf, dass weit mehr nötig ist als ein massiver Evakuierungsplan. Vielmehr sollten die Menschen, die in den am stärksten gefährdeten Gebieten leben, lange vor einer künftigen Eruption auf Dauer ausgesiedelt werden, und es sollten feste, hermetische Schutzbunker errichtet werden, in die sich die Leute vor pyroklastischen Strömen flüchten können.

Unterdessen bereitet der Vesuv sich möglicherweise auf seinen nächsten Auftritt vor. Jüngste Untersuchungen zeigen, dass seit der letzten Eruption im Jahre 1944 eine große Magmamenge – bis zu 1,9 Millionen Kubikmeter – unter dem Vulkan aufgestiegen ist. Falls der Gasdruck wächst und der Magmakörper ausbricht, könnte es zu einem Ausbruch kommen, der dem von 1631 nicht nachsteht.

Auf einem Gemälde von dieser Eruption sieht man den rauchenden Kegel des Vesuv, dessen Höhe durch die Explosion um 500 Meter schrumpfte, über der gebogenen Uferlinie des Golfs von Neapel aufragen. Man sieht Hunderte von Menschen in panischer Angst vor dem Ausbruch fliehen. Im Übrigen zeigt das von Westen her ausgeführte Panoramabild jedoch eine idyllische Landschaft, hier und da unterbrochen durch Bauernhöfe und Häuser.

Das Bild des Vesuv hat sich bis heute, 370 Jahre später, nicht sehr verändert. Wo jedoch einst ein paar Dutzend Bauten und Felder waren, leben heute drei Millionen Menschen, von denen die meisten nichts von der Gefahr wissen, die einen auffälligen Hintergrund zu ihrem Alltagsleben bildet.

12

DEN GALERAS ÜBERLEBEN

Mineralverkrustete Fumarolen und dampfende Krater und all das, was sie über die Macht der Erde andeuten, üben immer noch eine starke Anziehungskraft auf mich aus. Ich kann zwar nicht mehr so schnell gehen, aber es gibt kaum einen Ort, an dem ich lieber wäre als auf einem Vulkan. Wenn ich mich neben einem Spalt niederhocke und Gasproben nehme, während die Wolken über die Berge hinziehen, empfinde ich eine Zufriedenheit, die ich im Tiefland nicht mehr verspüre.

Vor kurzem war ich mit Marta wieder auf dem Galeras, hielt das Titanrohr der Probenflasche in die Deformes-Fumarole und warf einen Blick auf den Krater. Ein Teil des südwestlichen Randes war in die Mündung des Vulkans gesunken, und zurück blieb ein Wall von zerklüfteten Andesitblöcken, der den südlichen mit dem westlichen Rand verband. Der Vulkan war seit Jahren ruhig, abgesehen von einem gelegentlichen kleinen Ausbruch, und die Gase strömten mit mäßigem Druck und mäßiger Temperatur aus dem Kratergrund. Während wir auf der Kante des Kraters zum westlichen Rand gingen, verzog sich die Bewölkung und gab den blauen Himmel frei. Die äquatoriale Sonne überflutete die Täler des Azufral und des Guaitara mit Licht. Wir standen hoch über allem und blickten auf die Kaffeeplantagen und den Urwald hinab, die sich fast 3000 Meter unter uns ausbreiteten. Mein Glück wurde einzig getrübt durch das umständliche Hinaufkraxeln in der Böschung des Amphitheaters, bei dem ich alle paar Schritte eine Pause einlegen musste. Nie hatte ich diese Erschöpfung gekannt, und mit keuchendem Atem stieß ich kurze, unverständliche Flüche aus.

Der Galeras gehört jetzt Marta. Wir sind gute Freunde geblieben – mehr noch, seit dem Ausbruch sind wir enge Freunde geworden. Als ihr Doktorvater war ich in der heiklen Situation, einem Komitee vorzustehen, das eine Beurteilung über die Frau abgeben sollte, die mir das Leben gerettet hatte. Ich fragte Ed Stump, den Vorsitzenden unseres Departments, ob ich mich als ihr Doktorvater wegen Befangenheit ablehnen solle. Er sagte, er kenne keinen Präzedenzfall und ich solle Marta weiter durch den Dissertationsprozess begleiten. Sie wurde 1995 promoviert.

18 Monate nach der Eruption war Marta im Begriff, ihre Forschungen zur Eruptionsgeschichte des Galeras abzuschließen. Ich unternahm mit ihr eine aufreibende eintägige Wanderung, die uns 18 Kilometer weit über die steilen, bewaldeten Kämme führte, die vor 500 000 Jahren einmal die Flanken eines Vorgängers des Galeras bildeten. Sie beschrieb die einstigen Lavaströme und die U-förmigen Täler, die vor 9000 Jahren von Gletschern in die vulkanische Landschaft gekerbt worden waren. Es ging ein kalter Regen nieder, und manchmal kämpften wir uns mühsam durch knietiefen Schlamm. Aber trotz des Morasts und meiner zunehmenden Erschöpfung freute ich mich darüber, dass sie die Geschichte des Galeras so gründlich erhellt hatte.

Zwar reise ich nicht mehr so oft zum Vulkan wie früher, aber ich schaffe es doch, mich ungefähr einmal im Jahr mit Marta zu treffen, entweder in den Vereinigten Staaten oder in Kolumbien. Jedes Mal erkundigt sie sich, wie weit ich mich von den Ereignissen erholt habe, aber sie ist ein verschlossener Mensch, und wir sprechen selten über den Ausbruch und seine Auswirkungen auf ihr Leben. Einmal habe ich nicht lockergelassen, und da sagte sie mir, das Schwerste seien für sie der Tod ihres engen Freundes José Arlés Zapata und dessen Folgen für seine Witwe Monica. Das Drama vom Nevado del Ruiz war eine weit größere Tragödie gewesen, aber es ging ihr nicht so nahe wie die Katastrophe vom Galeras. Die Opfer in Armero waren für sie Unbekannte, aber José Arlés und Nestor hatten ihr nahe gestanden, und die anderen Wissenschaftler, die umgekommen waren, hatte sie zumindest gekannt. Es war Marta, die Igors Tochter, Geoffs Tochter und Fernando Cuencas Witwe nach der Eruption auf den Galeras begleitete. Von diesen Besuchen sprach sie kaum, und wenn, dann sagte sie nur, dass das Leid dieser Frauen sie tief berührt habe.

Seit dem Ausbruch haben Marta und ihr zwölfköpfiges Observatoriumsteam den Vulkan genau beobachtet und viel über das seismische Rumpeln und die Gasemissionen des Galeras in Erfahrung gebracht. Diese Fortschritte gehen großenteils auf die Ausbrüche zurück, die sich vom Februar bis zum Juni jenes Jahres hinzogen und uns klarmachten, welche Bedeutung den *tornillos*, den langperiodischen Beben, auf dem Galeras zukommt. Die Ergebnisse unserer Konferenz und anschließender Untersuchungen auf dem Galeras füllten im Mai 1997 einen ganzen Band des *Journal of Volcanology and Geothermal Research*. Durch die Arbeit von Marta und anderen kolumbianischen und US-amerikanischen Wissenschaftlern sind wir dem Ziel, den nächsten Ausbruch des Vulkans vorherzusagen, näher gekommen als noch vor zehn Jahren.

War dieser Fortschritt das Leben von Igor Menjailow, Geoff Brown, José Arlés Zapata, Nestor García und den anderen wert? Natürlich nicht. Sind sie umsonst gestorben? Ich glaube nicht. Sollte jemand das Gegenteil behaupten, würde ich ihm entgegenhalten, dass man dann den Vulkanologen das Betreten von Vulkanen logischerweise vollends verbieten müsste. Für die Menschen, die in der Nähe von Vulkanen leben, hätte das verheerende Folgen. Am Schreibtisch sind die vulkanologischen Erkenntnisse nicht zu gewinnen – wir müssen schon hinaufsteigen und unsere Untersuchungen machen. Don Swanson vom USGS hat nicht lange nach der Galeras-Tragödie die Risiken und Vorteile gegeneinander abgewogen:

Neugierde führt zum Verstehen, und Verstehen ist das oberste Ziel der Wissenschaft und zugleich die verlässlichste Grundlage, um Risiken zu vermindern. Neugierige Vulkanologen werden sich immer wieder in Gefahr begeben, und manchmal wird es sie das Leben kosten. Oft heißt es, wir müssten die potenziellen Vorteile und Risiken gegeneinander abwägen, bevor wir etwas unternehmen, das möglicherweise mit Gefahren verbunden ist. Selbstverständlich müssen wir das, aber es ist mathematisch unmöglich, eine Gleichung mit zwei Unbekannten zu lösen, und zumeist sind die potenziellen Vorteile und Risiken beides Unbekannte. Am Ende läuft es auf das vernünftige Urteilsvermögen hinaus, das aber von Mensch zu Mensch verschieden ist und uns nicht vor Fehlentscheidungen bewahrt. Anders kann es nicht sein. Preisen wir die Neugierigen, und trauern wir um die Toten.

In den Dörfern und Städten rings um den Galeras haben die meisten noch immer ein wachsames Auge auf den Vulkan, aber sie hoffen, dass sie im Fall eines Ausbruchs nicht von der Zerstörung ereilt werden. Im Sommer 1999 habe ich mich einen Tag lang in den Orten am Fuß des Vulkans aufgehalten und mit den Menschen gesprochen. Sogar in den Zonen, die von INGEOMINAS als hoch gefährdet eingestuft wurden – dem Tal des Rio Azufral im Westen und den Städten La Florida, Nariño und Jenoy im Norden –, hielten sie eine Bedrohung durch den Galeras für nicht wahrscheinlich.

»Ich habe keine Angst, denn der Vulkan tut keinem etwas zu Leide«, sagte Carmilla Bastidas, 86, die im Azufral-Tal am Westhang des Galeras lebt. »Der Vulkan ist unser Bruder. Aber wenn es Gottes Wille ist, dass alle umkommen, wird es geschehen.«

Auf der anderen Seite des Galeras, in Jenoy, machte ich bei einem kleinen, rosa verputzten Haus Halt, um von dem gegrillten Meerschweinchen zu kosten, das die Besitzerin dort feilbietet. Es war ein kühler, sonniger Nachmittag, und wir standen auf den unteren Flanken des Vulkans und sprachen über die Gefahr. Die vereinzelten Ausbrüche machten ihr Sorgen. Sie wusste aber auch, dass der Vulkan in den letzten Jahrhunderten keine Todesopfer gefordert hatte, von meinen Kollegen einmal abgesehen.

»Viele«, sagte Doris Rojas, 33, »sind der Ansicht, dass die Wissenschaftler umgekommen sind, weil sie den Vulkan gestört haben.«

Bei Dutzenden von Menschen klingt der Ausbruch auch acht Jahre später noch immer nach. Bei den meisten, die an jenem Tag auf dem Vulkan waren und überlebt haben, wird der Nachhall der Explosion immer schwächer. Für die Angehörigen der neun, die umkamen, ist der Ausbruch jedoch eine unentrinnbare Tatsache, die sich täglich in ihrem Leben bemerkbar macht.

Luis LeMarie kehrte nach Ecuador zurück und brauchte über ein Jahr für das Ausheilen seiner Verbrennungen und zweier Beinbrüche. Zwei Monate lang setzte ihm die Eruption dermaßen zu, dass er jede Nacht nur wenige Stunden Schlaf fand. Dann sprach er jedoch mit seinen Freunden über sein Martyrium, und allmählich konnte er ruhiger schlafen. Als Chemiker tätig, befasste Luis sich erneut mit der Beobachtung eines bestimmten Vulkans, doch inzwischen ist er Inspekteur bei der Organisation für das Verbot chemischer Waffen und lebt mit seiner Familie in Den Haag.

Andy Macfarlane kehrte an die Florida International University zurück und ließ dort seine Verbrennungen behandeln; wegen der klaffenden Kopfverletzung unterzog er sich einer plastischen Operation. Die Eruption bereitete ihm keine schlaflosen Nächte, bis er mit Mike Conway zum Vulkan Cerro Negro in Nicaragua reiste. In der Nacht, bevor sie in den Krater gingen, durchlebten beide »heftige Albträume«, in denen sie die Eruption »deutlich« vor Augen hatten, berichtet Macfarlane. Er ist inzwischen Lehrbeauftragter für Geologie und arbeitet nicht mehr auf aktiven Vulkanen.

Andy Adams nahm seine Tätigkeit in Los Alamos wieder auf. Auch er arbeitet nicht mehr auf Vulkanen, was aber mit der Eruption nichts zu tun hat. Die Mittel für seine Geologie- und Geochemie-Arbeitsgruppe wurden knapp, und so wurde er Ende 1993 in die Umwelt-Abteilung der nationalen Forschungsstätte versetzt, wo er sich mit der Entsorgung und Endlagerung von atomaren Abfällen befasst. Adams sagte, er sei dankbar, dass ich ihn eine Stunde vor der Eruption aufforderte, den Vulkan zu verlassen, meint aber, ich hätte mit der Gruppe darüber sprechen müssen, was im Falle einer Eruption zu tun ist. Außerdem hätten alle Schutzhelme und feuerbeständige Kleidung tragen sollen. Er ist sich sicher, dass ihm der Schutzhelm das Leben gerettet hat, und er erörterte seine Anregungen mit einer Arbeitsgruppe, die Sicherheitsvorschriften für Vulkanologen erarbeitete. Diese Richtlinien, zu denen das Tragen von Schutzhelmen und feuerhemmenden

Anzügen gehört, wurden von der Internationalen Assoziation für Vulkanologie und Chemie des Erdinneren (International Association of Volcanology and Chemistry of the Earth's Interior – IAVCEI) beschlossen. Wenn ich heute auf einen Vulkan gehe, trage ich einen robusten Schutzhelm und einen feuerhemmenden, säurebeständigen Overall. Marta und viele ihrer kolumbianischen Kollegen verschmähen diese Ausrüstung bis heute.

Mike Conway heilte eine gebrochene Hand und Verbrennungen aus und machte, während er an der Florida International lehrte, seinen Doktor am Michigan Tech. Während er auf dem Galeras war, war seine Frau schwanger mit ihrem dritten Kind, dem sie dann den Namen James Galeras Conway gaben. In den ersten Monaten nach der Rückkehr hatte Mike Albträume, in denen seine Kinder in einem brennenden Gebäude eingeschlossen waren. Sie schrien um Hilfe, aber er konnte sie nicht retten. Tränenüberströmt wachte er aus solchen Träumen auf. Mike ist jetzt Professor der Geologie am Arizona Western College in Yuma und arbeitet hin und wieder auf Vulkanen. Er war wie Macfarlane zornig und verwirrt, als er im Fernsehen sah, wie man mich als den einzigen Überlebenden vom Kraterrand anpries.

Patty Mothes und ihr Mann Pete Hall führen nach wie vor das geophysikalische Institut in Quito, Ecuador, und arbeiten ständig auf Vulkanen. Weniger als zwei Monate nach dem Ausbruch des Galeras stieg Patty bis zur Hälfte in den Krater des Guagua Pichincha hinab, eines sehr aktiven Vulkans, der 4780 Meter hoch über Quito aufragt. Bei Deformationsmessungen bemerkte sie frische Asche auf dem Boden, eine erhebliche Zunahme schwefliger Gerüche, aktivere Fumarolen und grummelnde Geräusche, die aus dem Vulkan drangen. Zurück im Observatorium, erließ sie die bindende Anweisung, nicht in den Krater zu steigen, was bis auf weiteres für alle Wissenschaftler galt. Doch am nächsten Tag schlugen zwei jüngere Geologen, die die sich verstärkende Aktivität unbedingt beobachten wollten, ihre Warnung in den Wind. Es kam zu einer kleinen vulkanianischen Eruption, ähnlich derjenigen des Galeras, und die Männer wurden von umherfliegenden Bomben auf der Stelle getötet. Beide trugen Schutzhelme, eine Sicherheitsvorkehrung, auf der Patty und Pete seit dem Unglück auf dem Galeras bestanden. Doch die Helme wurden von denselben Geschossen zertrümmert, die die Schädel der Männer zermalmten.

Trotz der ersichtlichen Gefahren und des ständigen Kampfes um die Finanzierung ihres Instituts gaben Pete und Patty nicht auf. Sie widmeten sich weiterhin dem Studium der Vulkane Ecuadors und entwickelten zusammen mit den Behörden Karten von den Gefahrenzonen und Evakuierungspläne. Mit ihren ecuadorianischen Kollegen erstellten sie elf solcher Karten für die Vulkane des Landes, darunter der Guagua Pichincha, der die 1,5 Millionen Einwohner Quitos bedroht. Ihnen geht es vor allem darum, ihr Wissen praktisch nutzbar zu machen. Sie erreichten, dass örtliche Zeitungen farblich gekennzeichnete Warnungen für den Guagua Pichincha und andere hochaktive Vulkane veröffentlichten. Sie wirkten an der Formulierung einfacher Evakuierungsmaßnahmen mit; so sollen Talbewohner, um nicht Opfer eines *lahar* zu werden, die Hänge hinaufgehen. Kaum ein Vulkanologe hat so messbare Wirkungen erzielt wie dieses Paar, und es könnte sein, dass seine Arbeit einmal Tausenden von Menschen das Leben rettet.

Patty ist durch den Verlust ihrer Kollegen auf dem Galeras und dem Guagua Pichincha vorsichtiger geworden. Jetzt fragt sie sich erst einmal, ob die Proben wirklich nötig sind, bevor sie einen Vulkan erklettert. Wenn sie auf einem Vulkan steht, begreift sie sofort, welche Wucht selbst hinter kleinen Eruptionen steckt – und das hat sie an jenem Nachmittag auf dem Galeras gelernt, als sie an den Leichen von José Arlés und den drei Touristen vorbei über den Kegel hastete. Ich fragte sie vor kurzem, wie der Galeras ihr Leben verändert habe.

»Das Leben ist verletzlich, und die Macht von Vulkanen ist unbegreiflich, wenn ein menschlicher Körper der physischen Gewalt eines Vulkans gegenübersteht«, schrieb sie. »Ich erlebe jetzt seit Monaten die vulkanianischen Explosionen auf dem Vulkan Tungurahua. Sie bringen einen aus der Fassung, und man ist verblüfft und beeindruckt davon, dass Blöcke von der Größe eines Autos wie Popcorn aus dem Krater geschleudert werden. Von dem Vulkan geht eine ungeheure Energie aus, die die ganze Region und selbst Menschen in der Ferne beeinflusst. Sie merken, dass sie nicht Herr der Lage sind. Wie wir sagen: ›El volcán mande aquí. Hier regiert der Vulkan.‹«

Im Jahre 1999 reiste ich nach Kolumbien, England, Italien und Russland, um mit den Angehörigen und Freunden der Männer zu sprechen, die auf dem Galeras umkamen. Es war für alle eine seelische Belastung, aber bei den Recherchen für dieses Buch merkte ich, dass ich diese Männer besser verstehen musste, um zu begreifen, was sie dazu getrieben hatte, an jenem Tag auf den Vulkan zu steigen. Igor, José Arlés, Nestor und Geoff hatten mit mir über ihre Familie gesprochen, aber kennen gelernt hatte ich nur Nestors Frau. Fernando Cuenca, Carlos Trujillo und die drei Touristen kannte ich gar nicht, wollte aber mehr über sie erfahren. Es waren alles relativ junge Männer, die fest mit dem Leben ihrer Frauen, Kinder und Eltern verbunden waren. Die meisten strebten dem Höhepunkt ihrer Karriere entgegen oder hatten ihn gerade erreicht, und ihr plötzlicher Tod hinterließ im Leben ihrer Angehörigen eine große Lücke.

Gloria Benavides verlor einen Ehemann und einen Sohn. Sie waren zusammen mit dem Freund des Sohnes die Touristen, die Minuten vor dem Ausbruch auf dem Kegel zu uns gestoßen waren. Gloria ist Hausfrau und hat nicht wieder geheiratet. Mit ihrer Tochter Paula lebt sie von der Pension, die ihrem Mann als Angehörigem einer Universität in Pasto zusteht. Gloria und ihre Tochter fragen sich, was wohl aus dem 18-jährigen Yovany geworden wäre, und sie vermuten, dass er in die Fußstapfen seines Vaters getreten und ins Lehrfach gegangen wäre. Paula, die im Jahr 2000 21 Jahre alt war, studiert Naturwissenschaften an der Universität von Nariño und denkt daran, Geologin zu werden. Sie hat nicht vor, auf Vulkanen zu arbeiten.

Nach der Eruption habe ich über die drei Touristen nachgedacht. Sie sagten uns, sie seien von Pasto heraufgewandert, ein Ausflug von etwa fünf Stunden. Hätten sie nur ein bisschen gebummelt, wären sie bei ihrer Essenspause nur zehn Minuten länger sitzen geblieben oder hätten sie auf Carlos Estradas Rat gehört, kehrtzumachen, wären sie heute am Leben. Aber sie stiegen, in der dünnen Luft heftig atmend, in den Krater – im ungünstigsten Moment.

Gloria und ihre Tochter leben am Fuß des Galeras. Jedes Mal wenn sie aus dem Haus treten und nach Westen blicken, werden sie an die Eruption erinnert. »In den ersten drei Jahren war es sehr schwer«, berichtete Gloria mir, »aber jetzt hat es sich gelegt, und es ist einfacher geworden. Ich hadere noch immer mit diesem Vulkan. Ich möchte ihn fragen: ›Warum hast du mir meinen Mann und meinen Sohn genommen?‹ Ich frage mich, ob es ihnen vom Schicksal bestimmt war, dort zu sterben.«

Auch Anna Lucía Torres, die Witwe von Carlos Trujillo, wird von dem Vulkan ständig daran gemahnt, dass ihr Mann tot ist, denn sie lebt ebenfalls in seinem Schatten. Nach der Eruption ist sie mit ihrem Sohn Mauricio, der damals sechs Jahre alt war, zu ihrer Schwester gezogen. Anna hat nicht wieder geheiratet.

»Ich kann mich nicht völlig damit abfinden, dass er nicht hier ist«, sagte sie mir, während wir im Kreis ihrer Verwandten in einem geräumigen Wohnzimmer saßen. »Ich hoffe immer noch, dass er wiederkommt. Es ist sehr schwer, besonders für Mauricio.«

Mauricio, der bei meinem Besuch in die achte Klasse ging, ist ein hübscher, mitteilsamer Junge. Er erinnerte sich daran, dass sein Vater gern auf allen vieren kroch und dabei Motorradgeräusche machte, während er auf seinem Rücken saß. Als der Junge das erzählte, musste ich mich zusammennehmen, denn fast hätte ich geweint – um ihn und seine Familie, aber auch um meine. Nick, mein Sohn, ist im gleichen Alter, und wäre der Vulkanbrocken, der mich traf, nur um Bruchteile eines Zentimeters anders geflogen, würde er jetzt ebenfalls Geschichten von seinem toten Vater erzählen.

Larissa Gorbatowa, die russische Witwe von Fernando Cuenca, blieb nach der Eruption anderthalb Jahre in Russland. Die Leiche ihres Mannes blieb unauffindbar, sie hatten keine Kinder, und es erschien sinnlos, nach Kolumbien zurückzukehren. Auch ihre Eltern bedrängten sie, in Russland zu bleiben. Am Ende wollte sie aber doch noch einmal Fernandos Heimatland sehen, und in der Absicht, die Familie ihres Mannes zu besuchen und dann nach

Russland zurückzukehren, kam sie 1995 wieder. Fünf Jahre später ist sie noch immer in Kolumbien: »Ich stieg aus dem Flugzeug, und es war irgendwie leichter, so als sei ich Fernando näher.«

Sie begab sich gleich nach Pasto und auf den Galeras. Marta fuhr mit ihr an den Rand des Amphitheaters. Wolken zogen vorüber und gaben gelegentlich den Blick auf den dunklen Kegel und den dampfenden Krater frei.

»Es war sehr still, wie in der Weite des Weltalls«, sagte mir Larissa in ihrer Wohnung in Bogotá. »Es war diese schöne, wilde Natur. Es hatte etwas Grandioses.«

INGEOMINAS zahlte Larissa ein schäbiges Sterbegeld, weniger als 1000 Dollar. Eine Zeit lang wohnte sie bei Fernandos Familie. Dann gab ihr INGEOMINAS aus einem gewissen Gefühl der Verantwortung für die junge Witwe eine Stelle als Geochemikerin; sie hatte dieses Fach in Moskau studiert. Nach acht Monaten beschloss sie jedoch, sich auf eigene Füße zu stellen, und bald fand sie eine Arbeit als Übersetzerin bei einer kolumbianischen Hubschrauberfirma, in der sie sich zum Ingenieur emporarbeitete. Einige Jahre später heiratete sie einen jungen Kolumbianer, der in der Mobiltelefonbranche tätig ist. Sie haben einen Sohn, der mit seinen blonden Haaren echt russisch aussieht. Er war zwei, als ich Larissa besuchte.

Larissa ist eine hochgewachsene, eindrucksvolle Frau mit hohen Wangenknochen und blauen Augen. Ihre moderne Wohnung in Bogotá zieren ein großes Farbfoto von einem russischen Birkenwald und Ölgemälde von russisch-orthodoxen Kirchen mit Zwiebeltürmen. Sie erzählte mir, dass sie und Fernando sich wahnsinnig geliebt hätten, und ich fragte sie, ob sie glaube, noch einmal eine solche Liebe zu finden.

»Ich glaube nicht, dass ich das, was ich mit Fernando hatte, noch einmal finden kann. Pacho [ihr Mann] ist normal. Absolut normal. Mit Fernando überhaupt nicht zu vergleichen. Aber er ist nett. Er ist ein guter Ehemann und Vater. Das ist mein Leben.«

Es sei auf eine merkwürdige Art gut für sie gewesen, Fernando zu verlieren, sagte sie. »Außer Fernando sah ich nichts. Die Welt, die anderen Menschen, das interessierte mich nicht. Ich war ausschließlich auf ihn fixiert. Es gab natürlich noch meine Eltern. Ich war die einzige Tochter. Sie taten alles für mich. An andere Dinge habe ich nicht gedacht. Ich hatte keinerlei Erfahrung. Ich war eine solche Egoistin, wie man es sich nicht vorstellen kann. Und als Fernando starb, musste ich hinaus in die Welt, andere Menschen kennen lernen, zum ersten Mal kämpfen. Ich weiß nicht, wie viel ich geschafft hätte, wenn Fernando am Leben geblieben wäre. Ich weiß nicht, ob ich Spanisch so gut gelernt hätte, wie ich es jetzt kann. Nachdem der Schock sich gelegt hatte, erkannte ich meine eigenen Fähigkeiten und Möglichkeiten. Ich verlor völlig meine Angst. Ich lernte andere Menschen kennen und kam allmählich dahinter, wie die Welt funktioniert.«

Einstweilen wird Larissa in Kolumbien bleiben. Die unsichere wirtschaftliche Lage und die anhaltende Gewalt machen ihr Sorgen, aber gegen die Überlegung, mit Mann und Sohn nach Russland zurückzugehen, spricht, dass das Land ihrer Geburt mit nicht geringeren Problemen zu kämpfen hat. Neuerdings hat sie Kanada ins Auge gefasst. Dort kann sie noch einmal ganz von vorn anfangen.

Monica Gonzales Vallejo, die junge Witwe von José Arlés Zapata, ist einen ähnlichen Weg gegangen wie Larissa. Wohl behütet und ihrem Mann in leidenschaftlicher Liebe zugetan, musste sie nach der Eruption rasch erwachsen werden. Nach dem Tod ihres Mannes verwirrt und ziellos, besuchte sie Verwandte und Freunde in Cali, Manizales und Pasto. »Ich dachte, wenn ich mal hier, mal da lebe, würde es mir besser gehen, aber nirgendwo fand ich Frieden«, erzählte sie mir. Schließlich machte sie die Bekanntschaft von Pedro Nel Herrera, einem Metzger, der zehn Jahre älter war als sie. Seiner Familie gehörte außer der Metzgerei eine Schweinefarm. Sie heiratete ihn und wurde bald darauf schwanger mit ihrer Tochter Valeria.

Ich traf Monica in einem Mittelschichtviertel von Bogotá, nicht weit vom Flughafen entfernt. Ihre Wohnung liegt hinter dem Metzgerladen, und zur Familie gehören auch drei Kinder, die Pedro aus einer früheren Ehe hat. In der Diele hing ein großes Foto des Galeras. Seltsam, dachte ich, denn Monica und ihr Mann konnten doch am allerwenigsten wünschen, unübersehbar an José Arlés und seinen Tod erinnert zu werden. Doch bei einem Steak mit Reis sprach Monica unbefangen über José Arlés. Hin und wieder weinte sie, und dann streichelte ihr die dreijährige Valeria das Gesicht.

»Ich habe eine Menge gelernt«, sagte Monica, und Pedro, ein untersetzter Mann mit einem herabhängenden schwarzen Schnurrbart, saß dabei und hörte zu. »Ich habe gelernt, dass man den Menschen neben sich unverhofft verlieren kann, von einer Sekunde zur anderen. Ich habe gelernt, wie schwer das Leben ist und dass man das Beste daraus machen muss. Ich habe gelernt, das Leben leichter zu nehmen und jede Minute zu genießen. Ein Kind kann einem viel Hoffnung geben, und wenn es einem einmal schlecht geht, ist es ein Grund zum Weitermachen. Ich habe eine Menge gelernt, und ich glaube, dass Pedro mehr Glück hat als José Arlés.«

Ich fragte Monica, ob sie irgendwelche Fragen an mich hätte. Eines lag ihr auf der Seele.

»José Arlés hat gesagt: ›Ich arbeite gern auf Vulkanen, und es würde mir nichts ausmachen, bei einer Eruption umzukommen, solange für die Wissenschaft etwas dabei von Nutzen ist.‹ Und das habe ich mich immer gefragt: War sein Tod die Mühe wert? Ist von alledem, was José Arlés gemacht hat, etwas geblieben? Er hat all die Untersuchungen durchgeführt, und er hat sein Leben gegeben, aber es scheint, dass man den Galeras seit dem Ausbruch nicht mehr erforscht. Warum erforschen Sie ihn nicht mehr?«

Ich versicherte ihr, dass wir weiterhin auf dem Galeras arbeiten, und erklärte ihr, dass wir durch die Beiträge von José Arlés und die Ausbrüche des Jahres 1993 vieles über den Vulkan erfahren hätten. Sie schluchzte heftig, und dann sagte sie: »Ich bin froh, dass Sie ihn weiter erforschen. Die ganze Zeit habe ich gedacht, sein Tod sei umsonst gewesen.«

Der Tod von Nestor García hat seinen Vater buchstäblich umgebracht. Als er erfuhr, dass sein Sohn seit dem Ausbruch vermisst werde, musste Señor García ins Krankenhaus, von wo man ihn bald in eine Klinik in Bogotá verlegte. Dort ist er am 11. Februar, vier Wochen nach dem Tod seines Sohnes, an Herzversagen gestorben.

»Ich weiß nicht, wie ich es ausgehalten habe, aber ich hatte meine Familie, meine Töchter und meine Enkelkinder, und ich musste es hinnehmen«, sagte Nestors Mutter Argelia Parra de García, als ich sie besuchte. »Gott hat mir die Kraft gegeben, es durchzustehen.«

Kurz nach dem Ausbruch setzte bei Marcello, dem zwölfjährigen Sohn Nestors, ein ständig wiederkehrender Albtraum ein. Seine Mutter Dolores hörte ihn nachts reden und ging in sein Zimmer. »Er wachte oft auf, legte seine Hände auf die Wand neben seinem Bett und sagte: ›Hilf mir, die Wand zu stützen, sonst fällt sie um und tötet meinen Vater!‹«

Ihre damals 18-jährige Tochter Paula war alt genug, um zu begreifen, was sich ereignet hatte. Marcello brauchte dagegen mindestens ein Jahr, um sich mit dem Verlust seines Vaters auseinander zu setzen, was noch dadurch erschwert wurde, dass von ihm buchstäblich nichts übrig geblieben war. »Er wollte seinen Vater sehen«, sagte Dolores. »Er wollte, dass sein Vater erscheint.

Für mich und die Kinder war es ein Trost, dass er, wenn er schon sterben musste, wenigstens bei seiner Lieblingsbeschäftigung den Tod fand. Es fehlte aber das gewohnte Ritual, dass man den Leichnam des Verstorbenen zur Kirche bringt und aussegnen lässt. Eine Zeit lang taten wir so, als sei er verreist und werde irgendwann wiederkommen. Marcello ist großartig, aber auch merkwürdig, wie Nestor. Einmal sah er mich weinen, und da sagte er: ›Mama, warum weinst du? Wenn Papa wiederkommt, dann kommt er wieder, also brauchst du nicht zu weinen. Und wenn er nicht wiederkommt, dann bringt es ihn auch nicht zurück, wenn du noch soviel weinst.‹

Da sagte ich: ›Junge, fehlt dir dein Vater denn nicht?‹ Und er erwiderte: ›Mama, so ist das Leben nun einmal.‹«

Marcello studiert inzwischen Geologie an der Universität Caldas, und vielleicht wird er einmal Vulkanologe. Seine Mutter, die bei ihrem Sohn die Entschlossenheit ihres Mannes erkennt, wird sich ihm nicht in den Weg stellen. »Bei Marcellos Berufswahl spielen meine Wünsche keine Rolle. Wichtig ist, dass Marcello sich selbst verwirklicht. Meine Interessen dürfen seine Entfaltung nicht behindern.«

Dolores selbst studiert Jura. Sie hat nicht wieder geheiratet und behauptet, Nestor werde trotz seiner Seitensprünge die Liebe ihres Lebens bleiben.

Manchmal hört sie mitten in der Nacht Geräusche aus dem Zimmer ihres Sohnes. Wenn sie nachschaut, findet sie Marcello schlafend, die Hände gegen die Wand gepresst, so als wolle er ihren Einsturz verhindern.

Bei der Frau und den Töchtern von Geoff Brown wurde die Trauer in den ersten Wochen nur durch das Wissen gelindert, dass der Tod augenblicklich eingetreten war. Mehrere Wochen nach der Eruption veranstalteten sie einen Gedenkgottesdienst an der Open University. Kollegen, Freunde und Verwandte schilderten Episoden von Geoffs wahnsinniger Fahrweise, seiner ewigen Unpünktlichkeit und von seiner Leidenschaft für die Vulkanologie und das Leben. Später pflanzte die Familie ihm zu Ehren neben der alten Feldsteinkirche auf dem Universitätsgelände einen Lebensbaum. Unter dem Baum stellten sie einen braunen Gedenkstein auf: »Geoff Brown. In liebevoller Erinnerung. 1945–1993.«

Im Dezember 1999 traf ich in London und an der Open University mit Evelyn Brown und ihren Töchtern zusammen. Sie sagten, er sei vor seiner Abreise nach Kolumbien nachdenklich gewesen, habe seine Angelegenheiten geordnet und überlegt, wie er seiner Familie mehr Zeit widmen könnte. Zu Weihnachten hatte Ruth mit ihrer kleinen Tochter Laurie ihre Eltern besucht. Geoff war von seiner Enkeltochter gar nicht wegzukriegen.

»Ich glaube, es war bei Lauries Geburt, dass er sich einmal hingesetzt und über sein Leben nachgedacht hat«, sagte Ruth. »Er erkannte, dass er sich zu viel ans Bein gebunden hatte und irgendetwas zurückstehen musste. Seine Forschung und seine Liebe zur Vulkanologie sollten es nicht sein. Seine Familie sollte es auch nicht sein. Deshalb dachte er ernsthaft daran, seine Verpflichtungen im Department an der Open University zu delegieren.«

Evelyn erinnerte sich, dass Geoff in den Ferien etwas Unge-
wöhnliches tat: Er sprach von den Risiken seiner Arbeit. Bei dieser Gelegenheit machte er die Bemerkung, dass er lieber auf einem
Vulkan als bei einem Verkehrsunfall sterben würde. Außerdem
gab er seinen Kapiteln für ein Buch den letzten Schliff, beendete
die Vorbereitungen für einen Kurs, den er im nächsten Semester
halten wollte, und zeigte seiner Frau, wo er sein Testament und
seine Versicherungspolicen aufbewahrte.

Am Neujahrstag 1993 rief Iona an, die als Kind schrecklich zu
ihrem Vater gewesen war, und bat ihn um Verzeihung dafür, dass
sie ihm so lange das Leben schwer gemacht hatte.

»Wir hatten in den letzten acht Jahren ein gutes, ein richtig enges Verhältnis, aber ich wollte einfach sagen, dass es mir Leid tat,
dass ich so unerträglich war«, berichtete Iona. »Er sagte: ›Wenn
du Lust hast, herzukommen und dich richtig auszusprechen, bist
du jederzeit willkommen.‹ Aber es blieb dann bei dem Telefonge-
spräch. Wir machten reinen Tisch, und das Letzte, was ich ihm
sagte, war, dass ich ihn liebe.« Kurz vor Geoffs Abflug nach Kolumbien hat Iona von ihrem Vater geträumt. In dem Traum fiel er
rückwärts in einen Vulkan.

Nach Geoffs Tod haben Evelyn und ihre Töchter eines von seinen Credos beherzigt. »Er sagte immer: ›Das Leben ist das, was du
daraus machst‹, aber eigentlich meinte er damit: ›Das Leben ist
das, was du aus den Niederlagen machst, die es dir bereitet‹«,
sagte Evelyn. »Man kann entweder in den Niederlagen schwel-
gen, die das Leben einem bereitet, oder man rappelt sich auf,
klopft sich den Staub ab und sagt sich: ›Lernen wir daraus, und
lassen wir uns nicht unterkriegen.‹ Das war die Haltung, die er
von uns verlangte, und es war immer seine Einstellung.«

Der Tod ihres Vaters zwang die Mädchen, rasch erwachsen zu
werden. Auch Evelyn musste auf eigenen Füßen stehen, aber bei
ihr war die Reaktion auf Geoffs Tod weit komplizierter als bei
ihren Töchtern. Sie vermisst Geoff, aber sein Hinscheiden, sagt sie,
habe eine schwierige Ehe beendet.

»Wir steckten in einer Sackgasse«, sagte Evelyn. »Ich konnte
nicht mit ihm leben, und ich konnte nicht ohne ihn leben. Ich

glaube, dass es auf eine Scheidung hinauslief. Ich glaube, wir hätten einander zerstört. Es war ein schwerer Verlust, aber ich habe mich sehr entwickelt. Ich musste mich selbst wieder aufbauen. Dadurch habe ich großes Selbstvertrauen gewonnen. Und ich musste neue Freunde finden, neue Interessen entwickeln. Der Tod muss nicht destruktiv sein, er kann sehr konstruktiv sein. Und so haben wir es von Anfang an gesehen.«

Miriam, die älteste Tochter der beiden, eignete sich nach dem Tod ihres Vaters eine bis dahin unbekannte Selbstständigkeit an und fand den Mut, den Beruf zu wechseln und Krankenschwester zu werden. Ruth, für Evelyn das »ungezügelte Kind« und bis zu diesem Zeitpunkt »ein Faulpelz«, begann an der Open University fleißig zu lernen. Sie absolvierte ihr Studium mit dem Spezialfach Mathematik und arbeitet bei einer staatlichen Prüfstelle für die Sicherheit von Automobilen.

»Am meisten bedaure ich, dass mein Papa nicht mehr erleben konnte, dass ich das alles geschafft habe«, sagte Ruth. »Ich war immer die Begabte, obwohl ich in der Schule nichts davon gezeigt habe. Doch ich glaube, er hat gewusst, dass das Zeug dazu in mir steckt.«

Iona sagte, mit dem Tod ihres Vaters sei sie vom Mädchen zur Frau geworden, ein Schnellkurs in Erwachsenwerden. Ihr Geigenspiel, sagt Evelyn, machte einen »Quantensprung«, und sie spielte mit einer bisher unbekannten Reife und Selbstsicherheit.

»Zwei Jahre lang, von 21 bis 23, habe ich kein Lachen und kein Vergnügen gekannt«, sagte Iona. »Eigentlich hätte es eine sorglose Zeit sein sollen, aber die habe ich versäumt. Ich wurde ernst und finster. Auf die Dauer habe ich mir dadurch aber mehr Mitgefühl und Verständnis für andere angeeignet. Ich bin also eindeutig gewachsen, bloß habe ich dabei einen Teil der Jugendzeit, die man nur einmal hat, verpasst.«

Miriam fand sich schließlich mit dem Tod ihres Vaters ab, als sie den Galeras besuchte, einige Jahre nach dem Ausbruch. Es war ein ungewöhnlich klarer Tag, als sie vom Flughafen in die Stadt fuhr, und sie war beeindruckt von der Schönheit des Vulkans, der ihrem Vater das Leben geraubt hatte. »Ich stellte mir ein Monster vor, weil er meinen Papa getötet hatte«, sagte Miriam. »Ich dachte, er sähe gewalttätig aus. Doch er wirkte so heiter, mit den Wölkchen darüber und dem herrlichen blauen Himmel. Es war ein Widerspruch, dass die Natur so heiter und dabei so brutal sein kann.«

Dann fuhr sie zusammen mit Marta an den Rand des Amphitheaters. Der Vulkan war von Wolken verhüllt. »Es war wie in einer anderen Welt, all der Nebel. Und als ich da oben stand, spürte ich irgendwo in mir große Furcht. Ich dachte, vielleicht will er mir auch antun, was er meinem Vater angetan hat.«

Zwei Tage lang weinte sie nicht, doch als sie das Flugzeug für den Heimflug bestieg, begann sie zu schluchzen. Sie weinte, als das Flugzeug abhob und sich in die Kurve legte, ihr einen letzten Blick auf den Galeras gewährend. Sie weinte, während sie Bilder vom Vulkan machte, und ihre Tränen flossen den ganzen Weg bis Bogotá.

»Es war, als ließe ich ihn hinter mir«, sagte Miriam. »Ich habe seinen Tod wohl erst richtig akzeptiert, als ich den Galeras besuchte. Bis dahin war es für mich beinahe, als lebte er weiter. Er war noch in meinen Erinnerungen. Es war, als wäre er auf einer längeren Auslandsreise. Ich hatte sogar die Vorstellung, er habe überlebt und seine Identität geändert und irgendwo in Südamerika ein neues Leben angefangen. Diese Vorstellung verschwand erst, nachdem ich auf dem Galeras war.«

Nach den Gesprächen mit Geoffs Angehörigen flog ich nach Moskau, um Igors Witwe aufzusuchen. Es war ein frostiger Nachmittag kurz vor Weihnachten, als ich mit der U-Bahn zu der weit vom Stadtzentrum entfernten Wohnsiedlung aus protzig gebauten modernen Hochhäusern hinausfuhr. Als ich aus der Metro kam, musste ich an langen Reihen von Buden vorbei, in denen Lebensmittel, Wodka, Kosmetik und Toilettenartikel zum Kauf angeboten wurden. Danach ging es über schneebedeckte Gehsteige zu einem etwa zwölf Stockwerke hohen Wohngebäude, das mit grünen und weißen Wandplatten belegt war. Ljudmila wohnte in einer engen Zwei-Zimmer-Wohnung und lebte von einer monatlichen Pension im Gegenwert von 30 Dollar.

Eine attraktive blonde Frau in den Sechzigern begrüßte mich mit einem Lächeln und einer gewissen Reserve. Mit Hilfe einer Dolmetscherin unterhielten wir uns den ganzen Nachmittag, und ihre Zurückhaltung schwand, als sie mir von Igor und ihrem gemeinsamen Leben erzählte. Ich wusste, dass Igor seine Frau sehr geliebt hatte, aber wie eng sie einander verbunden waren, begriff ich erst an diesem Tag. Auch hatte ich keine Ahnung, wie sehr Igors Tod sie mitgenommen hatte. Sie gab ihre Arbeit als Vulkanologin auf, verlor zwölf Kilo und lebte zwei Jahre lang fast gänzlich isoliert auf Kamtschatka und in Moskau, sprach kaum mit Freunden und Kollegen, reagierte auf so gut wie keine Briefe oder Telefonanrufe. Sie entschuldigte sich, dass sie nicht eine E-Mail und einen Brief beantwortet hatte, die ich nach der Eruption geschickt hatte, und erklärte, es sei für sie zu schmerzhaft gewesen, mit jemandem zu kommunizieren, der so viele Erinnerungen an Igor und den Galeras heraufbeschwor. Im Herbst 1999 rief ich sie an und sagte, dass ich mit ihr zu sprechen wünschte, und nach diesem Telefonat weinte sie über die Aussicht, dass wir einander begegnen würden.

»Ich bin beinahe gestorben, als er tot war«, berichtete sie mir, während wir in einem Wohnzimmer saßen, in dem zwei Bilder von Elvis Presley an der Wand hingen. »Es war, als hätte man mir einen Teil von mir genommen. Es ist nicht gut, wenn man so eng miteinander verbunden ist. Es ist gefährlich, so sehr aneinander zu hängen.«

Als ihr Kummer schließlich nachließ, wurde sie von Zorn und Verbitterung übermannt. Sie war zornig, weil sie einen Ehemann verloren hatte, zornig, weil sie ihren Berufspartner verloren hatte, zornig, weil die Karriere eines der bedeutendsten Vulkanologen der Welt ein jähes Ende genommen hatte. Sie war nach einiger Zeit enttäuscht darüber, dass keiner von Igors jüngeren Kollegen den von ihm eingeschlagenen Weg fortsetzen wollte. Den einen fehle der Antrieb, sagte sie, den anderen der Mut und die Geduld, stundenlang in einem Krater zu sitzen und Gasproben zu nehmen.

»So ein junger Mann hatte den Tod noch nicht verdient. Er war zu jung. Man kann doch so früh nicht sterben. Wir waren mit all unseren Vorhaben noch nicht fertig. Wir waren praktisch kurz vorm Ziel, als der Galeras uns Einhalt gebot … Diese Arbeit ist zum Erliegen gekommen, die Leute sind alle weggegangen. Für diese Arbeit muss man jemanden ausbilden. Sie verlangt viel körperlichen Einsatz, und dazu braucht man jemanden, der sie so liebt wie Igor, der so fleißig ist wie Igor. Solch ein Mensch mit der richtigen Mischung aus Ehrgeiz und Hingabe ist schwer zu finden.«

Ich wollte ihr sagen, dass ich so einen kenne – meinen ehemaligen Studenten Tobias Fischer, der begabteste und zäheste Vulkanologe, der mir je begegnet ist. Tobias war außerdem spezialisiert auf vulkanische Gase, und ich hatte ihn schon als Menjailows Erben gesehen, aber Ljudmila dachte natürlich an einen russischen Nachfolger.

Bald nach Igors Tod ging Ljudmila endgültig von Kamtschatka fort und zog nach Moskau. Sie träumte oft von Igor, und ihre Träume waren so eindringlich, dass sie beim Aufwachen meinte, er sei noch im Zimmer. Dann brachte, fünf Jahre nach dem Ausbruch, ihre Tochter Irina einen Jungen zur Welt. Irina war mit einem italienischen Geochemiker namens Franco Prati verheiratet, und sie gaben ihrem Sohn den Namen Igor. Als Ljudmila sie in Florenz besuchte, glaubte sie fast, ihr Mann sei wiedergeboren worden. Der Junge sieht seinem Großvater erstaunlich ähnlich, und wenn man Bilder von den beiden im Alter von zwei Jahren nebeneinander hält, lächelnd, mit lockigen blonden Haaren und blauen Augen, kann man kaum sagen, wer nun wer ist. Nachdem sie ihren Enkel gesehen hatte, träumte Ljudmila nicht mehr ständig von ihrem Mann. Jetzt verbringt sie alljährlich mehrere Monate in Florenz, und Irina besucht sie mit Igor in Moskau. Zum ersten Mal seit 1993 hat sie einen Grund zu leben.

Später kramte Ljudmila Schwarz-weiß-Fotos hervor, auf denen sie mit Igor zu Pferde unterwegs ist, auf Expeditionen zum Kljutschewskoj und anderen Vulkanen Kamtschatkas. Wir tranken Tee und aßen belegte Brote, und gegen Abend sagte sie mir, es sei ihr eine Freude gewesen, mir ihre Erinnerungen mitzuteilen. »Das Schlimmste«, sagte sie mir, »ist jetzt das Alleinsein.«

Bevor ich ging, glaubte ich erklären zu müssen, was auf dem Galeras passiert war und warum wir den Ausbruch nicht hatten vorhersehen können. Doch Ljudmila wischte meine Erklärung beiseite, und ihr Zorn auf mich brach sich Bahn.

»Glauben Sie, Igor und ich hätten es gewagt, jemanden auf den Vulkan zu locken, ohne zu wissen, in welchem Zustand er ist? Sie hätten vorbereitet sein müssen und niemanden hinaufgehen lassen dürfen. Und dann lässt man eine so große Gruppe auf den Vulkan steigen. Ich halte das für ein Verbrechen. Hätten Sie regelmäßig Gasproben genommen und die Temperaturen gemessen, so hätten Sie gewusst, dass ein Ausbruch bevorstand. Es ist unglaublich, dass Sie nicht fähig waren, die Zunahme der Gase zu messen. Ich glaube einfach nicht, dass Sie außer Stande waren, es kommen zu sehen. Wenn ein Vulkan aktiv wird, zeigt sich das sofort. Es muss Anzeichen gegeben haben. Sie haben sie bloß übersehen, das ist alles.

Igor muss seine Vorsicht, seinen Sinn für Gefahren verloren haben. Er hätte nicht auf einen Vulkan steigen dürfen, der nicht regelmäßig beobachtet wird. Man soll nur auf Vulkane gehen, die ständig überwacht werden. Wenn Sie den Vulkan regelmäßig untersucht hätten, wären Sie nicht hinaufgegangen. Sie hätten gewusst, dass er kurz vor einer Eruption war. Igor hatte seit 1962 Vulkane untersucht. Es war einfach dumm, dass er umgekommen ist.«

Ich hielt den Mund, während Ljudmila sich beruhigte. Mein Gemütszustand war katastrophal, aber es war wohl das Beste, wenn sie ihrem Zorn einmal Luft machte. Sie gab mir die Schuld, aber sie hatte wie viele Russen einen Hang zum Aberglauben und dachte, die Götter könnten sie und Igor möglicherweise dafür bestraft haben, dass sie den Vulkanen allzu sehr vertraut hatten.

»Wissen Sie, wir sind zu tief in die Mysterien eingedrungen. Wir haben so dreist nach den Geheimnissen der Vulkane getrachtet, dass der Vulkan uns bestraft. Jedes Mal sind wir auf einem Vulkan tiefer und tiefer gegangen. Viele andere sind mit uns auf Vulkane gegangen. Sie waren aber mehr wie Touristen, Beobachter. Sie haben den Vulkan aus der Ferne betrachtet, mit Respekt. Wir haben keinerlei Respekt gezeigt.«

Am nächsten Tag besuchte ich Igors Mutter Sofia Naboko in einem anderen Moskauer Wohngebäude. Trotz ihres hohen Alters war sie bemerkenswert munter. Die Regale steckten voller Bücher über Vulkanologie, und die Wände zierten alte Bilder von den Vulkanen Kamtschatkas. Frau Naboko, die gerade mal 1,50 Meter groß ist, hatte helle blaue Augen und kurz geschnittene, leuchtend goldgefärbte Haare. Sie servierte mir belegte Brote, Tee und Plätzchen, entschuldigte sich aber immer wieder, weil sie mir kein »richtiges Kamtschatka-Essen« zubereitet hatte: gesalzenen Fisch, Kaviar und Dampfkartoffeln.

Sie erzählte mir von ihrem Leben und sprach über Igor, und dann fragte ich sie, wie die Jahre seit Igors Tod für sie gewesen seien. »Es gibt soviel Leid auf der Welt«, erwiderte sie. »Ich tröste mich mit dem Gedanken, dass er auf andere Weise hätte umkommen können, aber er ist für die Wissenschaft gestorben.«

Wie schon Ljudmila bedauerte auch Frau Naboko, dass keine sterblichen Überreste von Igor gefunden worden waren. Sie sagte, Ljudmila habe eine Tafel zum Gedenken an Igor nach Kolumbien geschickt und die Behörden ersucht, sie auf dem Galeras anzubringen. Ich hatte nichts von einer Tafel gesehen, brachte es aber nicht übers Herz, ihr das zu sagen. Dann deutete sie auf mehrere große, mit Bindfaden verschnürte Pappkartons, die in ihrem Wohnzimmer unter einem Tisch standen. »Ich versuche Ljudmila zu bewegen, dass sie diese Kästen aufmacht«, sagte Frau Naboko, »aber sie bringt es nicht über sich. Diese Kästen sind voll von Igors Manuskripten. Wenn ich sie wäre, hätte ich sie auf jeden Fall bearbeitet und veröffentlicht. Es ist schade, dass Igor seine letzte Arbeit, die von allen Vulkanen der Welt handelt, nicht beendet hat. Es ist ein Verlust für uns alle.«

Bevor ich ging, holte sie ein Bild von Igor als kleinem Jungen hervor, den sie mit dem Deminutiv bedachte, den russische Mütter nur für ihre Kinder benutzen. »Konnten Sie diesen Körper wirklich nicht finden?«, fragte sie und schaute mir dabei prüfend ins Gesicht. »Manchmal denke ich, dass er noch am Leben ist. Ach, es ist so traurig. Es ist so traurig. Es ist so schlimm für Igorchen.«

Einige Tage zuvor war ich in Florenz bei Irina, der Tochter von Ljudmila und Igor, und ihrem Enkel gewesen. Irina, Mitte dreißig, sagte mir, der Schlag, den der Tod ihres Vaters bedeutete, sei durch ihr Töchterchen Dascha und ihren Mann abgemildert worden. Verzweifelt darüber, dass der Körper ihres Vaters spurlos verschwunden war, flog sie zwei Monate nach der Eruption nach Kolumbien, um die Stelle zu besichtigen, an der er zuletzt lebend gesehen worden war. Marta fuhr mit ihr auf den Rand der Böschung. Irina schüttete ein Glas voll Moskauer Erde in die Tiefe und sammelte Asche und Bims vom Galeras ein. Das Wetter war neblig und trüb, wie meistens, und gelegentlich war der Fuß des Kegels zu sehen.

»Wir sind nicht hineingegangen«, berichtete sie mir. »Der Vulkan war noch sehr aktiv, alles dampfte. Es war schrecklich. Ich erinnere mich an das Donnern. Für meinen Vater musste es fürchterlich gewesen sein. Ich stellte mir vor, wie er dort ankommt, hinaufklettert und nicht mehr wiederkommt. Ich dachte an die anderen, die bei dem Ausbruch umgekommen sind. Es war sehr schwer.

Außerdem ist es schrecklich, dass wir nicht sein Grab besuchen können. Aber er hat immer gesagt, er könne sich nicht vorstellen, ein alter Mann zu sein. Er wünschte, irgendwo auf einem Vulkan zu sterben. Vielleicht, sagte er, werde er irgendwann einfach in einen Krater hineinspringen.«

Die Ankunft des neuen Babys war für sie und ihre Mutter eine Wohltat. Es war keine Frage, wie er heißen würde. Mit den Jahren bestätigte seine unheimliche Ähnlichkeit mit seinem Großvater, wie weise ihre Entscheidung gewesen war. Noch immer sieht sie, wenn sie ihren Sohn anschaut, ihren Vater. Sie vermisst ihn sehr, und gern stellt sie sich ihn dort vor, wo er am glücklichsten war, auf ihrer Datscha. Sie sieht ihn vor sich, wie er Wasser trägt, im Garten herumwerkelt oder Dascha auf dem Schoss hat.

Als ausgebildete Geologin hat sie nicht vor, auf aktiven Vulkanen zu arbeiten. Und sie gedenkt auch nicht, noch einmal den Galeras zu besuchen. »Dieser Vulkan«, sagte sie, »hat niemandem etwas Gutes getan.«

An schlechten Tagen bin ich geneigt, ihr zuzustimmen. An ganz schlechten Tagen wünsche ich, ich hätte mit Igor und den anderen auf dem Vulkan den Tod gefunden. Meine Frau hat oft gesagt, mein altes Ich sei an jenem Tag auf Galeras gestorben. Sie hat Recht. Ich bin nicht mehr derselbe. Ich war immer ein ungeduldiger und aggressiver Mensch, aber Höflichkeit und die normalen Hemmungen hielten mich in Schach. Nach meiner Kopfverletzung schienen jedoch die Bremsen zu versagen, die mich von schlechtem Benehmen abgehalten hatten, und es kam vor, dass ich meine Frau anschnauzte und über die geringsten Kleinigkeiten in Wut geriet. Ich stieß sie immer mehr ab. Als die Ärzte mich wieder zusammenflickten, sagte ich im Scherz, ich sei wie Frankenstein. Jetzt frage ich mich gelegentlich beim Blick in den Spiegel: Wer ist dieses Ungeheuer? Verstärkt wurden meine Frustrationen durch meine Konzentrations- und Arbeitsschwierigkeiten sowie durch eine wechselnde Mischung von starken Antiepileptika und Antidepressiva. Nach der anfänglichen Erleichterung sahen Lynda und ich allmählich ein, dass ich ein anderer geworden war und auch unsere Ehe sich verändert hatte, vielleicht in einem verhängnisvollen Sinne.

»Etwas von dir ist auf dem Galeras gestorben«, schrieb Lynda mir kürzlich. »Man hat dich wieder zusammengeflickt wie Humpty Dumpty, hat dir auf die Schulter geklopft und dir gesagt, deine Genesung sei beeindruckend. Ich bekam von Leuten zu hören: ›Da haben Sie aber Glück gehabt, Frau Williams, dass Ihr Mann sich so gut erholt hat.‹ Immer wieder bekam ich von unzähligen Menschen zu hören, dass ich Glück gehabt hätte, dass du überlebt hast. Ich habe es so satt, dass die Leute so tun, als sei alles in Ordnung, obwohl es gar nicht stimmt. Das kann nur verstehen, wer selbst einen ambivalenten Verlust erlebt hat. Ich liebe den Mann, den ich geheiratet habe, aber um das, was verloren ging, durfte ich nicht trauern.«

Im Laufe der Zeit und mit neuen Medikamenten habe ich mein Gleichgewicht wieder gefunden. Ob das ausreicht, um unsere Ehe zu retten, weiß ich nicht. Ich hoffe es.

Jetzt stehe ich vor der Aufgabe, mich selbst neu zu erfinden. Am schwierigsten war die Einsicht, dass ich nicht mehr derjenige bin, der ich vor der Eruption war. Früher war ich Spitze in meinem Fach. Forschungsprojekte zu konzipieren, Gelder für sie zu beschaffen, sie durchzuführen und Berichte darüber zu schreiben erwies sich als ein Kinderspiel. Jetzt ist es ein Kampf. Früher sah ich ein freies Feld. Jetzt scheint es mir voller Hindernisse zu sein. Früher war ich übervoll von Ehrgeiz. Jetzt denke ich daran, meinen Posten aufzugeben, meine Familie zu verlassen und nach Ecuador zu gehen, um auf Vulkanen zu arbeiten.

Ich bin aus dem Gleis geworfen worden, aber aufgegeben habe ich nicht. Noch immer arbeite ich gern auf Vulkanen, noch immer macht es mir Spaß, in Kratern und Fumarolen herumzustöbern. Ich leiste nicht mehr soviel erstklassige Forschungsarbeit wie früher, aber etwas mache ich noch, und das muss genügen. Noch immer unterrichte ich gern, und der Aufgabe, mein Wissen über Vulkane an andere weiterzugeben, möchte ich mich ausgiebiger widmen. Von meiner Familie würde ich mich auf keinen Fall trennen, aber gern würde ich nach Südamerika gehen, um junge Vulkanologen auszubilden. Ich träume sogar davon, zu diesem Zweck ein internationales Zentrum zu gründen.

Eines ist sicher: Ich muss vom Galeras loskommen. In den letzten acht Jahren hat er mich Tag für Tag verfolgt. Von ihm ging eine magische Anziehungskraft aus, und so sehr ich mich auch abstrampelte, scheine ich doch immer wieder direkt unter dem Vulkan zu landen. Während andere Aspekte meines Lebens auf der Strecke geblieben sind, hat der Galeras die Lücke ausgefüllt. Der Überlebende zu sein ist zu einem integralen Bestandteil meiner Identität geworden. In den ersten Jahren sprach ich gern davon, den Galeras zu besiegen, mich nicht von ihm einschüchtern zu lassen. Jetzt bin ich seiner schlicht überdrüssig. Ich möchte weitergehen.

ANMERKUNG ZU DEN QUELLEN

Mein Koautor Fen Montaigne und ich haben dieses Buch in zweijähriger Arbeit geschaffen. Zu Recherchen reisten wir nach Ecuador, Kolumbien, England, den Niederlanden, Frankreich, Deutschland, Italien und Russland, und wir sprachen mit mehr als 75 Personen über die Eruption und über die Männer, die von ihr betroffen waren. Darüber hinaus haben wir umfangreiche Recherchen zur Geschichte der Vulkanologie und zu einigen der bedeutendsten Eruptionen der Vergangenheit angestellt.

In Kapitel 2 stützten wir uns auf zahlreiche zeitgenössische Schilderungen des Ausbruchs des Mont Pelée, der sich im Jahre 1902 auf der Insel Martinique ereignete, vor allem auf den bahnbrechenden »Report on the Eruptions of the Soufrière in St. Vincent in 1902 and on a Visit to Mont Pelée, Martinique« von Tempest Anderson und John S. Flett, der 1903 von der Royal Society in London veröffentlicht wurde. Im Abschnitt über den Mount Saint Helens hat uns besonders der USGS-Vulkanologe Wes Hildreth mit Informationen über das Leben und die berufliche Laufbahn seines Kollegen David Johnston geholfen, der bei dem Ausbruch umkam. Überaus hilfreich war mein Freund Dr. Peter Baxter von der Universität Cambridge mit Angaben darüber, wie der Ausbruch des Mount Saint Helens seine Opfer tötete und verletzte. Wir stützten uns außerdem auf Artikel im *New England Journal of Medicine*, im *Journal of the American Medical Association*, im *American Journal of Surgery* und im *Bulletin of Volcanology*.

Viele der Informationen über die geologische Geschichte des Galeras in Kapitel 4 stammen aus der Magister- und der Doktorarbeit von Marta Calvache. Bei den Mitteilungen zur jüngsten Eruptionsgeschichte des Galeras habe ich mich gelegentlich auf die unveröffentlichte Arbeit des aus Nariño stammenden Professors Emiliano Diaz del Castillo Zarama gestützt, der uns freundlicherweise seine Forschungsergebnisse zur Verfügung stellte.

Mehrere, allerdings nicht namentlich zitierte Geschwister von José Arlés Zapata gaben Hinweise, die uns halfen, das Porträt von José Arlés in Kapitel 5 abzurunden. Ebenso wenig haben wir die INGEOMINAS-Geologin Rosalbina Pérez namentlich genannt, deren Erinnerungen an ihren Kollegen Fernando Cuenca uns halfen, ein knappes Porträt von ihm zu zeichnen.

Wo es in Kapitel 6 um Plinius den Älteren und Plinius den Jüngeren geht, stützten wir uns auf über ein Dutzend veröffentlichte Schilderungen der Eruption des Vesuv im Jahre 79 n. Chr. Besonders hilfreich waren Alwyn Scarths *Vulcan's Fury: Man Against the Volcano* (1999) sowie Artikel in *Classical Weekly* und *Isis*. Um das Porträt von Sir William Hamilton zusammenzustellen, lasen wir sein klassisches Werk *Campi Phlegraei* sowie seine sämtlichen Briefe aus Neapel an die Royal Society in London. Wir zogen ferner zwei Biografien zu Rate: *Sir William Hamilton* von Brian Fothergill und *Nelson and the Hamiltons* von Jack Russell. Unter den Artikeln über Hamilton waren zwei besonders hilfreich: Mark C. W. Sleeps Porträt in den *Annals of Science* (Dezember 1969) und Harold Actons Monografie *Three Extraordinary Ambassadors*, die 1984 im Rahmen der Walter Neurath Memorial Lectures bei Thames and Hudson erschienen ist. Unsere biografische Skizze von Maurice und Katia Krafft hat vieles den ausführlichen Gesprächen zu verdanken, die vier Personen mit uns geführt haben: André Demaison, der gute Freund und Biograf der Kraffts, Bertrand Krafft, der Bruder von Maurice, Jean-Louis Cheminée vom Vulkanologischen Observatorium des Instituts für Globale Physik in Paris und Jörg Keller von der Universität Freiburg.

In Kapitel 7 und an verschiedenen anderen Stellen benutzten wir die schriftlichen Schilderungen der Eruption von drei weiteren Augenzeugen: Mike Conway, Andy Macfarlane und Andy Adams. Zusätzlich haben sie sich im Gespräch detailliert darüber geäußert, was an jenem Tag auf dem Galeras geschah.

Die in Kapitel 10 gegebene Beschreibung der Laki-Eruption auf Island im Jahre 1783 beruht auf den Tagebüchern von Pastor Jón Steingrimmsson, von denen uns meine Kollegen am Nordischen Vulkanologischen Institut in Reykjavik freundlicherweise eine Übersetzung zur Verfügung stellten. Ferner stützten wir uns auf eine umfassend recherchierte Darstellung der Laki-Eruptionen, die mein isländischer Kollege Thorvaldur Thordarson uns dankenswerterweise zugänglich machte. In dem Laki-Abschnitt wurden als weitere Quellen benutzt: Artikel meines Kollegen Haraldur Sigurdsson in *EOS* und anderen Publikationen; ein Artikel von E. L. Jackson in *Geography* vom Januar 1982; ein Aufsatz von John Grattan und Mark Brayshay im *Geographical Journal* (Juli 1995); ein Beitrag von Charles A. Wood von der NASA zu dem 1992 vom Kanadischen Naturmuseum veröffentlichten Band *The Year Without a Summer*; und schließlich ein Aufsatz von S. Thorarinsson im *Bulletin Volcanologique* (1970). Für den Abschnitt über die Eruption des Tambora und seine klimatischen Auswirkungen erwiesen sich die folgenden Bücher als besonders hilfreich: *Volcano Weather* von Henry und Elizabeth Stommel; *The Year Without a Summer*; ferner *The Last Great Subsistence Crisis in the Western World* von J. D. Post. An Artikeln haben wir ausgewertet: Haraldur Sigurdsson und Steve Careys Aufsatz in *Natural History* vom Juni 1988; Charles M. Wilsons Darstellung des Sommers 1816 in *American History Illustrated* vom Juni 1970; den Bericht von Steve Self et al. in *Geology* vom November 1984; die Darstellung von Richard B. Stother in *Science* vom Juni 1984 und den Artikel von Joseph B. Hoyt in den *Annals of the Association of American Geographers* vom Juni 1958.

Bei der Schilderung der erfolgreichen Vorhersage der Eruption des Pinatubo in Kapitel 11 habe ich etliche der Aufsätze hinzugezogen, die meine Kollegen vom USGS darüber verfassten. Außerdem verhalfen mir Gespräche mit Freunden und Kollegen dort zu einem besseren Verständnis des Erfolges der amerikanischen und philippinischen Wissenschaft am Pinatubo.

BIBLIOGRAPHIE

Acton, Harold: *Three Extraordinary Ambassadors.* Thames and Hudson, London 1984.

Anderson, Tempest, und John S. Flett: »Report on the Eruptions of the Soufrière in St. Vincent in 1902 and on a Visit to Mont Pelée, Martinique«. *Philosophical Transactions of the Royal Society of London.* Part 1. Ser. A, 200: 353-553. 1903.

Barberi, F. E., und L. Civetta: »The Eruptive Scenario of the Mid-term Maximum Expected Eruption of the National Emergency Planning of the Vesuvius Area«. *General Assembly: Volcanic Activity and the Environment.* 31. IAVCEI. 1997.

Baxter, Peter J.: »Medical Effects of Volcanic Eruptions«. *Bulletin of Volcanology.* Vol. 52: 532-44. 1990.

Ders.: »Volcanoes«. In: *The Public Health Consequences of Disasters.* E. K. Noji (Hg.). Oxford University Press, New York 1991.

Baxter, Peter J., A. Neri und M. Todesco: »Physical Modelling and Human Survival in Pyroclastic Flows«. *Natural Hazards.* No. 17: 163–76. 1998.

Baxter, Peter J., et al.: »Mount Saint Helens Eruptions, May 18 to June 12, 1980«. *Journal of the American Medical Association.* Vol. 246, No. 22: 2585-89. 1981.

Bernstein, Robert S., Peter J. Baxter et al.: »Immediate Public Health Concerns and Actions in Volcanic Eruptions: Lessons from the Mount Saint Helens Eruptions«. *American Journal of Public Health.* Vol. 76, Supplement: 25–37. 1986.

Blong, R. J.: *Volcanic Hazards: A Sourcebook on the Effects of Eruptions*. Academic Press, Sydney 1984.

Bogoyavlenskaya, G. E., et al.: »Catastrophic Eruptions of the Directed Blast Type at Mount Saint Helens, Bezymianny and Sheveluch Volcanoes«. *Journal of Geodynamics*. Vol. 3: 189–218. 1985.

Bullard, Fred M.: *Volcanoes of the Earth*. University of Texas Press, Austin 1976.

Calderazzo, John: »Fire in the Earth, Fire in the Soul: The Final Moments of Maurice and Katia Krafft«. *Isle*. Vol. 4.2: 71– 77. 1997.

Calvache, M. L. V., und Stanley N. Williams: »Lithic-Dominated Pyroclastic Flows at Galeras Volcano, Colombia. An Unrecognized Volcanic Hazard«. *Geology*. Vol. 20, No. 6: 539–42. 1992.

Calvache, Marta Lucia V.: »The Geological Evolution of Galeras Volcanic Complex«. Diss. Arizona State University 1995.

Dies.: »Geology and Volcanology of the Recent Evolution of Galeras Volcano«. Master's thesis. Louisiana State University 1990.

Chouet, B.: »Long-Period Volcano Seismicity: Its Source and Use in Forecasting Eruptions«. *Nature*. Vol. 380: 309–16. 1996.

Christiansen, R. L.: »Eruption of Mt. Saint Helens«. *Nature*. Vol. 285: 531–33. 1980.

Decker, Robert W., und Barbara Decker: *Vulkane. Abbild der Erddynamik*. Spektrum Akademischer Verlag, Heidelberg, Berlin, New York 1992.

Diaz del Castillo Zarama, Emiliano: »*El Galeras y Bombona*.« Unveröffentlichtes Ms. 1999.

Dobran, F., et al.: »Vesuvius 2000: An Interdisciplinary Initiative for Vesuvius Aimed at Volcanic Risk Mitigation in a Densely Populated Area«. *General Assembly: Volcanic Activity and the Environment*. 111. IAVCEI. 1997.

Eisele, John W., et al.: »Deaths During the May 18, 1980, Eruption of Mount Saint Helens«. *New England Journal of Medicine*. Vol. 305, No. 16: 931–36. 1981.

Fenton, Carroll Lane, und Mildred Fenton: *The Story of the Great Geologists*. Ayer Co., Salem, N.H., 1945.

Fischer, T. P.: »The Geochemistry of Fumarole Gases at Galeras Volcano, Colombia«. Master's thesis. Arizona State University 1994.

Ders.: »Geochemistry of Volatile Discharges from Subduction Zone Volcanoes: Kudryavy, Kurile Islands, and Galeras, Colombia«. Diss. Arizona State University 1998.

Fischer, T. P., et al.: »The Relationship Between Fumarole Gas Composition and Eruptive Activity at Galeras Volcano, Colombia«. *Geology*. Vol. 24, No. 6: 531–34. 1996.

Fisher, Richard V.: »Obituary – Harry Glicken«. *Bulletin of Volcanology* Vol. 53: 514–16. 1991.

Fisher, Richard V., und Grant, Heiken: »Mt. Pelée, Martinique, May 8 and May 20, 1902. Pyroclastic Flows and Surges«. *Journal of Volcanology and Geothermal Research*. Vol. 13: 339–71. 1982.

Fisher, Richard V., Grant, Heiken, und Jeffrey B. Hulen: *Volcanoes: Crucibles of Change*. Princeton University Press, Princeton 1997.

Fothergill, Brian: *Sir William Hamilton: Envoy Extraordinary*. Harcourt, Brace & World, New York 1969.

Foxworthy, Bruce L., und Mary Hill: *Volcanic Eruptions of 1980 at Mt. Saint Helens. The First 100 Days*. USGS Professional Paper No. 1249. Washington, D.C. 1982.

Franklin, Ben: »Meteorological Imaginations and Conjectures«. *Memoirs of the Literary and Philosophical Society*. Manchester. Vol. 2: 373–77. 1784.

Gaius Plinius Caecilius Secundus: *Briefe. Epistularum Libri Decem*. Wissenschaftliche Buchgesellschaft, Darmstadt 1990.

Goff, G., et al.: »Gold Degassing and Deposition at Galeras Volcano, Golombia«. *Geology Today*. Vol. 4, No. 4: 244–47. 1994.

Grattan, J., und D. J. Charman: »Non-Climatic Factors and the Environmental Impact of Volcanic Volatiles: Implication of the Laki Fissure Eruption of A.D. 1783«. *Holocene*. Vol. 4: 101– 6. 1994.

Grattan, John, und Mark Brayshay: »An Amazing and Portentous Summer: Environmental and Social Responses in Britain to the 1783 Eruption of an Iceland Volcano«. *Geographical Journal*. Vol. 161, Part 2: 125–34. 1995.

Hall, Minard L: »Chronology of the Principal Scientific and Governmental Actions Leading Up to the November 13, 1985, Eruption of Nevado del Ruiz«. *Journal of Volcanology and Geothermal Research*. Vol. 42: 101–15. 1990.

Hamilton, Sir William: »An Account of the Eruption of Mt. Vesuvius in

1767«. *Philosophical Transactions of the Royal Society of London.* Vol. 58, 1–2. 1768.

Ders.: »An Account of the Late Eruption of Mount Vesuvius«. *Philosophical Transactions of the Royal Society of London.* Vol. 85: 73–116. 1795.

Ders.: *Campi Phlegraei. Observations on the Volcanoes of the Two Sicilies.* 2 Bde. Fabris, Neapel. 1776 und 1779.

Harrington, C. R. (Hg.): *The Year Without a Summer. World Climate in 1816.* Canadian Museum of Nature, Ottawa 1992.

Haywood, Richard M.: »The Strange Death of the Elder Pliny«. *Classical Weekly.* Vol. 46: 1–3. 1952.

Heiken, Grant: »Will Vesuvius Erupt? Three Million People Need to Know«. *Science.* Vol. 286: 1685–86. 1999.

Hill, D. P.: »Unrest, Response Levels, and Public Perceptions in Long Valley Caldera, California«. *General Assembly: Volcanic Activity and the Environment.* 117. IAVCEI. 1997.

Hoffmann, Hillel J.: »The Rise of Life on Earth«. *National Geographic.* Vol. 198, No. 3: 100–113. 2000.

Hoyt, J. B.: »The Cold Summer of 1816«. *Annals of the Association of American Geographers.* Vol. 48, No. 2: 118–31. 1958.

Ida, Yoshiaki, und Barry Voight: »Introduction to the Harry Glicken Memorial Special Issue«. *Journal of Volcanology and Geothermal Research.* Vol. 66: ix–xvi. 1995.

Jackson, E. L.: »The Laki Eruption of 1783: Impacts on Population and Settlement in Iceland«. *Geography.* Vol. 67: 42–50. 1982.

Jaggar, Thomas A.: *My Experiments with Volcanoes.* Hawaiian Volcano Research Association, Honolulu 1956.

Keller, J., und M. Krafft: »Effusive Natrocarbonatite Activity of Oldoinyo Lengai, June 1988«. *Bulletin of Volcanology.* Vol. 52, No. 8: 629–45. 1990.

Keller, Jörg: »Memorial for Katia and Maurice Krafft«. *Bulletin of Volcanology.* Vol. 54: 613–14. 1992.

Krafft, M., und J. Keller: »Temperature Measurements in Carbonatite Lava Lakes and Flows from Oldoinyo Lengai, Tanzania«. *Science.* Vol. 245: 168–70. 1989.

Krafft, Maurice: *Volcanoes: Fire from the Earth.* Harry N. Abrams Inc., New York 1993.

Krafft, Maurice und Katia: *Le Feu de la Terre*. Éditions de la Martinière, Paris 1992.

Lipman, Peter W., und Donald R. Mullineaux (Hg.): *The 1980 Eruption of Mt. St. Helens, Washington*. USGS Professional Paper 1250. 1981.

Lipscomb, H. C.: »The Strange Death of the Elder Pliny«. *Classical Weekly*. Vol. 47: 74. 1954.

Lowe, D. R., et al.: »Lahars Initiated by the November 13, 1985, Eruption of Nevado del Ruiz, Colombia«. *Nature*. Vol. 324: 51–53. 1986.

Menyailov, I. A.: »Prediction of Eruptions Using Changes in Composition of Volcanic Gases«. *Bulletin Volcanologique*. Vol. 39, No. 1: 112–25. 1975.

Menyailov, I. A., et al.: »Geochemistry of Volcanic Gas Emissions at Momotombo Volcano, Nicaragua«. *Vulkanologiya i Seismologiya*. No. 2: 60–70. 1986.

Muñoz, E A., et al.: «Galeras Volcano: International Workshop and Eruption«. EOS. Vol. 74: 281–87. 1993.

Murck, Barbara W., und Bryan J. Skinner: *Geology Today: Understanding Our Planet*. John Wiley, New York 1999.

Murray, J.: »Vertical Ground Deformation on Mount Etna, 1975–1980«. *Geological Society of America Bulletin*. Vol. 93: 1160–75. 1982.

Mussey, B., und S. L. Vigilante: »1800 and Froze to Death: The Cold Summer of 1816 and the Westward Migration from New York«. *Bulletin of the New York Public Library*. No. 52: 454–57. 1948.

Newhall, C. G.: »Geology of Lake Atítlan, Guatemala«. Diss. Dartmouth College 1980.

Newhall, C. G., und R. S. Punongbayan (Hg.): *Fire and Mud: Eruptions and Lahars of Mount Pinatubo, Philippines*. Philippine Institute of Volcanology and Seismology. Manila 1996.

Nikada, S., et al. (Hg.): »Unzen Eruption: Magma Ascent and Dome Growth.« *Journal of Volcanology and Geothermal Research*. Special Volume. Vol. 89, Nos. 1–4. 1999.

Noji, Eric K. (Hg.): *The Public Health Consequences of Disasters*. Oxford University Press, New York 1997.

Olsen, Paul E.: »Giant Lava Flows, Mass Extinctions, and Mantle Plumes«. *Science*. Vol. 284: 604–5. 1999.

Parshley, Philip F., et al.: »Pyroclastic Flow Injury, Mount St. Helens, May 18, 1980«. *American Journal of Surgery*. Vol. 143: 565–68. 1982.

Perret, Frank: *Volcanological Observations*. Carnegie Institution, Publication 549. Washington, D.C. 1950.

Post, J. D.: *The Last Great Subsistence Crisis in the Western World*. Johns Hopkins University Press, Baltimore 1977.

Punongbayan, R. S., et al.: »Lessons from a Major Eruption«. EOS. Vol. 72: 545, 552–53, 555. 1991.

Rampino, Michael R., Stephen Self und Richard B. Stothers: »Volcanic Winters«. *Annual Review of Earth and Planetary Sciences*. Vol. 16: 73–99. 1988.

Roggensack, K.: »Volatiles from the 1994 Eruptions of Rabaul: View into a Large Caldera System«. *Science*. Vol. 273: 490–93. 1966.

Russell, Jack: *Nelson and the Hamiltons*. Simon & Schuster, New York 1969.

Rymer, H., und G. C. Brown: »Causes of Microgravity Change at Poás Volcano, Costa Rica«. *Bulletin of Volcanology*. Vol. 49: 389–98. 1987.

Dies.: »Gravity Changes as a Precursor to Volcanic Eruption at Poás Volcano, Costa Rica«. *Nature*. Vol. 342, No. 6252: 902–5. 1989.

Scarth, Alwyn: *Volcanoes*. Texas A&M University Press, College Station 1994.

Ders.: *Vulcan's Fury: Man Against the Volcano*. Yale University Press, New Haven 1999.

Seibert, Lee, Harry Glicken und Ui Tadahide: »Volcanic Hazards from Bezymianny and Bandai-Type Eruptions«. *Bulletin of Volcanology*. No. 49: 435–59. 1987.

Self, Stephen, et al.: »Volcanological Study of the Great Tambora Eruption«. *Geology*. Vol. 12: 659–63. 1984.

Sheets, Payson D., und Donald K. Grayson (Hg.): *Volcanic Activity and Human Ecology*. Academic Press, London 1979.

Sieh, Kerry, und Simon LeVay: *The Earth in Turmoil*. W. H. Freeman, New York 1998.

Sigurdsson, Haraldur: »Assessment of the Atmospheric Impact of Volcanic Eruptions«. In: *Global Catastrophes in Earth History. An Interdisciplinary Conference*. V. L. Sharpton und P. D. Ward (Hg.) 99–100. Geological Society of America Special Paper No. 247. Boulder, Colo. 1990.

Ders.: *Melting the Earth*. Oxford University Press, New York 1999.

Ders.: »Volcanic Pollution and Climate: The 1783 Laki Eruption«. EOS. Vol. 63: 601–3. 1982.

Ders.: (Hg.): *Encyclopedia of Volcanoes*. Academic Press, San Diego 2000.

Sigurdsson, Haraldur, und Stephen Carey: »The Far Reach of Tambora«. *Natural History*. 67–73. Juni 1988.

Sigurdsson, Haraldur, und S. Cashdollar: »The Eruption of Vesuvius in A.D. 79: Reconstruction from Historical and Volcanological Evidence«. *American Journal of Archaeology*. Vol. 86: 39–51. 1982.

Sigurdsson, Haraldur, und Paolo Laj: »Atmospheric Effects of Volcanic Eruptions«. In: *The Encyclopedia of Earth System Science*. Academic Press, Sydney 1992.

Simkin, Tom, und Lee Siebert (Hg.): *Volcanoes of the World*. Smithsonian Institution, Washington, D.C., und Geoscience Press, Tucson 1994.

Sleep, M.C.W.: »Sir William Hamilton: His Work and Influence in Geology«. *Annals of Science*. Vol. 25, No. 4: 319–38.

Sontag, Susan. *Der Liebhaber des Vulkans*. Fischer Taschenbuch, Frankfurt am Main 1996.

Steingrimmsson, Jón: *Fires of the Earth*. University of Iceland Press and the Nordic Volcanological Institute, Reykjavik 1998.

Stix, J., et al.: »Galeras Volcano, Colombia; Interdisciplinary Study of a Decade Volcano«. *Journal of Volcanology and Geothermal Research*. Special Volume. Vol. 77, Nos. 1–4. 1997.

Ders.: »A Model of Degassing at Galeras Volcano, Colombia, 1988–1993«. *Geology*. Vol. 21: 963–67. 1993.

Stoiber, R. E., und A. Jepsen: »Sulfur Dioxide Contributions to the Atmosphere by Volcanoes«. *Science*. Vol. 182: 577–78. 1973.

Stoiber, R. E., et al.: »Mount St. Helens, Washington 1980 Eruption: The Magmatic Gas Component During the First 16 Days. *Science*. Vol. 208, No. 4449: 1258–59. 1980.

Stommel, Henry, und Elizabeth Stommel: *Volcano Weather. The Story of 1816, the Year Without a Winter*. Seven Seas Press, Newport, R.I. 1983.

Stothers, R. B.: »The Great Tambora Eruption in 1815 and Its Aftermath«. *Science*. Vol. 224, No. 4654: 1191–98. 1984.

Stothers, Richard B.: »The Great Dry Fog of 1783«. *Climatic Change*. Vol. 32: 79–89. 1996.

Swanson, Donald A.: »Harry Glicken. 1958–1991«. *Journal of Volcanology and Geothermal Research*. Vol. 66: ix–xvi. 1995.

Tanguy, J. C., C. Ribiere et al.: »Victims from Volcanic Eruptions: A Revised Database«. *Bulletin of Volcanology*. Vol. 60: 137–44. 1998.

Tazieff, Haroun, und Jean-Christophe Sabroux: *Forecasting Volcanic Events*. Elsevier Science Publishers, Amsterdam 1983.

Thorarinsson, S.: »The Lakagigar Eruption of 1783«. *Bulletin Volcanologique*. Vol. 33, No. 3: 910–29, 1970.

Thordarson, T., und S. Self: »The Laki and Grímsvötn Eruptions in 1783 and 1785«. *Bulletin of Volcanology*. Vol. 55: 233– 63. 1993.

Tilling, R. I. (Hg.): *Volcanic Hazards*. Short Course in Geology: Vol. 1. American Geophysical Union, Washington, D.C. 1989.

Tilling, Robert I., und Peter Lipman: »Lessons in Reducing Volcanic Risk.« *Nature*. Vol. 364: 277–80.

Tilling, Robert I., Lyn Topinka und Donald A. Swanson: »Eruptions of Mount St. Helens: Past, Present, and Future«. USGS Special Interest Publication. 1990.

Trevelyan, Raleigh: *Shadow of Vesuvius: Pompeii* A.D. 79. Michael Joseph, London 1976.

Voight, Barry: »Countdown to Catastrophe«. *Earth and Mineral Sciences*. Vol. 57, Nr. 2: 17–30. 1988.

Ders.: »The Management of Volcano Emergencies: Nevado del Ruiz«. In: R. Scarpa und R. I. Tilling (Hg.): *Monitoring and Mitigation of Volcano Hazards*. Springer, Berlin 1996.

Ders.: »The 1985 Nevado del Ruiz Catastrophe«. *Journal of Volcanology and Geothermal Research*. Vol. 42: 151–88. 1990.

Walker, G.P.L.: »Plinian Eruptions and Their Products«. *Bulletin Volcanologique*. Vol. 44: 223–40. 1981.

Williams, Howel, und Alexander R. McBirney: *Volcanology*. Freeman, Cooper, & Co., San Francisco 1979.

Williams, S. N.: »Erupting Neighbors – At Last«. *Science*. Vol. 267: 340–41. 1995.

Ders.: »The October, 1902 Eruption of Santa Maria Volcano, Guatemala«. Master's thesis. Dartmouth College 1980.

Ders. (Hg.): »Nevado del Ruiz Volcano, Colombia«. *Journal of Volcanology and Geothermal Research*. Vols. 41–42. 1990.

Williams, S. N., et al.: »Eruption of Nevado del Ruiz, Colombia, November 13, 1985: Gas Flux and Fluid Geochemistry«. *Science.* Vol. 23: 964–67. 1986.

Ders. et al.: »Global Carbon Dioxide Emissions to the Atmosphere by Volcanoes«. *Geokhimica, Cosmokhimica Acta.* Vol. 56: 1765–70. 1992.

Ders. et al.: »Premonitory Geochemical Evidence of Magmatic Reactivation of Galeras Volcano, Colombia.« *EOS.* Vol. 71, No. 17: 647. 1990.

Wilson, Charles M.: »The Year Without a Summer«. *American History Illustrated.* Vol. 5, No. 3: 24–29. 1970.

Wolfe, E. W.: »The 1991 Eruption of Mt. Pinatubo.« *Earthquakes and Volcanoes.* No. 23: 5–37. 1992.

Wood, C. A.: »Climatic Effects of the 1783 Laki Eruption«. In: C. R. Harrington (Hg.): *The Year Without a Summer?* Canadian Museum of Nature, Ottawa 1992.

Yanagi, T., et al. (Hg.): *Unzen Volcano, the 1990–1992 Eruption.* Nishinippon & Kyushu University Press, Fukuoka 1992.

Zirkle, Conway: »The Death of Gaius Plinius Secundus (23–79)«. *Isis.* Vol 58, Part 4: 553–59. 1967.

DANK

Zu Beginn möchte ich all denen danken, die mir das Leben gerettet und mich nach der Eruption wieder zusammengeflickt haben. An erster Stelle stehen Marta Lucía Calvache und Patty Mothes, die die ersten Rettungsmaßnahmen auf Galeras ergriffen. Ihnen bin ich auf ewig zu Dank verpflichtet, ebenso wie Dr. Porfirio Muñoz, der seine erste selbstständige Hirnoperation glänzend bewältigte und mich vom Abgrund des Todes zurückholte.

In den Vereinigten Staaten möchte ich dem Ärzteteam danken, das mich in Phoenix behandelte, vor allem Dr. Vincent J. Russo jr., der mir mit seiner chirurgischen Geschicklichkeit das Bein rettete. In der Folgezeit gilt mein Dank Dr. Drake Duane und Dr. Marlies Korsten, die mit einem heikleren Teil meines Körpers, dem Gehirn, befasst waren und die Nachwirkungen der Verletzung behandelt haben.

Ich hätte dieses Buch nicht schreiben können ohne die Mitwirkung der Angehörigen der Männer, die auf dem Galeras umkamen. Die Gespräche, die ich mit ihnen geführt habe, waren einerseits kathartisch, andererseits aber auch schmerzhaft, und ich bitte um Entschuldigung für den Kummer, den ich ihnen möglicherweise bereitet habe, als wir über ihre verstorbenen Ehemänner, Väter und Söhne sprachen.

Ljudmila, der Witwe von Igor Menjailow, danke ich für ihre Freundlichkeit und Offenheit in Moskau. Danken möchte ich auch Igors Tochter Irina und deren Ehemann Franco Prati für ihre Hilfe und Gastfreundschaft in Florenz. Ich stehe in der Schuld von Igors Mutter Sofia Naboko für ihre Mitwirkung und ihr bemerkenswertes Gedächtnis.

In England gilt mein Dank der Witwe von Geoff Brown, Evelyn, und seinen Töchtern Miriam, Iona und Ruth für ihre Freundlichkeit und für die Zeit, die sie sich genommen haben, um mich an ihren Erinnerungen an Geoff teilhaben zu lassen.

In Kolumbien waren Dolores, die Witwe von Nestor García, und seine Mutter Argelia Parra de García großmütig bereit, mit mir über Nestor zu sprechen. Die Witwe von José Arlés Zapata, Monica, und ihr neuer Ehemann Pedro Nel Herrera haben mich freundlich aufgenommen und ausführlich über das Leben und den Tod von José Arlés mit mir gesprochen. Mehrere Brüder und Schwestern von José Arlés ließen mich ebenfalls an ihren Erinnerungen teilhaben, und dafür danke ich ihnen. Larissa Gorbatowa, die Witwe von Fernando Cuenca, war freundlicherweise zu einem längeren Gespräch über ihren verstorbenen Ehemann bereit.

In Pasto sind es die Witwe von Carlos Trujillo, Anna Lucía Torres, und ihr Sohn Mauricio, denen ich für das Gespräch mit mir danken möchte. Dank schulde ich auch Gloria Benavides für die Bereitschaft, über den Tod ihres Mannes und ihres Sohnes mit mir zu reden; mein Dank gilt ebenfalls ihrer Tochter Paula.

Zu Dank bin ich den Kollegen der auf dem Galeras umgekommenen Vulkanologen verpflichtet, die mir Einblicke in das Leben dieser Männer verschafften. In Russland sind das die Kollegen Igor Menjailows – Anatoli Chrenow, Viktor Sugrobow und Genrich Schteinberg. Besonders möchte ich Michail Korschinsky danken, nicht nur für seine Erinnerungen an Igor, sondern auch für seine Hilfe bei der Beschaffung russischer Visa für meinen Koautor und mich. Vielen Dank auch an Ljudmila Mechertjetschewa für all ihre Hilfe in Moskau.

In England möchte ich Geoffs Mitarbeiterin Hazel Rymer und seinem Freund und Kollegen John Murray danken. Eine große Hilfe war mir John Simmons, und ich bedaure nur, dass nicht mehr von unserem Gespräch Eingang in das Buch gefunden hat.

Wie immer hat mein Freund Peter Baxter mit seiner Zeit und seinem Wissen nicht gegeizt.

In Kolumbien möchte ich den INGEOMINAS-Wissenschaftlern Rosalbina Pérez, Milton Ordoñez, Gloria Jiménez und Ricardo Mendez dafür danken, dass sie mich an ihren Erinnerungen an José Arlés Zapata und Nestor García teilhaben ließen. Von großer Hilfe waren auch die INGEOMINAS-Mitarbeiter Carlos Estrada und Ricardo Villota, als mein Koautor Fen Montaigne und ich für das Buch in Pasto recherchierten. Ein weiterer Dank gebührt Adela Londoño für ihre Erinnerungen an Nestor García.

Zu Dank verpflichtet bin ich meinen Kollegen, die den Ausbruch überlebt haben und meinem Koautor und mir ihre Erinnerungen an die Ereignisse schilderten. Es sind Luis LeMarie, Mike Conway, Andy Macfarlane und Andy Adams. Dank auch an Pete Hall, der mit uns über die Eruption und seine Arbeit in Ecuador sprach.

Besonders dankbar bin ich vier Menschen in Frankreich und Deutschland, die mit uns über Maurice und Katia Krafft sprachen. Es sind Bertrand Krafft, der Bruder von Maurice; Jörg Keller, ihr Freund und Reisegefährte in Afrika; André Demaison, ihr Freund und Biograf; und Jean-Louis Cheminée, ein Freund und Kollege der Kraffts.

An der Arizona State University möchte ich Ed Stump, dem Vorsitzenden des Geologie-Departments, und der Verwaltungsangestellten Nicole Goyart danken, sowohl für ihre wesentliche Mithilfe bei meiner Evakuierung aus Pasto als auch für ihre nachhaltige Unterstützung bei meiner Genesung. Aggie Ahumada ermöglichte es Lynda, nach Pasto zu fliegen und mich heimzuholen. Für ihre Mitwirkung an dem Buch möchte ich außerdem Linda Saint Pierre, Vicki Stewart, Tori Brunson, Becky Polly, Cortneay Dowrick, Mariana Cosarinsky und Kaatje van der Hoeven danken.

Dankbar bin ich Dick Stenstrom, der mich in die Geologie einführte, und Hank Woodard, der mich in die Vulkanologie beförderte. Dick Stoiber wurde mein bester Freund und Mentor, als er mich drängte, mich stärker in meine Arbeit auf Vulkanen zu vertiefen. Bis heute bringt er mir Neues über die Wissenschaft bei, der wir unser Leben gewidmet haben.

Dank schulde ich Bill Lende und den anderen Freunden, die mich jahrelang ermutigt haben, dieses Buch zu schreiben. Vielen Dank auch an Dava Sobel, dass sie sich als viel beschäftigte Autorin die Zeit nahm und mich dazu bewog, mit ihrem literarischen Agenten Michael Carlisle zusammenzuarbeiten. Sie versicherte mir, Michael sei nicht nur Agent, sondern auch ein Freund, und das ist er in der Tat für mich geworden. Ich danke Michael dafür, dass er dieses Projekt angeschoben und mich mit meinem Koautor Fen Montaigne zusammengebracht hat. Fen hatte vorher noch nie einen Vulkan betreten, was ihn umso mehr befähigte, die richtigen Fragen zu stellen und diese Geschichte für die breite Leserschaft zurechtzustutzen. Fen und ich sind Eamon Dalon überaus dankbar, denn er hat dem Buch die endgültige Gestalt gegeben und es meisterhaft redigiert. Eamon ist der lebende Beweis dafür, dass es im amerikanischen Verlagswesen noch immer hervorragende Lektoren gibt.

Zum Schluss möchte ich meiner Frau Lynda und unseren Kindern Christine und Nick meinen Dank und meine Liebe ausdrücken. Der Ausbruch und seine Folgen haben unser Leben einschneidend verändert, und die letzten acht Jahre waren für unsere Familie eine schwere Prüfung. Für die Geduld, die Liebe und das Verständnis, mit dem sie mich begleitet haben, als ich mich nach dem Galeras mühsam erholte, werde ich ihnen auf immer dankbar sein.

NAMENSREGISTER

Adams, Andy 44, 66, 88, 169,
181 f., 184 f., 202, 205, 275
Alexander, Charles 187
Anderson, Tempest 48 ff.

Banks, Joseph 142
Bastidas, Carmilla 274
Baxter, Peter 22, 32, 36 ff., 93,
159, 168, 171, 175, 178, 187 f.,
214 ff., 221, 223 ff., 231, 233 f.,
256, 268
Bazell, Robert 259
Benavides, Gloria 125, 220, 278 f.
Benavides, Paula 125, 278
Brokaw, Tom 255
Brown, Evelyn 90, 94 f., 220 f.,
254, 284, 285
Brown, Geoff 14 f., 28, 31 f., 28, 43,
45, 66, 70, 89–95, 112, 121 ff.,
128, 130, 171 f., 176 f., 200, 208,
217 f., 220 f., 224 f., 232 f., 253,
273, 278, 284 f., 287
Brown, Iona 90, 94, 221, 285 f.
Brown, Laurie 284
Brown, Miriam 90, 94, 221, 286 f.
Brown, Ruth 90, 221, 284, 286
Byron, Lord 248

Calvache Velasco, Marta Lucía
30, 34, 41, 43, 96 ff., 100 ff.,
108, 110 f., 115 f., 119, 174 f.,
178, 184, 186, 189, 191 f., 195,
201 f., 204 ff., 210 f., 214, 218,
227 f., 259, 271 ff., 276, 280,
287, 292
Chouet, Bernard 194 f., 199
Chrenow, Anatoli 82
Clausewitz, Karl von 247
Connor, Chuck 43, 87 f.,
173 f., 211 f., 216, 224, 227 f.,
230
Conrad, Madeleine 149
Conway, James Galeras 276
Conway, Mike 34, 66 f., 84 ff.,
112 f., 127 f., 164 ff., 174,
176, 178 ff., 184 f., 203, 210,
212, 228, 255, 257, 275 f.
Corral, Carlos 33
Couric, Katie 256
Cruz, Fernando Gíl 194, 199
Cuenca, Fernando 14 f., 22, 33, 45,
70, 89, 95, 112, 121 ff., 176, 208,
222, 232 f., 273, 279 ff.
Cullum, John 241

SACHREGISTER

Polen 241
Polizeistation 34, 41 ff., 164, 184, 201, 203
Pompeji 22, 27, 36, 131, 134, 136 ff., 144
Popocatépetl 16, 260
Portland 62
Pozzuoli 269
Puget Sound 267
Pyroklastische Ströme 21, 25 ff., 36 f., 41, 47 ff., 52, 57, 59, 80, 96 f., 99, 108 ff., 136 ff., 153 ff., 165 f., 172 f., 175, 178, 187., 231, 244, 262 ff., 266, 268 ff.

Quito 29, 32, 109, 276

Rabaul 260 f.
Redoubt 196, 199
Resina 145
Riobamba 109
Rodriguez (Insel) 21
Russland 74, 107, 247, 278 ff.

Saint Augustine 56
Saint-Pierre 21, 47 ff., 148
Saint-Vincent (Insel) 187
Sakurajima 51
San Francisco 74
San Pedro 52
San-Andreas-Störung 106
Sandoná 195
Sankt Petersburg 241
Santa María 52 f.
Schewelutsch 80 f.
Schildvulkan 104
Schlammstrom 21, 36, 63, 97, 99 ff., 137, 147, 262 f., 267
Schottland 140
Schweden 241
Schwefeldioxid (SO₂) 35, 54 f., 58,
73, 84, 100, 103 f., 193 ff., 198, 242, 260 ff.
Schwefelwasserstoff (H₂S) 84, 103
Schweiz 247
Seattle 267
Selborne 241
Semeru 234
Shimabara 157, 159
Sibirien 20, 236 f., 241, 243
Sida 239
Siebenbürgen 247
Sierra Nevada 266
Silizium 103
Simpson Harbor 260
Sizilien 52, 141
Skafta 238
Sonne 241 f., 245
South Carolina 242
Sowjetunion 33, 74, 77, 83
Stabiae 134 ff., 268
Steinschlag 126 ff.
Stickstoff 103
Stockholm 243
Stratosphäre 21, 27, 242, 244 f.
Stratovulkan 76
Stromboli (Insel) 52
Stromboli 67, 129, 150
Subduktion 105 ff.
Südafrika 103
Südamerika 107
Sumatra 21
Sumbawa (Insel) 21, 244
Syrien 241

Taal 37
Tambora 21, 190, 243 ff., 265 f.
Tansania 151
Tavurvur 260 ff.
Tolbatschik 75, 80, 82
Tolima 52